全国矿产资源
重大勘查成果集成
（2006～2010年）

伍光英 张万益 张翠光 冯艳芳　主编

地质出版社
·北京·

内 容 简 介

本书依托国土资源大调查和地质矿产调查评价专项"全国地质勘查进展分析"、"重点成矿区带矿产资源勘查跟踪与成果集成研究"项目，对各省（自治区、直辖市）国土资源厅（局）发布的年度省级地质勘查成果通报、全国危机矿山接替资源找矿专项年度成果汇报、国家其他财政专项地质勘查成果资料等进行梳理，精心筛选集成形成本书。本书第一部分为"十一五"全国矿产资源重大勘查成果综述，包括"十一五"期间的矿产资源勘查投入、主要实物工作量、新发现的矿产地个数、新增矿产资源储量和主要矿种成果综述等；第二部分则较全面地梳理了"十一五"期间全国非油气矿产资源重大勘查成果，在矿种上主要包括非油气能源、黑色金属、有色金属、贵金属和非金属及其他矿产资源勘查；在内容上包括各成果的自然地理状况、矿床类型、资金投入和工作量、成果简介等。按照界定的标准，精选了529个重大成果，其中煤炭、油页岩和地热共259个，其余矿种270个，包括铁矿32个，铜矿11个，铝土矿28个，铅锌矿23个，金矿32个，其他矿种144个。

本书资料来源权威广泛，可供地质矿产资源勘查、矿业开发等领域科技人员与院校师生阅读参考。

图书在版编目（CIP）数据

全国矿产资源重大勘查成果集成：2006～2010年 /
伍光英等主编. – 北京：地质出版社，2012.3
　　ISBN 978-7-116-07611-2

　　Ⅰ.全… Ⅱ.伍… Ⅲ.①矿产勘探－成果－中国－
2006～2010 Ⅳ.①P624

中国版本图书馆CIP数据核字（2012）第042828号

责任编辑：郑长胜
责任校对：王洪强
出版发行：地质出版社
社址邮编：北京海淀区学院路31号，100083
咨询电话：（010）82324575（编辑室）
网　　址：http://www.gph.com.cn
电子邮箱：zbs@gph.com.cn
传　　真：（010）82310749
印　　刷：北京天成印务有限责任公司
开　　本：889 mm×1194 mm $\frac{1}{16}$
印　　张：17.25
字　　数：500千字
版　　次：2012年3月北京第1版
印　　次：2012年3月北京第1次印刷
定　　价：180.00元
书　　号：ISBN 978-7-116-07611-2

《全国矿产资源重大勘查成果集成》

（2006～2010年）

编委会

前 言
QIAN YAN

2006～2010 年是我国国民经济和社会发展的第十一个五年规划期，也是我国经济持续快速发展的五年。国内生产总值（GDP）以超过 8.7% 的速度快速增长，人民群众的物质文化生活水平和质量不断提高，煤炭等能源矿产和铁、铜、铝、钾盐等重要矿产发挥了不可替代的资源保障作用。

在此期间，我国的地质矿产工作发生了根本性变化。党中央、国务院高度重视地质找矿工作，严密关注能源和矿产资源紧缺形势。胡锦涛、温家宝、习近平、李克强等领导同志先后分别以实地考察、听取汇报、会议研讨、书面批示等不同形式多次作出重要指示。地质找矿工作被提升到全新的历史高度，受到前所未有的重视。2006 年，国务院发布了《关于加强地质工作的决定》（国发〔2006〕4 号），提出了地质工作的新要求。2009 年，国土资源部进一步部署"地质找矿改革发展大讨论"，凝练形成"公益先行、商业跟进、基金衔接、整装勘查、快速突破"的地质找矿新机制。2010 年，国土资源部启动了"地质矿产保障工程"，提出了"358"宏伟目标，并积极谋划"地质找矿突破战略行动"。通过政府引导，科技引领，全国地质找矿工作努力探索，逐步形成了中央财政重点加强公益性、基础性地质调查，"四两拨千斤"，带动地方财政和社会资金共同参与地质找矿的多元化投资的繁荣局面，以钻探为代表的实物工作量屡创新高，找矿成果不断涌现，为缓解我国能源与重要矿产资源的紧缺形势做出不可替代的贡献。

为了进一步有效引导和调控地质勘查投资方向和布局，促进地质找矿突破，国土资源部于 2007 年建立了部、省两级通报制度，并委托中国地质调查局发展研究中心依托国土资源大调查和地质矿产调查评价专项"全国地质勘查进展分析"、"重点成矿区带矿产资源勘查进展跟踪与成果集成研究"项目，系统梳理研究年度矿产资源重大勘查成果与进展，为通报的发布提供即时信息。本书就是"十一五"期间年度研究报告基础上的综合集成研究成果，资料来源于各省（区、市）国土资源厅（局）的年度省级地质勘查成果通报、全国危机矿山接替资源找矿专项年度成果报告、国家其他财政专项地质勘查成果报告等，包括中央财政、地方财政和社会资金投资开展矿产资源勘查取得的重大成果。书中入选的成果是"十一五"期间矿产资源勘查优秀成果的代表，也是五年来矿产资源勘查工作的初步总结，其中凝聚的找矿工作经验，可以作为今后地质勘查工作的参考。

本书内容分两个部分。第一部分为综述，内容主要包括"十一五"期间矿产资源勘查资金投入总体情况、主要实物工作量、新发现矿产地与新增矿产资源储量（资源量）、主要矿种勘查成果综述等；第二部分为分述，较全面地梳理了"十一五"期间的矿产资源重大勘查成果。矿种上主要包括非油气能源、黑色金属、有色金属、贵金属和非金属及其他矿产，内容上主要包括各勘查项目成果的自然地理状况、矿床类型、资金投入和工作量、成果简介及成果取得的简要过程等。按照界定的标准，本书精选了 529 个重大成果。其中，煤炭、油页岩和地热等能源矿产共 259 个，其余非能源矿种 270 个。非能源矿种的重大成果主要包括铁矿 32 个，铜矿 11 个，铝土矿 28 个，铅锌矿 23 个，金矿 32 个，其他矿种（稀土、稀有金属、锰、镍、银、钨、锡、钼、锑、晶质石墨、磷、萤石、石灰岩等）144 个。

本书是全体参加人员共同努力的结晶。参加编写的主要人员有：伍光英、张万益、张翠光、冯艳芳、张巨华、左力艳、马腾、李仰春、陕亮、伍月、杨建锋、李玉龙、刘耀荣、陈渡平、马铁球、闫全人、公凡影、齐钒宇、贾德龙等。

编写过程中，始终得到了国土资源部地质勘查司等有关司局、中国地质调查局各业务部室、各省（区、市）国土资源主管部门、武警黄金部队指挥部、中国冶金地质总局、中国煤炭地质总局、中化地质矿山总局、有色金属矿产地质调查中心、中国建材工业地质勘查中心、核工业地质局等有关单位领导和专家的广泛支持与帮助。钟自然、彭齐鸣、刘连和、于海峰、王学龙、王研、李金发、徐勇、薛迎喜、陈仁义、王瑞江、叶天竺、邓晋福、王保良、曹树培、邵厥年等领导和专家对编写工作给予了悉心指导，并提出了宝贵意见，在此一并表示诚挚的谢意。

由于时间仓促，加之编写人员水平有限，难免出现差错，文中成果涵盖范围难免挂一漏万，敬请批评指正。

《全国矿产资源重大勘查成果集成（2006～2010年）》编写组

2011年10月27日

目 录

MU LU

VII

第二章 油页岩 ……………………………………………………………………… **109**

第一部分
"十一五"矿产资源重大勘查成果综述

自 2006 年《国务院关于加强地质工作的决定》发布以来，全国地质工作紧密围绕"两个更加"的要求，在服务民生、服务经济建设等方面发挥了重要作用。"十一五"期间，矿产资源勘查工作保持良好发展势头，在能源和重要矿产资源勘查方面取得了一批具有社会影响力的成果。全国矿产资源勘查财政投入有效带动了社会资金投入力度，多元投资的新格局已基本形成；矿产资源勘查成果显著，新增查明资源储量增长迅速，重要矿产资源勘查新获一批具有重大影响的大中型矿产地。

本书中矿产资源重大勘查成果的界定应符合下列条件之一：①属于煤、油页岩、铁、铜、铝、铅、锌、锰、镍、钨、锡、锑、钼、银、金、钾盐等对国民经济建设有重大意义的矿种。勘查成果为新增矿产资源／储量（333 及以上），且矿床规模属于大型下限以上。②矿产资源远景调查成果显示调查区内发现具备寻找规模为大型以上矿床潜力的找矿勘查靶区。③在矿床类型或找矿方向方面取得新的突破，并对区域找矿具有重要指导意义的勘查成果。

第一章　全国矿产资源勘查投入持续增长

"十一五"期间，全国矿产资源勘查投入年均增幅 28%，社会资金优势明显。全国矿产资源勘查投入资金累计 1111.51 亿元，是"十五"期间矿产资源勘查投入额（183.5 亿元）的 5 倍。其中，中央财政 113.18 亿元，占总量 10%；地方财政 258.56 亿元，占总量 23%；社会资金 739.77 亿元，占总量 67%。矿产资源勘查资金投入呈现逐年稳步增加的态势，社会资金占主导优势（表 1，图 1）。

表 1　"十一五"矿产资源勘查资金投入表

资金来源 / 亿元	2006 年	2007 年	2008 年	2009 年	2010 年	合计
中央财政	13.26	23.73	21.78	20.08	34.33	113.18
地方财政	36.67	44.07	49.14	66.33	62.35	258.56
社会资金	74.93	97.57	157.49	174.64	235.14	739.77
合　　计	124.86	165.37	228.41	261.06	331.81	1111.51

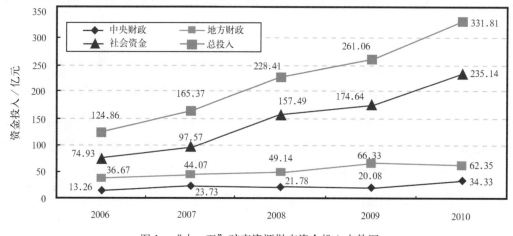

图 1　"十一五"矿产资源勘查资金投入走势图

资金投入排名前 10 位的省（区）：内蒙古（282.33 亿元）、新疆（135.38 亿元）、云南（56.91 亿元）、山西（52.17 亿元）、河南（46.82 亿元）、安徽（39.73 亿元）、陕西（39.58 亿元）、山东（39.31 亿元）、河北（36.75 亿元）、甘肃（35.15 亿元）（图 2）。内蒙古和新疆资金投入额度明显高于其他省区，占矿产资源勘查投入总额的 38%。

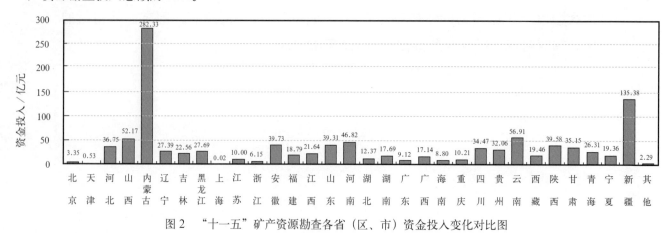

图 2　"十一五"矿产资源勘查各省（区、市）资金投入变化对比图

第二章　矿产资源勘查成果显著

　　"十一五"期间我国矿产资源勘查成果显著,有力支撑了经济社会的可持续快速发展。地质勘查进入一个新的高峰期,石油、天然气地质储量稳步增长,非油气西部重点成矿区带地质找矿取得重要进展,中东部老矿山深部及外围找矿成果突出。煤炭、铁、铜、铝土矿、铅锌、钼、金等重要矿产资源勘查新获一批具有重大影响的大中型矿产地,新增查明资源储量增长迅速。

一、主要实物工作量屡创历史新高

　　累计实施矿产资源勘查项目 76776 项次。钻探工作量逐年递增(图 3),年均增长 25%,屡创历史新高。累计完成钻探工作量 7390 万米,是"十五"(1100 万米)的近 7 倍。

　　完成钻探工作量排名前 10 位的省(区)依次是:内蒙古(1812 万米)、新疆(756 万米)、山东(464 万米)、安徽(391 万米)、山西(378 万米)、云南(324 万米)、河南(293 万米)、陕西(288 万米)、贵州(248 万米)、宁夏(202 万米)(图 4)。内蒙古的钻探工作量投入最多,主要用于勘查煤炭、铁、铅锌、金等重要矿种。

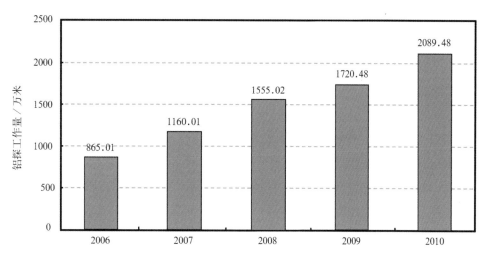

图 3　矿产资源勘查钻探工作量年度变化柱状图

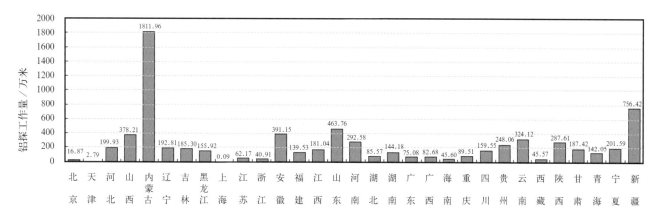

图 4　各省(区、市)矿产资源勘查钻探工作量对比柱状图

二、新发现一批矿产地和主要矿产资源储量大幅增长

全国完成阶段性矿产资源勘查地 6840 处。其中预查 596 处，普查 3429 处，详查 2107 处，勘探 708 处。新发现矿产地 2839 处。其中大型及以上 528 处，中型 660 处，小型 1651 处（表 2）。

主要矿种新增资源储量（333 及以上，未经评审）：煤炭 5805 亿吨，铁矿石 123 亿吨，铜 1478 万吨，铝土矿 12 亿吨，铅锌 4058 万吨，钨（WO_3）181 万吨，锡 64 万吨，钼 594 万吨，金 2324 吨，磷矿石 26 亿吨。

主要矿种新增资源储量（333 及以上，已经评审）：煤炭 4092 亿吨，铁矿石 164 亿吨，铜 2116 万吨，铅 1919 万吨，锌 3119 万吨，铝土矿 6.5 亿吨，钨（WO_3）66 万吨，锡 68 万吨，钼 455 万吨，金 2976 吨。

表 2 "十一五"新发现矿产地年度一览表 （单位：个）

规模	合计	2006 年	2007 年	2008 年	2009 年	2010 年
总计	2839	614	588	650	621	366
大型	528	101	93	104	159	71
中型	660	120	120	119	200	101
小型	1651	393	375	427	262	194

三、主要矿种和重点地区矿产资源勘查取得重大突破

主要矿种新发现一批矿产地。内蒙古、新疆、山西等地重点含煤盆地涌现出一大批煤炭找矿成果。山西、河南、广西等铝土矿优势省份铝土矿勘查成果喜人。重点成矿区带铁、铜、铅锌、钨、锡、钼、金等重要金属矿产取得重大找矿突破，逐渐形成一批资源开发接替基地。

1. 煤炭

新发现一批大型—特大型煤炭后备勘查基地。"十一五"期间，全国煤炭勘查投入资金 414 亿元，完成钻探工作量 3612 万米，新发现矿产地 560 处（大型 240 处，中型 85 处，小型 235 处）。西部地区新疆、内蒙古和山西等地煤炭勘查取得重大进展。新疆东部地区煤炭资源整装勘查"立竿见影"，在淖毛湖、库木塔格—沙尔湖、大南湖—野马泉、伊拉湖—艾丁湖、三塘湖等 5 个预查区查明煤炭（334）资源量 1117 亿吨。此外，新疆准东煤田也有新进展，仅奇台县西黑山煤矿区、大井南煤矿、将军庙煤矿、吉木萨尔县芦草沟、大庆沟勘查区等 5 个煤炭勘查区新增煤炭资源储量就达 387 亿吨。内蒙古呼伦贝尔市呼和诺尔煤田西区、新巴尔虎左旗诺门罕盆地、东胜煤田艾来五库沟—台吉召地段、东胜煤田西部、西乌旗五间房盆地等地区新增煤炭资源储量都在百亿吨以上。山西省沁水煤田浮山县寨圪塔、河东煤田大宁县三多等 8 个勘查区，共获得煤炭资源量 147 亿吨。中东部地区山东、安徽、江苏等地也新增一批资源储量，为缓解南方缺煤省及沿海经济区能源压力提供保障。

2. 铁矿

验证一批低缓磁异常，深部找铁成果突出。"十一五"期间，全国铁矿投入资金 96 亿元，完成钻探工作量 619 万米，新发现矿产地 412 处（大型 19 处，中型 68 处，小型 325 处）。华北陆块沉积变质型铁矿勘查取得突破性进展，一批低缓磁异常验证后有重大发现，辽宁桥头大台沟、河北冀东马城、河北滦南县长凝、河北承德市大庙—黑山一带、山东省兖州市颜店洪福寺、山东兖州市翟村矿区铁矿、山东汶上—东平、山东苍山县王埝沟等地区，新发现一批隐伏铁矿层，一些成为多年未解之谜的低缓磁异常

被证实为深部存在铁矿体。西部地区在加强基础、增加勘查投入力度的基础上，初具规模的勘查接替基地正逐渐形成，如新疆塔什库尔干铁矿找矿远景区、阿吾拉勒铁矿找矿远景区深部见厚大矿体，四川攀西地区兰家火山预测区钻探验证，见厚大磁铁矿体，具有巨大的找铁潜力。东部地区创新地质找矿新机制，勘查效果明显。安徽泥河铁矿在多方推动下勘查工作进展迅速，两年内已基本完成矿区勘探，成为新机制成功的典范。

3. 铜矿

逐渐形成新的铜矿资源勘查开发接替基地。"十一五"期间，全国铜矿投入资金108亿元，完成钻探工作量533万米，新发现矿产地168处（大型2处，中型34处，小型132处）。西藏冈底斯成矿带、班公湖－怒江成矿带西段铜矿勘查取得重要进展，驱龙、甲玛、多龙、地堡那木岗等有重要影响力的超大型铜矿床的发现，显示青藏高原铜矿找矿潜力巨大。这些铜矿床的发现，将不仅改变我国铜矿资源的勘查开发格局，而且正逐渐成为我国新的铜矿资源勘查开发接替基地，为以拉萨为中心，以青藏铁路沿线、"一江两河"流域以及尼洋河中下游等地区城镇为支撑的国家重点开发区域提供资源保障。

4. 铅锌矿

上扬子周缘及老矿山深部和外围铅锌找矿前景广阔。"十一五"期间，全国铅锌矿投入资金103亿元，完成钻探工作量376万米，新发现矿产地356处（大型15处，中型77处，小型264处）。上扬子周缘地区层控－改造型铅锌矿勘查取得重要进展，湖北神农架冰洞山、湖南龙山—保靖、陕西马元等地区，分别查明铅锌资源量180万吨、200万吨和300万吨。在老矿山的深部和外围也显示出铅锌矿的重大找矿前景，如广西南丹县铜坑锡矿，查明锌资源量214万吨。此外，在内蒙古乌拉特后旗东升庙矿区三贵口、克什克腾旗拜仁达坝西矿区、安徽南陵县姚家岭、云南镇康县芦子园等地区，也取得了非常丰硕的铅锌找矿成果。

5. 铝土矿

传统优势省份继续保持领先地位。"十一五"期间，全国铝土矿投入资金13亿元，完成钻探工作量102万米，新发现矿产地67处（大型29处，中型19处，小型19处）。沉积型、岩溶堆积型铝土矿资源潜力巨大，煤下铝土矿正成为河南铝土矿的勘查重点。广西靖西县、平果县、龙州县，山西交口—汾西地区，河南陕县—新安—济源地区，河南渑池礼庄寨、郁山、下冶地区，贵州务正道地区新发现一批大型－超大型铝土矿，铝土矿整装勘查成果显现。

6. 钨矿

南岭地区及安徽、云南等地评价一批大中型钨锡矿床。"十一五"期间，全国钨矿勘查投入资金10亿元，完成钻探工作量73万米，新发现矿产地50处（大型5处，中型23处，小型22处）。南岭成矿带评价一批大中型钨锡矿床，湖南柿竹园、黄沙坪、锡田、虎形山等矿区深部和外围、湖南铜山岭地区、广东省韶关市大宝山等地区找钨成果突出。此外，安徽祁门县东源、云南麻栗坡等地钨矿资源勘查也取得重大找矿成果。

7. 锡矿

老资源基地再次焕发新春。"十一五"期间，全国锡矿勘查投入资金8亿元，完成钻探工作量54万米，新发现矿产地26处（大型2处，中型10处，小型14处）。锡矿老资源基地继续显示雄厚实力，湖南茶陵锡田、湖南桂阳白沙子岭、广西恭城栗木、云南个旧、江西会昌等地新增查明锡矿资源储量规模都在大型以上。

8. 钼矿

涌现出数处世界级超大型矿床。"十一五"期间，全国钼矿勘查投入资金 27 亿元，完成钻探工作量 184 万米，新发现矿产地 120 处（大型 14 处，中型 45 处，小型 61 处）。黑龙江大兴安岭岔路口、安徽金寨县沙坪沟查明资源储量分别为 100 万吨和 90 万吨，加上潜在矿产资源，矿床资源储量分别达 366 万吨和 220 万吨，成为引领全球的世界级钼矿床。此外，黑龙江铁力市鹿鸣、河南光山县千鹅冲、河南嵩县鱼池岭、河南嵩县大石门沟金矿外围、河南栾川县南泥矿区、西藏墨竹工卡县邦铺矿区、新疆哈密市东戈壁、甘肃肃南县小柳沟外围祁青等一批大型－超大型钼矿床如雨后春笋，充分展示我国钼矿优势矿种的强劲实力。

9. 金矿

提交一大批资源储量。"十一五"期间，全国金矿勘查投入资金 125 亿元，完成钻探工作量 645 万米，新发现矿产地 270 处（大型 16 处，中型 35 处，小型 219 处）。金矿重要成果集中在山东胶东半岛、甘肃、内蒙古、青海、河北、云南等地。号称我国"金都"的胶东半岛名副其实，在招远市玲珑金矿田新增查明金矿资源储量超过 230 吨，莱州市朱郭李家、新立村、焦家、三山岛等地新增查明资源储量超过 400 吨，还有数量可观的伴生银。甘肃文县阳山金矿完成阶段性勘查，新增查明金矿资源储量 162 吨，预测总资源储量 308 吨。内蒙古包头市哈达门沟矿区及外围、青海曲麻莱县大场、河北张家口水泉沟—大南山、云南北衙等地区金矿勘查也提交了一批数量可观的资源储量。

10. 磷矿

新获一批优质磷矿床。"十一五"期间，全国磷矿勘查成果以湖北省最为突出。湖北宜昌磷矿区新查明一批大中型磷矿床，新增磷矿石（333 以上）资源量 11.9 亿吨，其中远安县杨柳矿区 5.8 亿吨，挑水河矿区 1.7 亿吨，江家墩矿区 1.4 亿吨，夷陵区杉树垭磷矿区东部矿段 1.3 亿吨，殷家沟矿区鱼林溪矿段 1 亿吨，矿仓屋垭矿区 0.6 亿吨，树崆坪矿区后坪矿段 0.1 亿吨。

11. 其他矿产

一批化工建材及其他矿产资源勘查项目新增资源储量证实具有巨大找矿潜力。安徽定远盐矿外围石膏矿、湖南临澧县赵家坪矿区石膏矿、湖南涟源市良相桥石膏矿、新疆鄯善县库姆塔格硝石矿、江苏盱眙地区凹凸棒石粘土矿、内蒙古鄂尔多斯岩盐、广西横县陶圩矿区陶圩矿段钙芒硝等均达到大型规模以上。黑龙江穆棱市中兴石墨矿、山东平度市刘河甲地区石墨矿、海南西南部沿海陆地锆钛砂矿、石英砂矿、江苏新沂市小焦金红石矿勘查等均取得重大成果。

第二部分
"十一五"矿产资源重大勘查成果分述

第一章　煤　炭

1. 河北省大城区煤炭煤层气普查

（1）概况

大城区位于河北省中部的大城县、文安县、河间市和天津市静海县境内。勘查范围东起6煤组隐伏露头线（河间市北司徒—大城县沿庄一线），西至6煤组1500米埋深（河间市南召—大城县里北村一线），南起河间市尊祖庄—米各庄一带，北至静海县东高庄，勘查面积460.06平方千米。

2007年1月至2008年12月，河北省煤田地质局物测地质队开展了勘查，勘查矿种为煤层气，工作程度为普查，勘查资金2750万元。

（2）成果简述

勘查区构造形态总体上北东走向，倾向北西的单斜构造，局部有宽缓轴向不明显的次级褶曲。含煤地层为本溪组、太原组及山西组。煤类以气煤为主，并有少量的气肥煤和1/3焦煤，干燥无灰基高位发热量（MJ/kg）31.61～35.57。含可采煤层3～9层，厚度8.35～21.77米，单层最大厚度（含夹矸）8.0米，预测煤炭资源量72亿吨，煤层气资源量779亿立方米。

（3）成果取得的简要过程

2007年底，共完成煤田钻孔18个，进尺25413.46米，地震测线52条，剖面长530.02千米，物理点27827点。

2. 河北省沧州市卧佛堂区煤炭资源综合预查

（1）概况

卧佛堂预查区位于河北省中部任丘市至河间市一线。西距任丘市15千米，南距河间市10千米，交通较方便。卧佛堂区勘查范围东邻为正在勘查的大城煤田，该勘查区见煤情况良好，本次勘查区为大城区的西南侧外延部分。

2008年4月至2008年12月，河北省煤田地质局物测地质队开展了勘查工作，勘查矿种为煤矿。工作程度为预查，勘查资金980万元。

（2）成果简述

完成地震野外施工测线9条，其中主测线6条，联络测线3条；完成剖面总长度180.56千米，物理点9258个。

2008年8月18日及20日分别开始施工ZK2和ZK1孔。ZK1孔进尺1541米，其中新生界底界深1128.17米，上石盒子组二段底部的中砂岩，其底界深度1134。上石盒子组一段以青灰、紫红色泥岩为主夹砂岩，底界深度1222米。下石盒子组上部为青灰、紫红色泥岩，底界深度1324米。山西组以黑灰色泥岩为主夹砂岩，底界深度1423米。现在见基岩层位为石炭系的粉砂岩。ZK1孔目前见煤5层，第一层煤厚3.16米，底板深度1394.84米，第二层煤厚4.44米，底板深度1428.89米。

ZK2孔现在进尺1428米，其中新生界底界深1101.29米，上石盒子组二段底部的中砂岩，其底界深度1150米。上石盒子组一段以青灰、紫红色泥岩为主，底界深度1250米。下石盒子组上部为青灰、紫红色泥岩，底界深度1387米。现在见基岩层位为山西组的粉砂岩。

勘查区含煤地层为本溪组、太原组及山西组。含可采煤层3～9层，厚度8.35～21.77米，单层最大厚度（含夹矸）8.0米，预获资源量43.85亿吨。

3. 河北省广宗县广宗预测区煤炭综合预查

（1）概况

预查区隶属于邢台市广宗县、平乡县及邯郸市曲周县和鸡泽县。广宗县城位于预测区东北部，该区西距邢台市56千米、京广线33千米，东距京九线35千米，交通较方便。

2008年4月至2008年12月，河北省煤田地质局物测地质队开展了勘查，勘查矿种为煤矿，工作程度为预查，勘查资金1055万元。

（2）成果简述

该项目地震完成野外施工测线14条，其中主测线10条，联络测线4条；完成剖面总长度161.92千米，物理点8532个。

在曲周县和广宗县施工ZK1和ZK2孔。ZK1孔进尺1308米（现扩孔1130米），其中新生界底界深1283.53米，现在见基岩层位为二叠系上统上石盒子组一段顶部的青灰、紫红色泥岩。

ZK2孔现在进尺1707米，其中新生界底界深1201.80米，见基岩层位及岩性自上而下为：上石盒子组二段底部的砂砾岩，其底界深度1239米。上石盒子组一段以青灰、紫红色泥岩为主夹砂砾岩，底界深度1383米。下石盒子组上部为青灰、紫红色泥岩，下部为灰色泥岩，底界深度1471米。山西组以黑灰色泥岩为主夹砂岩，底界深度1534米。ZK2孔目前见煤5层，其中，2煤厚3.5米，底板深度1522.34米，4煤厚0.5米，底板深度1553.75米，5煤厚1.7米，底板深度1590.15米，7煤厚1.9米，底板深度1640.3米，8煤厚3.44米，底板深度1670.97米。

勘查区含煤地层为本溪组、太原组及山西组。含可采煤层13～18层，厚度8.15～13.10米，单层最大厚度5.1米，预获资源量21.42亿吨。据煤心煤样化验资料，煤类以气肥煤为主。

4. 河北省邢台市千户营勘查区煤炭普查

（1）概况

勘查区面积568.22平方千米。2010年3月至12月，河北省煤田地质局第二地质队和物测地质队开展了勘查工作，勘查矿种为煤矿，工作程度为普查。勘查资金1530万元，其中2010年度投入勘查资金1250万元。

（2）成果简述

勘查区总体为走向南北、倾向东西的单斜构造形态。煤层埋深在−1000～−3000米之间，其中埋深在−1000～−1500米的面积达46.5平方千米。区内可采煤层共7层，煤层平均总厚7.9米。主要属高挥发分的低、中变质烟煤，即气煤、气肥煤类，少数为不粘煤和1/3焦煤。

经初步估算，本区−2000米以浅可预获推断的、预测的煤炭资源量16.17亿吨；其中−1500米以浅预获推断的资源量3.8亿吨。

本区埋深在−1000～−1500米的煤炭资源量丰富，开采条件较好，是近年华北平原深部找煤工作取得的显著成果。

（3）成果取得的简要过程

2010年完成二维地震测线8条，剖面线长度96.92千米，物理点5051个。完成钻孔2个，完成钻探工程量7878.32米，测井工程量4171.65米。

5. 河北省邢台市邢家湾勘查区煤炭资源预查

（1）概况

勘查区位于河北省邢台市东北约35米处，行政区划属隆尧县、巨鹿县、任县所辖。

2006年12月至2008年8月，河北省煤田地质局第二地质队开展了勘查，勘查矿种为煤矿，工作程度为预查。勘查资金349万元。完成钻探工作量107.06米，测井1698.84米。

（2）成果简述

该矿床规模属大型，矿床类型为沉积矿床，选冶性能属中等可选。经估算，本勘查区主要可采煤层（2、7、8、9号煤）–2000米水平以浅煤炭资源量共有12.64亿吨。其中，预测的煤炭资源量2.82亿吨，潜在的煤炭资源量9.82亿吨。

6. 河北省邯郸市峰峰矿区磁西煤炭资源普查

（1）概况

磁西煤炭资源普查区位于河北省邯郸市西南部，隶属峰峰矿区及磁县管辖，勘查区面积69.50平方千米。

2007年5月至2008年3月，河北省煤田地质局水文地质队开展了勘查，勘查矿种为煤矿，工作程度为普查，勘查资金1500万元。

（2）成果简述

该项目共完成二维地震物理点7286个，完成钻孔7个，钻探进尺9707.64米。勘查区共查明（333+334）煤炭资源量为7.57亿吨，其中（333）资源量为0.90亿吨，（334）资源量为6.67亿吨。

7. 河北省开平煤田宋家营勘查区煤炭详查

（1）概况

宋家营勘查区位于河北省唐山市南部，开平向斜东南翼的中段，面积59.21平方千米。

2009年4月至2009年12月，河北省煤田地质局物测地质队开展了勘查，勘查矿种为煤矿，工作程度为详查，勘查资金960万元。

（2）成果简述

完成钻探6910米/6孔（其中水文钻探2个孔，合计2230米），中央地质勘查补助宋家营项目批复地质孔1个，进尺1180米，终孔层位12煤以下。查明含煤19层，煤层总厚23.85米，含可采煤层6层（即煤5、煤7、煤8、煤9、煤12-1、煤12-2），平均总厚度19.60米。主要为中灰、低硫、高挥发分、高发热量、中等粘结性、弱结渣性、富油的气煤。初步估算资源量7.5亿吨，其中控制的内蕴经济资源量（332）2.5亿吨，推断的内蕴经济资源量（333）3.5亿吨。

8. 河北省邢台矿区邢北深部煤炭综合详查

（1）概况

邢北深部勘查区位于邢台市与内丘县之间，南起邢东矿北界，北至大都城—辛北庄一线，西起原邢北普查区京广铁路以东，东至边界断层一线，面积约61.48平方千米。

2007年至2010年底，河北省煤田地质局物测地质队开展了勘查，勘查矿种为煤矿，工作程度为详查，

2009年投资970万元，属于老矿区深边部找矿项目。

（2）成果简述

本区含煤地层为本溪组、太原组及山西组，含煤地层总厚210米，含煤10～17层，煤层总平均厚度18.71米，其中2、2下、6、7号煤层以气煤为主；8、9号煤层以气肥煤为主，有少量焦煤。预获总资源量5.98亿吨。

（3）成果取得的简要过程

2007年至2009年煤田共施工钻孔24个，总工程量28796.27米，测井24孔，实测27913米。

9. 河北省蔚县矿区德胜庄井田煤炭勘探

（1）概况

德胜庄井田位于河北省蔚县矿区的东北部，南距蔚县城约15千米。井田呈一南北长7.3千米、东西宽5.7千米的矩形，面积为41.6平方千米。

2007年1月至2008年12月，河北省煤田地质局第四地质队和物测地质队开展了勘查，勘查矿种为煤矿，工作程度为勘探。2008年投入资金910万元。

（2）成果简述

德胜庄井田含煤地层为侏罗系中－下统下花园组，厚度7.98～187.55米，平均80.80米。含煤0～10层，煤层总厚度平均11.28米，含煤系数14%。可采煤层共4层。其中，1、5煤层分布广，厚度、结构较稳定，为全区和大部可采煤层，煤类为长焰煤和不粘煤。德胜庄井田累计查明煤层资源/储量（331+332+333）2.44亿吨。其中，查明（331）资源量0.47亿吨，（332）资源量0.72亿吨，（333）资源量1.25亿吨。

（3）成果取得的简要过程

2008年完成煤田地质钻探21孔，13056.81米，封孔检查3孔，1755.68米。

10. 河北省唐山市车轴山煤田新军屯勘查区深部煤炭普查

（1）概况

新军屯勘探区位于唐山市境内，大部属丰润区管辖。矿区为第四系覆盖的全隐蔽型煤田，勘查区面积15.05平方千米。

2007年6月至2008年4月，河北省煤田地质局物测地质队开展了勘查，勘查矿种为煤矿，工作程度为普查，勘查资金770万元。

（2）成果简述

含煤地层为石炭系和二叠系，以二叠系为主，主采煤层赋存于赵各庄组和大苗庄组。两组地层总厚140米，共含煤10层。可采煤层6层，煤层总厚24米。煤类为长焰煤－气煤，以气煤为主。主煤层埋深－1500米，本次投入钻探工作量2650米/2孔。经估算查明煤炭（333）资源量1.33亿吨，（334）资源量0.86亿吨，煤炭（333+334）资源量总计2.19亿吨。原储量计算范围止于各煤层底板－1000米以浅，本次资源产量估算范围以－1000米底板等高线为界，对各煤层深部资源进行了估算，所获得的资源量均为新增量。

11. 河北省张北县公会一带煤矿地质普查

（1）概况

勘查区位于河北省张北县公会—单晶河一带，面积约553.97平方千米。2008年10月至2009年12月，河北省地矿局第三地质大队、河北省地勘局地球物理勘查院和河北省煤田地质局第四煤田地质大队开展了勘查，勘查矿种为煤矿，工作程度为普查，勘查资金1080万元，2009年完成钻探工作量6056.05米。

（2）成果简述

共计查明煤炭（332+333）资源量1.12亿吨，其中（332）资源量0.37亿吨，（333）资源量0.75亿吨，该区尚有扩大煤炭资源远景的可能。

（3）成果取得的简要过程

经地震勘测初步圈定可靠含煤区26.67平方千米，可能含煤区13.42平方千米，总面积40.09平方千米。在勘查区内共计施工钻孔18个，其中见煤孔15个，未见煤孔3个；达到可采煤层孔11个。煤层埋藏深度在136.46 ～ 395.16米之间。初步划分可采煤层6层。煤层呈层状产出，结构简单－复杂。除7号煤为稳定煤层外，其余全部为局部可采。单层煤最厚达10.92米，一般1.5 ～ 6.84米，煤类为褐煤。

12. 山西省沁水煤田昔阳县沾尚勘查区煤炭普查

（1）概况

本区位于太行山中段西侧，属低、中山侵蚀区，区内基岩裸露，河谷纵横，切割剧烈。本区属潇河上游地区，潇河发源于区外东部山区，自东向西从本区北中部流过，其他河谷均属潇河支流。昔阳县属温带大陆性气候，冬季少雪，春季多风，秋季较短，夏秋雨季集中。

勘查区位于山西省沁水煤田东北部，平昔矿区之西部，行政区划中南部属昔阳县沾尚乡管辖，北部属寿阳县松塔乡管辖。区内交通以公路为主，榆次－昔阳省级公路从本区北中部自西向东沿潇河通过，是本区主要交通干线，交通条件较好。

2007年7月至2008年12月，山西省煤炭地质148勘查院开展了勘查，勘查矿种为煤矿，工作程度为普查，勘查资金1063万元。

（2）成果简述

该项目通过勘查初步查明井田内稳定可采煤层为3、8、15号煤层，查明了煤层的层位、厚度、结构及分布形态和范围，以及各可采煤层的煤质特征及其变化情况，确定3、8、9、15号煤层为无烟煤。地质报告已通过审查，但储量未评审。经预算可获得煤炭（333+334）资源量48.16亿吨，其中（333）资源量21.21亿吨。

（3）成果取得的简要过程

该项目自2006年7月开始施工，2008年12月结束野外施工任务，共计施工钻孔12个，完成钻探进尺14535.25米；完成1：1万地质填图436.30平方千米。2009年3月27日进行野外工作验收，2009年10月22日项目审查验收。

13. 山西省沁水煤田沁水县柿庄勘查区煤炭普查

（1）概况

勘查区地跨沁水县柿庄镇、固县乡、十里乡、高平市寺庄镇、赵庄乡及长子县南陈镇、石哲镇等乡（镇）。

2007年4月至2009年6月，山西省煤炭地质114勘查院开展了勘查，勘查矿种为煤矿，工作程度为普查，勘查资金1054.38万元。

（2）成果简述

区内交通以公路为主。区内与外界连接公路主要有柿庄十里向南经固县、在端氏与高平—沁水—翼城间县级公路相连，与侯月铁路相通，是本区资源外运的主要交通，进而连接太焦铁路及南同蒲铁路，整体而言交通不太方便。柿庄勘查区位于太行山南端西侧，地貌区划属剥蚀、侵蚀山地，以低山丘陵为主。总趋势北高南低，最高点位于南中北部的杨儿背附近，东井沟标高为1418.1米，最低点位于南中部的匣石湾村附近的柿庄河床中，标高为838.6米。本勘查区水系属黄河流域沁河水系。区内主要河流为固县河支流，十里河及柿庄河均属季节性河流，流量变化较大，夏季时有较强的洪水，冬春季则干涸。本区属东亚季风区温带湿润地区，大陆性气候显著，当地气温平均10.2℃，年降雨量412.5～891.2毫米，年平均蒸发量为1584.78毫米。据中国地震烈度区划图（1：400万），本区地震动峰值加速度为0.05g，相对应的基本烈度为6度。

该项目通过勘查基本查明了山西组的3号和太原组的15号煤层为稳定可采煤层。确定了3号煤层属低－中灰、特低硫分、特低－低磷、特高－高热值的无烟煤，可作化工和动力用煤；15号煤层属中－高灰、中－高硫、特低－低磷、高热值的无烟煤，可作动力用煤。初步查明本区内预计共可获得煤炭（333+334）资源量43.04亿吨，其中（333）资源量17.29亿吨。已经野外验收，成果报告尚未评审。

（3）成果取得的简要过程

该项目自2007年4月开始施工，因为个别钻孔漏失和孔内事故，直至2009年6月才结束野外施工任务，共计施工钻孔11个，完成钻探进尺11878.02米；完成1：25000地质填图320平方千米。2009年10月进行了野外工作验收。

14. 山西省河东煤田蒲县明珠一号勘查区煤炭普查

（1）概况

勘查区位于河东煤田乡宁矿区东北部，东至离石断裂带与霍西煤田克城矿区毗邻，包括蒲县县城及周边地域，面积400平方千米。勘查区中心蒲县县城距临汾市约70千米，县级公路相通，交通尚属方便。

2007年3月至2008年4月，山西省地质勘查局二一三地质队开展了勘查，勘查矿种为煤矿，工作程度为普查，勘查资金795万元。施工9个钻孔，完成钻探工作量10934.66米。

（2）成果简述

本次工作揭露煤层14层，仅有2号、10号煤层全区可采，9号煤层大部分可采，其余均为不可采煤层。2号煤：全区可采，厚0.86～5.95米，平均2.12米，含1～2层夹矸；9号煤：全区大部分可采，厚0.48～3.21米，平均1.61米，含一层夹矸；10号煤：全区可采，厚1.94～5.68米，平均4.27米，含1～3层夹矸。初步查明（333+334）资源量27.78亿吨，其中（333）资源量11.98亿吨，（334）资源量15.80亿吨。储量尚未经过评审。

（3）成果取得的简要过程

该项目为山西省2006年矿业权价款地质找矿项目。2006年10月，山西省地质勘查局二一三地质队编写设计，晋国土资办发〔2007〕21号批准实施。2007年3月至2008年4月开展野外工作，2008年12月野外验收。

15. 山西省河东煤田蒲县明珠二号勘查区煤炭普查

（1）概况

勘查区位于河东煤田乡宁矿区东北部，东至离石断裂带与霍西煤田克城矿区毗邻，面积260平方千米。勘查区南部吉县屯里镇距临汾市约90千米，309国道相连，勘查区各乡镇均有县乡公路，交通尚属方便。

勘查区地处吕梁山南部腹地，属温带干旱大陆性气候，年平均气温10.8℃。

2007年3月至2008年4月，山西省地质勘查局二一三地质队开展了勘查，勘查矿种为煤矿，工作程度为普查，勘查资金635万元。施工7个钻孔，完成钻探工作量8641.81米。

（2）成果简述

本次工作揭露煤层15层，仅2号、9号煤层全区可采，1号下、3号、9号煤层局部可采，其余均为不可采煤层。1号下煤：局部可采，厚度0.45～0.87米，平均0.73米；2号煤：全区可采，厚度2.40～3.79米，平均3.06米，含一层夹矸；3号煤：局部可采，厚度0.30～1.09米，平均0.77米，不含夹矸；9号煤：全区可采，厚度0.72～4.58米，平均1.98米，含一层夹矸；10号煤：局部可采，厚度0.35～4.55米，平均1.65米，不含夹矸。初步查明（333+334）资源量24.57亿吨，其中（333）资源量5.71亿吨，（334）资源量18.86亿吨，储量尚未经过评审。

（3）成果取得的简要过程

该项目为山西省2006年矿业权价款地质找矿项目，2006年10月山西省地质勘查局二一三地质队编写设计，晋国土资办发〔2007〕21号批准实施，2007年3月至2008年4月开展野外工作，2008年12月野外验收。

16. 山西省沁水煤田屯留县河神庙勘查区煤炭普查

（1）概况

勘查区位于沁水煤田中东部，行政区划隶属屯留县吾元镇、河神庙乡、丰宜镇和长子县碾张乡所辖。勘查区位处屯留县西部，东距太（原）长（治）高速公路约30千米，距208国道和太（原）焦（作）铁路约25千米，309国道经河神庙自东向西横贯勘查区，主要村镇间均有简易公路和大车路相通，交通尚属便利。

2006年12月至2008年4月，山西省煤炭地质物探测绘院开展了勘查，勘查矿种为煤矿，工作程度为普查。勘查资金1047万元。

（2）成果简述

通过勘查基本查明了山西组的3号煤层为区内主要稳定可采煤层，太原组的9、10号煤层为区内不稳定局部可采煤层。3号煤层为低灰－中灰、特低硫－低硫、中热值－特高热值、高软化温度灰之无烟煤。可作为动力用煤、气化用煤、合成氨用煤和民用煤。9号煤层为中灰－高灰、低硫－高硫、低热值－中热值、较低软化温度灰无烟煤。可作为动力用煤、民用煤。10号煤层为中灰－高灰、硫－中高硫、中热值－高热值、较低软化温度灰之无烟煤。可作为动力用煤、民用煤。初步查明全区（333+334）资源量为22.52亿吨，其中（333）资源量有7.52亿吨。储量未经评审。

（3）成果取得的简要过程

本项目从2006年12月开始，首先进行了控制测量，2007年1月开始二维地震，野外采集工作于2007年5月结束；地质填图工作开始于2007年9月，2008年4月结束；2007年9月开始钻探工作，2009年1月结束钻探任务。2009年9月15日完成了野外验收。普查报告已经编制完成。

17. 山西省沁水煤田浮山县寨圪塔勘查区煤炭普查

（1）概况

勘查区地跨浮山县、沁水县、安泽县三个县市。区内交通以公路为主，南部距沁水县县城约22.3千米，侯（马）－月（山）铁路自勘查区外南部穿过，并于沁水县城设有火车站。侯－月铁路往西约90千米至南同蒲铁路侯马火车站，往南东约170千米接陇－海铁路洛阳火车站。另自沁水县城往西、东及南东均有省级公路分别与南同蒲铁路、太－焦铁路及侯－月铁路相连，同时可达大－运、太－焦高速公路。本区西高东低，属剥蚀型山岳地貌。

2008年4月至2008年9月，山西省煤炭地质144勘查院开展了勘查，勘查矿种为煤矿，工作程度为普查，勘查资金395万元。施工钻孔5个，完成钻探工作量4401.53米。

（2）成果简述

该项目通过勘查基本查明了山西组1、2号及太原组9+10号煤层为稳定可采煤层；确定了1号煤层属中－高灰、低硫、中热值－高热值的贫煤和无烟煤，可作气化及动力用煤；2号煤层属中灰、低硫、高热值的无烟煤，可作气化及动力用煤；9+10号煤层属中灰、高硫、高热值的无烟煤，可作为动力用煤。共查明煤炭（333+334）资源量22.35亿吨。其中，（333）资源量7.61亿吨，（334）资源量14.74亿吨。

（3）成果取得的简要过程

该项目自2008年5月开始施工，2008年9月结束野外施工任务。共计施工钻孔5个，完成钻探进尺4401.53米；完成1:1万地质填图220平方千米。

18. 山西省沁水煤田长子县岳山勘查区煤炭普查

（1）概况

勘查区位于山西省中南部的长子县、沁水县境内，隶属长子县石哲镇、常张乡、南陈乡和沁水县柿庄乡管辖。区内交通以公路为主，长子－安泽公路从勘查区中部东西向穿过。往西可达安泽县，与309国道、同蒲铁路线相接，交通便利。勘查区东部地势较为平坦，西部为山区。

2007年4月至2009年2月，山西省煤炭地质114勘查院开展了勘查，勘查矿种为煤矿，工作程度为普查，勘查资金942.47万元。

（2）成果简述

该项目通过勘查基本查明了山西组的3号和太原组的15号煤层为稳定可采煤层，9号煤层为较稳定的局部可采煤层；3号煤层为特低灰－中灰分、特低硫－低硫、特高热值无烟煤。可作为动力用煤、气化用煤和民用煤、合成氨用煤。3号煤层经洗选后灰分降至5.79% ~ 9.64%，平均8.16%，全硫含量平均为0.36%，也可作为高炉喷吹用煤。15号煤层为低灰－中灰分、中高硫－高硫、高热值－特高热值无烟煤，中高硫煤主要做为动力用煤。据初步查明本区煤炭（333+334）资源量20.47亿吨，其中333资源量14.30亿吨。已经野外验收，成果报告尚未评审。

（3）成果取得的简要过程

该项目自2007年4月开始施工，因为个别钻孔漏失和孔内事故，直至2009年3月才结束野外施工任务，共计施工钻孔9个，完成钻探进尺11161.17米，1:25000地质填图230平方千米。2009年10月进行了野外工作验收。

19. 山西省沁水煤田安泽县唐村勘查区煤炭普查

（1）概况

勘查区位于山西省安泽县城南唐村一带，行政区划属安泽县冀氏镇、马壁乡管辖。面积141.39平方千米。区内交通主要为公路，交通运输条件良好。勘查区地势总体西高东低，最高点位于西部，标高1283米，最低点位于东部界村沟谷内，标高780米，相对高差503米，属中低山区，为基岩剥蚀型山岳地貌。区内地表水属黄河水系，黄河支流沁河从本区东部流过，勘查区西部为沟谷的源头地带，区内水流向东汇入沁河。

2008年至2009年，山西省地质调查院开展了勘查，工作程度为普查，勘查资金312万元。

（2）成果简述

勘查区构造呈单斜构造形态，普遍发育有波状起伏，褶皱不明显，没有断层，构造简单。勘查区含煤地层包括石炭系上统太原组和二叠系下统山西组，山西组平均厚48.97米，共含煤5层，可采煤层平均总厚5.78米，其中2+3号（厚度4.72～6.26米，平均5.58米）煤层为主要可采煤层。太原组平均厚度96.19米，可采煤层平均总厚7.56米，其中10（9+10）号煤层（厚度5.29～6.34米，平均4.90米）为稳定可采煤层，11号煤层为局部可采煤层。初步查明可采煤层5层，自上而下编号依次为2+3、5、10、11号。其中，2+3号产于山西组，5、10、11号产于太原组。主要可采煤层2+3、10号全区稳定可采，5、11号为局部可采煤层。大致确定2+3号煤层属低灰、特低硫、特低－低磷、高－特高热值的贫瘦煤、无烟煤（PS、WY）。5号煤层属低中灰、高硫、特低磷、高热值无烟煤（WY）。9+10号煤层属中灰、高硫、特低－低磷、高热值的无烟煤（WY）。11号煤层属中灰、高硫、低磷、高热值的无烟煤（WY）。本次工作共查明2+3号煤层（333+334）资源量10.96亿吨，其中333资源量3.18亿吨。9+10号煤层共求得（333+334）资源量9.13亿吨，其中（333）资源量2.65亿吨。本区共求得（333+334）资源量20.08亿吨，其中（333）资源量5.84亿吨。项目2009年8月通过野外验收，目前报告正等待评审。

（3）成果取得的简要过程

1987年至1988年，山西省地质矿产局213地质队在该区进行了煤成气和煤炭资源普查工作，该次工作依据地震圈定的构造布置钻孔，用钻探方法寻找浅层煤成气，震钻结合探求煤炭储量。共施工钻孔3个，总进尺2014.39米；地震剖面8条（共87.43千米）；各类岩矿化验、鉴定样品478件。于1988年10月提交《山西省沁水煤田安泽－冀氏煤成气、煤普查区地质报告》，该报告由山西省地质矿产局于1992年审批验收，批准煤炭D级储量44.22亿吨。

2007年3月至2008年4月初，山西省地质调查院在该区北侧的窑庄勘查区进行了煤炭普查工作，完成1：1万地质填图100.4平方千米，钻探4278.96米（4个孔），物探测井4227.35米（4个孔），采集各类样品73件，2009年5月提交了《山西省沁水煤田安泽县窑庄勘查区煤炭普查地质报告》，其中ZK1－5、ZK1－13两个钻孔与本次勘查区距离相对较近，两个钻孔均终孔于O_2f层位，钻孔综合评级均为甲级以上。钻孔中山西组2、3号、太原组9号为稳定可采煤层，11号煤层为大部可采煤层。2、3、11号煤层质量等级为优质，11号煤层等级为合格，2、3、9、11号煤层煤类均为贫煤。这两个钻孔的成果可供本次普查工作利用。

本次普查工作始于2008年3月，首先对钻孔施工位置进行了踏勘和道路修筑，之后陆续进驻工地进行钻探施工，并相继开展了地质测量、工程测量、水文地质调查、各种类样品采集、测试等工作，2009年1月15日全面结束野外工作。完成钻探工作量3348.56米（3个孔）。

20. 山西省保德县杨家湾勘查区煤炭详查

（1）概况

勘查区位于山西省北部吕梁山西侧，黄河东岸。勘查区交通以公路为主，朔（州）－神（木）铁路和阳（方口）－保（德）公路从区内东北部穿过，县乡间有公路相通，交通较为便利。总体地势东高西低，区内地表黄土、红土广泛分布；受当地侵蚀基准面控制，地形切割强烈，冲沟、梁、峁发育，为黄土梁、峁地貌。勘查区气候属典型的温带大陆性气候，四季分明，冬、春较长，夏、秋较短。

2008年3月至2009年11月，山西省煤炭地质144勘查院开展了勘查，勘查矿种为煤矿，工作程度为普查，勘查资金1092万元。

（2）成果简述

通过勘查基本查明了8、13号煤层为稳定可采煤层，6、10、11、14号煤层为不稳定的局部可采煤层；确定了8号煤层为中灰、特低硫、中热值煤。13号煤层为中灰、中硫、中热值煤。8、13号煤层均为良好的动力用煤及炼焦配煤。地质报告已编制完成，储量未评审。经预算可获得煤炭（332+333）资源量17.69亿吨。

（3）成果取得的简要过程

该项目自2008年3月开始施工，2009年11月结束野外施工任务，共计施工钻孔10个，完成钻探进尺8568.16米，1：1万地质填图80平方千米，2009年12月13日进行野外工作验收。

21. 山西省武乡县下黄岩区煤层气普查

（1）概况

黄岩区位于山西省东南部武乡县及左权县境内，南北长约25千米，东西宽8～12千米，勘查区面积185.45平方千米，区内煤炭资源丰富。

北京中煤大地技术开发公司开展了勘查，勘查矿种为煤层气，工作程度普查，勘查资金4490.00万元。

（2）成果简述

此项目目前施工中，完成主要工作量：1：50000地质测量图300平方千米，1：25000地质水工环测量215.5平方千米，槽探5215立方米；二维地震测线总长180.28千米，物理点6935个，钻探工作量7844.96米，测井9752米。勘查区可采煤层总体厚度较大，预计提交(333+334)资源量16.19亿吨，其中(333)资源量5.54亿吨；全区预计可获取煤层气控制地质储量181.6×10^8立方米，预测地质储量107.5×10^8立方米，属资源丰度中等的中型－大型气田。

22. 山西省沁水煤田寿阳县松塔勘查区煤炭普查

（1）概况

山西省沁水煤田寿阳县松塔勘查区位于山西省沁水煤田东北部，阳泉矿区西南部，地处寿阳县景尚乡和松塔镇境内。勘查区面积128.01平方千米。省道S317从本区中部自西向东沿潇河通过，是本区主要交通干线，交通条件较好。本区位于太行山中段西侧，属低、中山侵蚀区，区内最高点位于本区东南部黑土岩山顶，标高1433.50米。最低点位于本区西北部潇河河谷，标高1030米。本区属黄河流域汾河水系，其他河谷均属潇河支流。本区地处黄土高原，气候干燥，昼夜温差较大，蒸发量为降雨量的3.5倍左右，属暖温带季风气候区域。

2009年4月至2010年12月，山西省煤炭地质148勘查院开展了勘查，勘查矿种为煤矿，工作程度为普查，勘查资金430万元。

（2）成果简述

勘查工作查明本区基本构造形态为一向西缓倾斜的单斜构造，主要含煤地层为太原组、山西组。太原组主要岩性为灰色砂岩、深灰－灰黑色砂质泥岩、泥岩及石灰岩，含煤7层（8、9、11～15），其中可采煤层2层（8、15），为本区主要含煤层段，全组厚105.75～139.59米，平均124米。属海陆交互相沉积。山西组及太原组共含煤13层。由上而下编号为1～6、8、9、11～15号。煤层总厚14.51米，煤系总厚174米，含煤系数8.34%，3、8、15号煤为可采煤层，厚10.55米，可采煤层含煤系数6.06%。山西组可采煤层含煤系数2.48%，太原组可采煤层含煤系数7.51%。本区煤层属无烟煤，是较好的动力用煤和民用煤。勘查区估算了3、8、15号煤层的资源量，通过估算全井田共获得各类煤炭资源量（333+334）为15.63亿吨。其中333类资源量8.60亿吨。

（3）成果取得的简要过程

山西省沁水煤田昔阳县松塔勘查区煤炭普查是由山西省煤炭地质148勘查院按照国土资源部《关于进一步加强煤炭资源勘查开采通知》申报的煤炭找矿项目，项目通过了专家论证、经费测算，被确定为2008年度山西省地质找矿项目。山西省国土资源厅于2008年8月19日下发了《关于编写2008年度矿业权价款地质找矿项目设计的通知》（晋国土资办发〔2008〕99号）。要求该院严格按照有关规程、规范和专家组的意见，认真编写项目设计书。该院接到通知后，充分收集了以往的地质资料，于2008年9月12日进行了野外实地踏勘，依据《煤、泥炭地质勘查规范》，编制了《山西省沁水煤田昔阳县松塔勘查区普查设计》。山西省国土资源厅于2008年12月16日下发《关于批准"山西省原平市中三泉铁矿普查"等96个2008年度矿业权价款地质勘查项目设计的通知》（晋国土资函〔2008〕454号），予以确认实施。

23. 山西省宁武煤田静乐县步六社煤炭普查

（1）概况

勘查区位于山西省忻州市静乐县、吕梁市岚县、太原市娄烦县三个县的交汇处，大部分位于忻州市静乐县境内。行政区划属忻州市静乐县丰润镇、吕梁市岚县社科乡、太原市娄烦县静游镇。2006~2008年开展了勘查，勘查矿种为煤矿，工作程度为普查，勘查资金368.59万元。

（2）成果简述

普查工作查明矿区煤炭（333+334）资源量14.38亿吨，其中，1/3焦煤为14.14亿吨，气煤为0.2444亿吨；其中，（333）资源量为75240万吨，占总资源量的52%。

（3）成果取得的简要过程

本次勘查工作以钻探为主，辅以地质填图、物探测井及各类样品采取。勘查深度均在1012米以下，钻孔最大孔深1335.17米，控制矿体最大深度达1258米，见矿深度914~1184米。所获得煤类以1/3焦煤为主，局部为气煤，均属炼焦用煤。资源量通过山西省地质矿产科技评审中心评审。

24. 山西省沁水煤田安泽县固县勘查区煤炭普查

（1）概况

勘查区位于山西省安泽县城北固县村一带，行政区划大部属安泽县和川镇、唐城管辖，北东部属沁源县法中乡管辖。勘查区地势总体东、西两侧高，中部低，最高点位于东南角，标高1333.0米，最低点位于南部边界的岭南村一带，标高870.0米，属中低山区，为基岩剥蚀型山岳地貌。区内交通运输条件良好。

2008年至2009年，山西省地质调查院开展了勘查，勘查矿种为煤矿，工作程度为普查，勘查资金1237万元。

（2）成果简述

该区地处太岳山南端，地形复杂，沟谷纵横，切割较为强烈，主要山梁近南北走向。区内大部分面积有基岩出露,沟谷中被第四系覆盖。勘查区构造基本呈单斜构造形态,普遍发育有波状起伏,褶皱不明显,没有断层,构造简单。勘查区含煤地层包括石炭系上统太原组和二叠系下统山西组,山西组厚平均54.16米,共含煤4层,可采煤层平均总厚4.33米,其中2、3号煤为主要可采煤层。太原组厚度平均114.22米,共含煤9层。可采煤层平均总厚3.46米,其中9、11号煤为稳定可采煤层。本次工作共查明2、3号煤层(333+334)资源量6.35亿吨,其中(333)资源量3.22亿吨。9+10、11号煤层两层煤共查明(333+334)资源量6.71亿吨,其中333资源量3.22亿吨。全区共查明(333+334)资源量13.06亿吨,其中(333)资源量6.44亿吨。储量未评审。

(3)成果取得的简要过程

1972年至1976年,山西省地质局区域地质调查队进行1:20万临汾幅、沁水幅区域地质调查工作涉及该区,此次工作对区内地层进行了较详细的划分,查明了构造的基本轮廓。1982年至1985年,华北石油局九普开展盆地内煤成气研究,先后施工了8口井,但未发现大量煤成气藏。1987年至1988年,山西省地质矿产局213地质队在该区进行了煤成气和煤炭资源普查工作,该次工作依据地震圈定的构造布置钻孔,用钻探方法寻找浅层煤成气,震钻结合探求煤炭储量。于1988年10月提交《山西省沁水煤田安泽-冀氏煤成气、煤普查区地质报告》,该报告由山西省地质矿产局于1992年审批验收,批准煤炭D级储量44.22亿吨。2007年,山西省地质调查院在该区西南侧的三交勘查区进行了煤炭普查工作。2008年3月上旬,陆续进行了钻探施工、地质测量、工程测量、水文地质调查、各种类样品采集、测试等工作,2009年4月初全面结束野外工作。完成钻孔12个,总工作量14283.88米;数字测井累计实测14141.30米。

25. 山西省沁水煤田安泽县半道勘查区煤炭普查

(1)概况

勘查区位于安泽县县城南东15千米的冀氏镇及其东南一带,面积130平方千米。勘查区中心距安泽县城约25千米,326省道相连,从安泽县沿309国道向西68千米至霍-侯一级公路,交通尚属方便。勘查区地处沁河流域上游,属温带干旱大陆性气候,年平均气温9.4℃。2007年3月至2008年1月山西省地质勘查局213地质队开展了勘查,勘查矿种为煤矿,工作程度为普查,勘查资金540万元。

(2)成果简述

本次工作揭露主要可采煤层3号、11号为稳定全区可采煤层,其中3号煤厚3.11~7.34米,平均5.23米,含一层夹矸;11号煤厚2.13~4.53米,平均3.07米,含1~2层夹矸。9号为较稳定大部可采煤层,厚度一般2.01~4.28米,平均2.29米,含1~2层夹矸。2号、1号煤为不稳定局部可采煤层,其中2号煤厚1.38~2.39米,平均1.89米,不含夹矸;1号煤厚0.25~1.57米,平均0.56米,不含或含一层夹矸。查明(333+334)资源量12.04亿吨,其中(333)资源量6.91亿吨,(334)资源量5.13亿吨。尚未经过评审。

(3)成果取得的简要过程

该项目为山西省2006年矿业权价款地质找矿项目,2006年10月山西省地质勘查局213地质队编写设计,2007年3月至2008年1月开展野外工作,2008年12月野外验收。施工7个钻孔,总进尺6969.86米。

26. 山西省沁水煤田安泽县白村勘查区普查

(1)概况

勘查区位于安泽县,区内交通以公路为主。由区西南部沿省道326线向北12千米可至安泽县城并与309国道相接。自安泽县城沿309国道向西68千米至洪洞县甘亭镇与霍-侯一级公路相接,由此转南7

千米至南同蒲铁路临汾火车站。勘查区地处太岳山南东端，地势北东高南西低，为基岩黄土剥蚀型山岳地貌。2006 年 12 月至 2007 年 8 月，山西省煤炭地质 144 勘查院开展了勘查，工作程度为普查，勘查资金 285 万元。

（2）成果简述

通过勘查基本查明了山西组的 2、3 号煤层为稳定可采煤层，太原组的 9+10 号煤层为稳定可采煤层，5、11 号煤层为大部可采的较稳定煤层；确定了 2 号、3 号煤层属低－中灰、特低硫分、特低－低磷、特高－高热值的贫煤，可作气化和动力用煤；5 号煤层属中－高灰、中－高硫、特低－低磷、中热值的贫煤，可作动力用煤；9+10 号煤层属中灰、高硫、特低－低磷、高热值的三号无烟煤，可作动力用煤；11 号煤层属中－高灰、高硫、中热值的三号无烟煤，可作动力用煤。资源储量已通过山西省矿产科技评审中心组织评审，共查明煤炭（333+334）资源量 9.53 亿吨，其中（333）资源量 3.73 亿吨、（334）资源量 5.80 亿吨。

（3）成果取得的简要过程

自 2006 年 12 月开始施工，2007 年 8 月结束野外施工任务，共计施工钻孔 5 个，完成钻探进尺 4986.08 米；完成 1∶1 万地质填图 80.2 平方千米。2008 年 3 月 27 日进行野外工作验收，2008 年 7 月 21 日项目审查验收，2008 年 11 月 25 日由山西省矿产科技评审中心组织评审，以晋评储字〔2008〕168 号文批复了《山西省沁水煤田安泽县白村勘查区普查地质报告》，山西省国土资源厅以晋国土资储备字〔2008〕483 号予以备案。

27. 山西省中阳县吴家峁勘查区煤炭详查

2007 年开展煤炭详查工作。主要为焦煤，共查明（332+333+334）资源量 8.33 亿吨。其中，（332+333）资源量 2.09 亿吨。

28. 山西省沁水煤田古县下冶勘查区详查

（1）概况

勘查区位于山西省古县下冶至古县县城一带，行政隶属古县管辖。区内交通以公路为主。区内有省级公路 323 线通过，大约 32 千米至洪洞站与南同蒲铁路相接，同时可达大（同）－运（城）高速路和 108 国道。区内地势东、西部较高，属基岩剥蚀型山岳地貌，为大陆性季风气候。2007 年 1 月至 2007 年 12 月，山西省煤炭地质 144 勘查院开展了勘查，勘查矿种为煤矿，工作程度为详查，勘查资金 1024 万元。

（2）成果简述

通过勘查基本查明了 9+10 号、11 号煤层为稳定可采煤层。确定了 9+10 号煤层属低灰、高硫、特低－低磷、特高热值强粘结性的焦煤；11 号煤层属中灰、中低硫、低磷、中热值、中强－强粘结性焦煤。共查明煤炭（333+334）资源量 8.17 亿吨，其中（333）资源量 4.71 亿吨、（334）资源量 3.45 亿吨（储量尚未评审）。

（3）成果取得的简要过程

自 2007 年 1 月开始施工，2007 年 12 月结束野外施工任务，共计施工钻孔 12 个，完成钻探进尺 12631.35 米，1∶2.5 万地质填图 240.08 平方千米。

29. 山西省沁水煤田古县永乐南勘查区普查

（1）项目概况

永乐南勘查区位于山西省临汾盆地东部，行政隶属山西省古县与安泽县管辖。区内交通以土石路为主。

地势西南高东北低,属中山地貌,为大陆性季风气候。

2007年7月至2008年4月,山西省煤炭地质144勘查院开展了勘查,勘查矿种为煤矿,工作程度为普查,勘查资金405万元,完成钻探工作量5299.89米。

(2)成果简述

通过勘查基本查明了3、9+10、11号煤层为主要可采煤层,确定了3号煤层属低－中灰、特低硫、特低－低磷、中－特高热值、弱粘结性的贫瘦煤;9+10号煤层属中灰、特低－低硫、低磷、中－高热值贫煤;11号煤层属中－高灰、中高－高硫、特低－低磷、低－高热值的贫煤。目前,报告已完成,尚未验收评审。共初步查明煤炭(333+334)资源量8.15亿吨,其中333资源量3.02亿吨、334资源量5.13亿吨。

(3)成果取得的简要过程

自2007年7月开始施工,2008年4月结束野外施工任务,共计施工钻孔6个,完成钻探进尺5299.89米,1:1万地质填图90平方千米。

30.山西省沁水煤田沁源县定阳北勘查区煤炭预查

(1)概况

勘查区位于山西省沁源县城北景凤村一带,行政区划属沁源县庄儿上乡和景凤乡以及平遥县孟山乡管辖。面积266.09平方千米。区内交通主要为公路,交通运输条件良好。该区地处太岳山北东端,地形复杂,主要山梁走向北北东。勘查区地势总体北高南低,最高点位于北部,标高1785米,最低点位于南部的琴峪一带,标高1176米,属中高山区,为基岩剥蚀型山岳地貌。区内地表水属黄河水系,黄河支流沁河从本区西南部流过,勘查区内有赤桥河和紫红河通过,均属季节性河流,区内水流向南汇入沁河。本区属四季分明的大陆性温暖带季风型气候,昼夜温差较大,年平均气温9.36℃,最高气温38.2℃,最低气温–26.6℃。年平均降水量545.08毫米,年平均蒸发量1510.39毫米。夏季多东南风,冬春季多西北风,最大风速26.0米/秒。据山西省地震区划图,区内地震类型为震群和双震型,属6度区。

2008年至2009年,山西省地质调查院开展了勘查,勘查矿种为煤矿,工作程度为预查,勘查资金320万元。

(2)成果简述

井田含煤地层包括石炭系上统太原组和二叠系下统山西组,山西组厚度平均49.69米,共含煤4层,其中3号煤为局部可采煤层,其余均为不可采煤层。太原组厚度平均115.96米,共含煤10层。可采煤层平均总厚5.01米,其中9号煤为全区可采煤层。3号、10号、10号下、11号煤为局部可采煤层。2号煤层属中灰、低－中硫、低磷、特高热值的贫瘦煤(PS)、贫煤(PM)。主要用于动力用煤及化工用煤。3号煤层属中灰、低－特低硫、低磷、高－特高热值的贫瘦煤(PS)、贫煤(PM)。主要用于动力用煤及化工用煤。9号煤层属低－中灰,中高－高硫、低磷、高热值的贫煤(PM)。主要用于动力用煤及化工用煤。11号煤层属中灰,中－高硫、中－高磷、高热值的贫煤(PM)。主要为动力用煤及化工用煤。全区共查明(333+334)资源量7.42亿吨,其中(333)资源量2.27亿吨。储量未评审。

(3)成果取得的简要过程

20世纪80年代初期,由山西区域地质调查大队在本区域进行了1:20万平遥幅和沁源幅区域地质测量工作,较全面反映了本区的地层、构造、岩浆岩和矿产特征,基本查明了区内矿产的分布规律,为区内最为完整的一套区域性地质矿产资料和图件。1984年11月至1985年11月,由山西煤田地质勘探144

队完成了沁源普查勘探，在工作区施工 32 个钻孔，总进尺 14129.87 米，全部进行了物理测井工作，并按当时的验收标准进行了验收评级。本次预查工作始于 2008 年 5 月下旬，首先对钻孔施工位置进行了踏勘和道路修筑，之后陆续进驻工地进行钻探施工，并相继开展了地质测量、工程测量、水文地质调查、环境地质调查、各种类样品采集、测试等专项工作，2009 年 1 月 2 日全面结束野外工作。完成钻探工作量 3967.48 米（3 个钻孔）。

31. 山西省沁水煤田榆社县柳泉勘查区详查

（1）概况

勘查区位于榆社县讲堂乡柳泉一带，行政区划大部分隶属于晋中市榆社县，部分属长治市武乡县及晋中市左权县。

2006 年 10 月至 2007 年 12 月开展了勘查，勘查矿种煤矿，工作程度详查，该项目由省级矿业权价款资金投入 1370.95 万元。

（2）成果简述

本次勘查以钻探工程为主，辅以地球物理测井、二维地震勘探、地质填图、各类样品采集、化验测试等手段相结合。获得各类煤炭资源量（332+333+334？）7.4 亿吨，其中控制的资源量（332）1.68 亿吨，占总量的 22.75%；推断的资源量（333）3.1 亿吨，占总量的 41.83%。煤类以无烟煤为主，局部为贫煤。资源／储量通过了山西省地质矿产科技评审中心评审，并已在山西省国土资源厅备案。

（3）成果取得的简要过程

在 2005 年普查工作基础上，施工钻孔 9 个，进尺 10599.34 米；所有探煤钻孔均进行了数字物理测井，完成实测米 10091 米，水文测井 1350 米，近似稳态测温 1229 米；二维地震完成物理点 2403 个；采集各类样品 208 个；1∶1 万地质填图面积 71.5 平方千米。获得了资源量，并在 2008 年 11 月完成详查报告。

煤类以无烟煤为主，局部为贫煤。新增资源量 7.22 亿吨，其中，（332+333）资源量有 4.59 亿吨，（332）资源量 1.97 亿吨，（333）资源量 2.62 亿吨。

32. 山西省沁水县固县东勘查区煤炭详查

（1）概况

固县东勘查区位于山西省沁水县东部，樊庄普查区西北。面积为 58.51 平方千米，交通便利。本区位于山西省东南部，太行山脉南端。区内沟谷纵横，地形起伏较大，地形东南最高，标高 1156.5 米；最低点位于固县河谷，标高 758 米，相对高差 398.5 米。为侵蚀强烈的中低山区。本区属沁河流域，流经本区的固县河为沁河支流，向西南在端氏镇汇入沁河。本区属东亚季风区暖温带半湿润地区，大陆性气候显著，四季分明。年平均气温 10.2℃，年降水量最大 891.2 毫米，最小 412.5 毫米，年平均蒸发量 1584.78 毫米。

2007 年 3 月 16 日至 2008 年 1 月 3 日，山西省煤炭地质 114 勘查院开展了勘查，勘查矿种为煤矿，工作程度为详查，勘查资金 775.7 万元。

（2）成果简述

区内含煤地层分布在山西组和太原组。主要可采煤层有山西组 3 号、太原组的 15 号煤层，16 号煤层仅有个别可采点。3 号煤层厚度 5.63～7.94 米，煤层平均厚度为 6.18 米，为稳定型煤层。15 号煤层厚度 1.28～5.10 米，平均 2.80 米，为全区可采的较稳定型煤层。经过钻孔采心样化验，本区的煤质均为无烟煤。

区内查明各类资源量 7.11 亿吨,其中 3 号煤层 5.07 亿吨(其中,332 资源量 1.43 亿吨,333 资源量 3.05 亿吨,334 资源量 0.59 亿吨),15 号煤层 2.03 亿吨(原煤硫分含量均超过 3%,332 资源量为 0.58 亿吨,333 资源量为 1.23 亿吨,334 资源量 0.23 亿吨)。

(3)成果取得的简要过程

2007 年 3 月 16 日至 2008 年 1 月 3 日进行野外施工,完成 1:1 万的地形地质、水文地质和环境地质综合填图,填绘面积 65.22 平方千米;钻孔 9 个,钻探总进尺 7674.11 米;二维地震 12.6 千米。

33. 山西省岚县樊家沟井田煤炭详查

(1)概况

岚县樊家沟勘查区位于岚县顺会乡樊家沟村一带,在岚县城 30°方向直线距离约 10 千米处。矿区面积 36.74 平方千米。勘查区距碛口—忻州线 0.5 千米,距 209 国道岚城镇 5 千米,距岚县 10 千米,距北同蒲铁路的忻州站 100 千米,勘查区至静乐县、娄烦县、忻州市、离石市均有柏油路相通,交通较为便利。本区地处晋西黄土高原,属吕梁山山脉的芦芽山南端低山丘陵区。地貌类型以侵蚀的黄土梁、峁为主,其次为黄土沟谷地貌中的冲沟。勘查区内地势为北东高、西南低,最低点位于勘查区西南角的沟谷中,海拔 1181.0 米,最高点位于勘查区东北角,海拔 1453.0 米。本区属温带大陆性半干旱气候特征,春季干旱无雨,夏季炎热多雨,秋季温度适中,冬季寒冷干燥,年平均气温 8℃左右,降水多集中在 7、8、9 三个月,年平均降水量为 500 毫米。年平均蒸发量 2000 毫米。据山西省地震资料,该地区地震裂度为 Ⅵ～Ⅶ度。

2006 年 4 月至 2007 年 11 月,山西省第三地质工程勘察院开展了勘查,勘查矿种为煤矿,工作程度为详查,勘查资金 685 万元,完成钻探工作量 11873.07 米。

(2)成果简述

本区的主要含煤地层为石炭系上统太原组和二叠系下统山西组,据勘查资料,煤系地层平均总厚度为 153.95 米,含煤 10 层(可采煤层主要有 4 层),平均总厚度为 15.63 米,含煤系数 10.15%。4 号煤层以 1:3 焦煤为主,其次为气煤,1:3 焦煤区内大面积分布,气煤小范围分布。7 号煤层在勘探区内为气煤和 1:3 焦煤。9^{-1} 号煤层在勘探区内为气煤和 1:3 焦煤。9^{-2} 号煤层在勘探区内为气煤和 1:3 焦煤。全区探获 4、7、9^{-1}、9^{-2} 号煤层资源储量 7.04 亿吨,(332)资源量 3.9 亿吨,(333)资源量 3.14 亿吨。

(3)成果取得的简要过程

勘查区内以往未进行过地质工作,只是在勘查区外南部的浅部施工过 2 个钻孔,以此作为本次工作的依据,探求区内的煤炭资源赋存情况。本次工作自 2006 年 3 月开始,首先进行了井田 1:10000 地质填图和 1:10000 水文、工程地质和环境地质调查,并施工完成钻探工作量 11873.07 米/11 个,完成二维地震测线 13.13 千米,试验物理点 18 个,生产物理点 598 个。经过室内归纳整理,于 2009 年 11 月编制了《山西省宁武煤田岚县樊家沟勘查区详查地质报告》。

34. 山西省吉县桑峨勘查区煤炭普查

(1)概况

普查区位于山西省西南部临汾市吉县境内,东西长 11～13 千米,南北宽 7～9 千米,桑峨勘查区面积 103.27 平方千米。区内煤炭资源丰富。

北京中煤大地技术开发公司开展了勘查,勘查矿种为煤矿,工作程度为普查,勘查资金 1922 万元,完成钻探工作量 13402.73 米。

（2）成果简述

此项目完成主要工作量为1：25000地质水文地质填图160平方千米，槽探7513立方米，二维地震物理点3275个，测线长69.38千米，机械岩心钻探工作量13402.73米，测井13281米。本勘查区可采煤层总体厚度较大。2008年3月已经提交了普查报告，经中矿联组织有关专家评审，以《中矿联储评字〔2008〕20号》文件同意以下储量通过评审，全区共查明（333+334）资源量6.83亿吨，其中（333）资源量2.13亿吨。

35. 山西省沁水煤田武乡县洪水西勘查区煤炭普查

（1）概况

普查区位于武乡县东北部，行政区划隶属于长治市武乡县洪水镇、蟠龙镇、大有乡。勘查区位于武乡县城东北约18千米，武（乡）－墨（蹬）铁路从勘查区南部外围浊漳北源－蟠洪河谷通过，太（原）－长（治）高速公路，太焦铁路从勘查区以西15千米处通过，207国道从勘查区以东14千米处通过，总体上勘查区交通尚属方便。普查区位于沁水高原中段东部，太行山西麓，往南接长治盆地北部边缘。区内大部分为第四系黄土覆盖。地貌特征为中等至轻微切割的低山丘陵，由一系列黄土梁、冲沟组成的典型的黄土侵蚀型地貌。属四季分明的大陆性半干旱季风气候。

2008年1月至2008年12月，山西省煤炭地质水文勘查研究院开展了勘查，勘查矿种为煤矿，工作程度为普查，勘查资金438万元。

（2）成果简述

通过勘查基本查明了山西组的2号煤层为极不稳定局部可采煤层，3号煤层为较稳定全区可采煤层，15号煤层为全区可采的层位稳定煤层；确定了2号煤层为中灰、特低硫、特低磷、高热值贫煤，可作为动力、化工及民用煤；3号煤层为低灰、特低硫、低磷、特高热值贫煤，可作为动力、化工及民用煤；15号煤层为中灰、中高硫、低磷、高热值贫煤和无烟煤，原煤洗选后，灰分下降至10%以下，硫分下降至1.0%以下，可作为动力、化工及民用煤，无烟煤也可用作高炉喷吹用煤。地质报告已通过审查，但储量未评审。共查明煤炭（333+334）资源量6.75亿吨，其中（333）资源量2.55亿吨。

36. 山西省河东煤田吉县柏山寺勘查区煤炭普查

（1）概况

勘查区位于山西省临汾市吉县境内，地处河东煤田西南端，北接车城普查区，东接白额普查区，南接谭坪普查区，行政区划隶属吉县柏山寺乡、吉昌镇、中垛乡管辖。勘查区交通主要以公路为主，勘查区外北部，209国道向西至陕西省宜川县，向东至襄汾县；309国道向北至大宁县，向南至乡宁县。209国道与309国道于吉县县城交汇。勘查区内各村镇、村村之间有公路相通，交通条件便利。勘查区位于吕梁山脉南端，西临黄河。受构造运动的影响，该区为遭受强烈侵蚀－剥蚀的低中山地貌。沟壑纵横，多坡地，少平川。基岩裸露较少，植被稀少。勘查区的地势总体为东北高西南低。

2008年3月至2009年11月，山西省煤炭地质勘查研究院开展了勘查，勘查矿种为煤矿，工作程度为普查，勘查资金542.33万元。

（2）成果简述

该项目通过勘查基本查明了2、3、10号煤层为稳定可采煤层；确定了2号煤为中灰－高灰、特低硫－中高硫的贫煤和无烟煤；3号煤为低灰－高灰、特低硫－高硫的贫煤和无烟煤；10号煤为低灰－高灰、中高硫－高硫的贫煤和无烟煤。本次勘查共获得资源量 6.64 亿吨。其中（333）资源量 2.60 亿吨和（334）资源量 4.04 亿吨。

（3）成果取得的简要过程

该项目自 2009 年 3 月开始施工，2010 年 1 月结束野外施工任务，共计施工钻孔 5 个，钻探总进尺 5996.02 米；完成 1：25000 地质填图 130 平方千米。2010 年 4 月 24 日进行野外工作验收。2010 年 12 月 6 日进行了室内最终验收。

37. 山西省沁水煤田寿阳县上湖勘查区煤炭普查

（1）概况

勘查区位于山西省沁水煤田北部寿阳矿区的南部，行政区划属山西省晋中市寿阳县上湖镇和马首镇管辖，面积 73.3716 平方千米。石（家庄）－太（原）铁路从本区中部自南向东北通过，307 国道、太（原）－旧（关）高速公路从本区北部寿阳县城通过，交通条件尚属便利。本区梁峁发育，沟谷密集，属堆积侵蚀地貌类的梁状黄土丘陵地貌，相对高差 100 米左右。本区属黄河流域汾河水系，区内最大的河流为白马河，属汾河支流。本区地处黄土高原，气候干燥，昼夜温差较大，蒸发量为降雨量的 3.5 倍左右，属暖温带太原盆地气候区域。平均年降水量 505.41 毫米，平均年蒸发量 1754.16 毫米，温度年平均为 7.6℃。风向夏为东南，冬为西北，年平均风速 2.48 米／秒。本区地震烈度应属 6 级基本烈度区。

2007 年 7 月至 2010 年 4 月，山西省煤炭地质 148 勘查院开展了勘查，勘查矿种为煤矿，工作程度为普查，勘查资金 446 万元。

（2）成果简述

勘查区主要含煤地层为二叠系下统山西组（P_1s）和石炭系上统太原组（C_3t）。本区含煤地层总厚平均 170.33 米，含煤 11 层，平均总厚 10.1 米，含煤系数 5.9%。可采煤层有 3、8、15、$15_下$ 共 4 层，平均总厚度 7.39 米，可采含煤系数为 4.3%。其中太原组地层厚度平均 123.00 米，含煤 7 层，自上而下编号为 8、11、12、13、15、$15_下$、16 号，平均总厚 6.92 米，含煤系数为 5.6%。15 号煤层是本组的主要可采煤层，属稳定煤层；8、$15_下$ 号煤层属不稳定的局部可采煤层；可采煤层平均总厚 4.92 米，可采含煤系数 4.0%。山西组地层厚度平均 47.33 米，含煤 4 层，自上而下编号为 2、3、4、6 号，平均总厚 3.18 米，含煤系数为 6.7%。3 号煤位于本组中部，全区稳定可采；2、4、6 号煤属极不稳定煤层。可采煤层平均总厚 2.47 米，可采含煤系数 5.2%。本区煤层属无烟煤、贫煤，是很好的动力用煤和民用煤。勘查区查明 3、8、15、$15_下$ 号煤层（333+334）资源量为 6.17 亿吨。储量未评审。

（3）成果取得的简要过程

为了贯彻落实《国务院关于促进煤炭工业健康发展的若干意见》（国发〔2005〕18 号）和《国务院关于加强地质工作的决定》（国发〔2006〕4 号）的有关精神，按照国土资源部《关于进一步加强煤炭资源勘查开采管理的通知》（国土资发〔2006〕13 号文）等要求，山西省煤炭地质 148 勘查院申报了"山西省沁水煤田寿阳县上湖勘查区普查"项目，经山西省国土资源厅组织专家论证、经费测算等程序，由省政府批准实施。山西省国土资源厅于 2006 年 9 月 22 日下发了内部明电《关于编写 2006 年度地质找矿项目设计的通知》（晋国土资明电〔2006〕7 号），要求严格按照规程、规范的有关要求，认真编写项目设计书。该院接到通知后，积极组织有关技术人员，充分收集了以往地质资料，于 2006 年 10 月 2 日至 10 月 3 日进行了野外实地踏勘，依据《煤、泥炭地质勘查规范》和"通知"的要求，编制了《山西省沁水煤田寿阳县上湖勘查区普查设计》。山西省国土资源厅于 2007 年 2 月 9 日下发文件《关于批准山西省河东煤田蒲县明珠一号勘探区普查等85个地质找矿项目设计的通知》（晋国土资明电〔2007〕21号），山西省沁水煤田寿阳县上湖勘查区普查为其中第60项。

38. 山西省河东煤田乡宁县谭坪勘查区煤炭勘探

（1）概况

勘查区属王家岭矿井的延深区，位于临汾市乡宁县及吉县境内，行政区划属乡宁县枣岭乡，北部属吉县中垛乡。2003年至2007年先后完成了普查、详查、勘探。勘查矿种煤矿，总计投入勘查资金8700万元。

（2）成果简述

通过普查初步查明勘查区含煤地层为下二叠统山西组及上石炭统太原组，含煤10层。共查明（331+332+333）资源量5.86亿吨，其中，（331+332）资源量3.70亿吨。9号煤层探明高硫煤资源量2.34亿吨。2008年5月，中矿联储量评审中心审查通过，储量已备案。

（3）成果取得的简要过程

2002年12月，北京中煤大地技术开发公司取得"矿产资源勘查许可证"。普查工作自2003年2月至2005年1月完成1:25000地质、水文地质填图185平方千米，槽探5178立方米，竣工钻孔14个，工程量13181.78米，测井13105米，采样测试181组，提交普查报告。详查工作从2006年4月至10月，完成1:10000地质及水文地质填图132平方千米，钻孔16个，工程量15169.71米，其中水文孔2个，工作量1849.51米，抽水2次，二维高分辨率地震物理点4672个，测线长186.78千米，提交了详查报告。勘探工作自2006年10月开始，至2007年9月结束野外工作，2008年3月提交勘探报告。其中，2007年5月，探矿权转让给山西焦煤霍州谭坪煤电有限责任公司。通过完成普查、详查、勘探工作，最终摸清了本区煤炭资源赋存情况。

39. 山西省临汾市曲沃县杨谈勘查区煤炭普查

（1）概况

杨谈煤炭普查区位于山西省临汾市南部曲沃县境内，面积为96.365平方千米。区内交通较为便利。普查区属暖温带大陆性季风气候，年均气温12.7℃。2005年1月至2008年1月，山西省煤炭地质勘查研究院开展了勘查，勘查矿种为煤矿，工作程度为普查，勘查资金410万元。

（2）成果简述

区内主要可采煤层为2、9号煤层。2号煤层平均厚2.43米，含煤面积为91.33平方千米；9号煤层平均厚2.69米，含煤面积为78.40平方千米。本次勘查估算了2、9号煤层的资源量，查明（333+334）资源量5.78亿吨，其中（334）资源量3.79亿吨，（333）资源量1.99亿吨。勘查区的西南部属原襄汾普查区，东北部为本次勘查的新增区，新增区面积为36.105平方千米，获得（333+334）资源量1.62亿吨，其中，（333）资源量0.02亿吨，（334）资源量1.60亿吨。该资源量已通过评审。

（3）成果取得的简要过程

本次勘查工作自2005年1月开始施工，到2008年1月结束野外工作。本次勘查工作采用地质测量、地面物探、钻探及测井等多种勘查技术手段，完成1:2.5万地质填图140平方千米，地震勘探物理点1975个，竣工钻孔5个，钻探进尺4269.77米；地球物理测井4187.0实测米。杨谈普查区内仅进行过1:20万区域地质调查及矿产普查工作，西南部属原襄汾普查区，东北部为本次勘查的新增区。区内勘查程度较低，可供进一步勘查。

40. 山西省沁水煤田古县永乐北勘查区煤炭普查

（1）概况

古县永乐北勘查区位于山西省古县，行政隶属山西省安泽县管辖。本区交通以公路为主。南部有 309 国道，地势北东高南西低。属基岩黄土剥蚀型山岳地貌，为大陆温暖带季风型气候。

2007 年 12 月至 2008 年 6 月，山西省煤炭地质 144 勘查院开展了勘查，勘查矿种为煤矿，工作程度为普查，勘查资金 410 万元。

（2）成果简述

通过勘查基本查明了 2、9+10、11 号煤层为主要可采煤层。5 号煤层为局部可采煤层，确定了 2 号煤层属中灰、低硫、低磷、高热值的瘦煤和贫瘦煤；9+10 号煤层属中灰、高硫、特低磷、高热值的贫煤；11 号煤层属中灰、中硫、中低磷、高热值的贫煤。目前，报告已完成，尚未验收评审。共查明煤炭（333+334）资源量 5.69 亿吨，其中 333 资源量 2.20 亿吨，334 资源量 3.49 亿吨。

（3）成果取得的简要过程

2007 年 12 月至 2008 年 6 月开展了野外施工任务，共计施工钻孔 7 个，完成钻探进尺 6165.51 米；完成 1：1 万地质填图 90 平方千米。

41. 山西省文水县赤峪勘查区煤炭勘探

（1）概况

赤峪勘查区北界东段以文峪河最高洪水位为界，西段以北纬 30°27′ 为界，南界为 8+9 号煤层的隐伏露头线，东界为清交断层。西界南段以 F2 及 F12 断层为界，北段以东经 111°59′ 与北纬 30°27′ 的交点及 111°59′ 与 37°26′ 的交点连线为界，面积为 41.6 平方千米。

北京中煤大地技术开发公司开展了勘查，勘查矿种为煤矿，工作程度为勘探，勘查资金 4021 万元，完成钻探工程量 16409.61 米。

（2）成果简述

2007 年 9 月由山西省地质矿产科技评审中心聘请评审专家对该报告进行了评审，并以晋国土资储备字〔2007〕415 号下达《山西省西山煤田文水县赤峪勘查区勘探地质报告》矿产资源储量备案证明。评审中心同意以下矿产资源储量通过评审：赤峪勘查区煤炭资源量总量 5.02 亿吨，其中（331）资源量 1.10 亿吨，（332）资源量 0.72 亿吨，（333）资源量 3.20 亿吨。

42. 山西省沁水煤田武乡县蟠龙西勘查区煤炭普查

（1）概况

普查区位于山西省长治市北西部，行政区划分属长治市武乡县管辖，面积为 74.86 平方千米。普查区位于长治市北约 63 千米处，交通较为方便。勘查区地处长治盆地北，属中低山区。区内沟谷纵横，沟谷走向多为北东向，地势北高南低，最高点位于北东部西凹村北，海拔 1210 米，最低点位于南部浊漳河河谷中，海拔 899 米，最大高差 311 米。本区属海河流域南运河水系，浊漳河北源干流自勘查区南西边缘流过，蟠洪河从勘查区南东侧流过，勘查区内无大的地表水体。本区属暖温带大陆性气候。一年四季分明，冬长夏短，季风强盛，冬季寒冷少雪，春季干燥多风。滑坡、泥石流等地质灾害不发育。按地震烈度分区，本区为 6 度区。

2008 年 4 月至 2009 年 11 月，山西省地质勘查局二一二地质队开展了勘查，勘查矿种为煤矿，工作程度为普查。勘查资金 403.49 万元。

（2）成果简述

勘查区内主要含煤地层为石炭系上统太原组和二叠系下统山西组，含煤地层总厚为 192.06 米，共含煤 15 层，煤层总厚为 8.35 米，含煤系数为 4.35%，含可采煤层 4 层，总厚度为 6.16 米，含煤系数 3.21%。勘查区内稳定可采煤层为太原组的 15 号煤层，层位稳定；局部可采的煤层为山西组的 3 号煤层、太原组的 12 号煤层；较稳定零星可采的为太原组的 9 号煤层。普查区共查明煤炭（333+334）资源量 4.72 亿吨。其中 3 号煤层（333+334）资源量 0.66 亿吨；12 号煤层（333+334）资源量 0.32 亿吨；15 号煤层（333+334）资源量 1.37 亿吨，9 号煤层（333+334）资源量 2.37 亿吨。该报告尚未通过省厅评审。

（3）成果取得的简要过程

1958 年 4 月，山西省煤管局 114 队完成了山西省武乡 I、II、III、IV 勘探区地质报告，本区位于 I、II 勘探区的南西侧。1959 年 4 月山西煤矿管理局地质勘探局潞安矿务局地质勘探队完成了《山西省沁水盆地襄垣矿区普查勘探地质报告书》。本区位于襄垣普查区的北西侧。1987 至 1990 年，山西省地质矿产资源勘查开发局二一二地质队通过对山西省内开展过的煤田地质工作的综合分析研究，完成了《山西省煤炭资源远景调查汇总》工作。2002 年至 2003 年，二一二地质队与长治市地矿局等单位编制完成了《长治市矿产资源规划》。2008 年 4 月上旬进驻工地，2008 年 8 月底完成地质填图工作，2009 年 4 月中旬完成探矿工程施工及其他野外地质工作，2009 年 8 月 29 日通过了该项目的野外验收。

43. 山西省西山煤田文水县赤峪勘查区煤炭勘探

含煤地层为下二叠统山西组及上石炭统太原组，含煤 20 层。共获得（331+332+333）资源量 4.64 亿吨，其中，（331+332）资源量 1.77 亿吨；另有高硫煤资源 0.71 亿吨。

44. 山西省静乐县舍科勘查区煤炭普查

（1）概况

勘查区位于忻州市静乐县境内，面积 37.81 平方千米。

北京中煤大地技术开发公司开展了勘查，勘查矿种为煤矿，工作程度为普查，勘查资金 628 万元。

（2）成果简述

此项目已完成地质、水工环填图 52.87 平方千米；共计完成物理点 1833 个，满 30 次覆盖剖面长 59.95 千米，折计价物理点 3483 个；钻探 2021.30 米；测井 2014 米。本勘查区可采煤层总体厚度较大，共查明煤炭（333+334）资源量 4.11 亿吨，其中（333）资源量 2.24 亿吨；煤层气资源量 20.73×10^8 立方米。

45. 山西省文水县靛头勘查区煤炭、煤层气综合普查

（1）概况

靛头勘查区位于山西省中部吕梁市文水县境内，南北长约 6～9 千米，东西宽 2～6 千米，面积约 32.36 平方千米。

北京中煤大地技术开发公司开展了勘查，勘查矿种为煤矿，工作程度为普查，勘查资金 2061 万元，共完成钻探工作量 15348.18 米。

（2）成果简述

本勘查区可采煤层总体厚度较大，《山西省文水县靛头区煤炭、煤层气综合普查报告》经中矿联组织专家评审通过，全区共查明煤炭资源量（333+334）3.82 亿吨，其中（333）资源量 2.61 亿吨，（334）资源量 1.21 亿吨。

46. 山西省沁水煤田安泽县义唐勘查区煤炭普查

（1）概况

勘查区位于沁水煤田安泽矿区中部，安泽南普查区北部。G309 国道从勘查区南部近东西向穿越，沿 G309 国道向西 63 千米至洪桐县甘亭镇与南同蒲铁路相接，同时与 G108 国道相接；沿 G108 国道向北 20 千米可至大运高速公路明姜站。勘查区总体地势为东北和西南高向中倾斜，属土石中山、丘陵地貌。勘查区属暖温带半干旱大陆性季风气候，昼夜温差较大。

2007 年 3 月至 2007 年 10 月，山西省煤炭地质勘查研究院开展了勘查，勘查矿种为煤，工作程度为普查，勘查资金 295 万元。

（2）成果简述

勘查区主要可采煤层层位稳定，厚度变化不大，变化规律明显，结构简单至较简单，2、3、9 号煤层为全区稳定可采煤层，11 号煤层为局部可采煤层。确定了 2 号煤层为低灰－中灰、特低硫、低磷分、高热值－特高热值、弱粘结、低挥发分、高软化温度灰之贫瘦煤；3 号煤层为低灰－中灰、特低硫、低磷分、中热值－特高热值、弱粘结、低挥发分、高软化温度灰之贫瘦煤与贫煤；9 号煤层为中灰、高硫、特低磷、高热值、不粘结－弱粘结、低挥发分、中等软化温度灰之贫煤与贫瘦煤；11 号煤层为高灰、高硫、低磷分、低热值－中热值、不粘结－弱粘结、低挥发分、较高软化温度灰之贫煤与贫瘦煤；8、13 号煤层均为良好的动力用煤及炼焦配煤。4 层煤都可以作为良好的动力用煤。地质报告已通过审查，但储量未评审。经预算可获得煤炭（333+334）资源量 3.63 亿吨，其中（333）资源量 1.18 亿吨。

（3）成果取得的简要过程

该项目自 2007 年 3 月开始施工，2007 年 10 月结束野外施工任务，共计施工钻孔 5 个，完成钻探进尺 4211.60 米；完成 1:1 万地质填图 93.3 平方千米。2008 年 3 月 28 日进行野外工作验收。

47. 山西省大同煤田左云县陈家堡勘查区煤炭详查

（1）概况

大同煤田开发历史悠久，经过多年来连续不断地建设，铁路运输条件在全国范围内是最好的矿区。国铁干线京包、北同蒲、大秦铁路交汇于大同市铁路枢纽，旧高山至大同的铁路支线每日往返列车数次，本区距旧高山运煤铁路专用线约 20 千米，交通十分便利。勘查区为低山丘陵地形，属黄土梁及 "U" 字型沟谷地貌。东北部在左云县城以北为十里河主河道。勘查区地势总体呈南高北低之趋势，一般地形标高为 1340～1430 米。勘查区属海河流域，永定河水系，桑干河北岸支系。本区属中温带大陆性气候，冬季严寒，夏季炎热，昼夜温差较大。

2007 年 3 月至 2007 年 12 月，山西省煤炭地质 115 勘查院开展了勘查，勘查矿种为煤矿，工作程度为详查，勘查资金 501.13 万元。

（2）成果简述

通过勘查基本查明了太原组的 5、8 号煤层为稳定煤层，其中 8 号煤层全区可采，5 号煤层全区大部可采（白垩系地层剥蚀）；确定了5号煤层属于中－高灰分、低－中高硫、低磷、特低－低氯、低－高热值的长焰煤，可作动力用煤；8号煤层属于中－高灰分、低－中高硫分、低磷分、特低－低氯、低－中热值长焰煤，可作动力用煤。通过本次详查共查明煤炭（332+333）资源量2.96亿吨。

（3）成果取得的简要过程

于2007年3月施工，2007年12月结束野外施工任务，共计施工钻孔6个，完成钻探进尺4439.49米，1：10000地质填图50.58平方千米，二维地震测量32.16千米，2009年2月17日山西省国土资源厅进行了野外工作验收。

48. 山西省大同煤田左云县辛家屯勘查区煤炭详查

（1）概况

大同煤田开发历史悠久，经过多年来连续不断地建设，铁路运输条件在全国范围内是最好的矿区，交通十分便利。勘查区为低山丘陵地形，属黄土梁及"U"字型沟谷地貌，一般地形标高为1350～1450米。勘查区属海河流域，永定河水系，桑干河北岸支系。本区属中温带大陆性气候，冬季严寒，夏季炎热，昼夜温差较大。

2006年4月至2007年6月，山西省煤炭地质115勘查院开展了勘查，勘查矿种为煤矿，工作程度为详查，勘查资金386.80万元。

（2）成果简述

通过勘查基本查明了太原组的5、8号煤层为稳定煤层，其中8号煤层全区可采，5号煤层全区大部可采（白垩系地层剥蚀）；确定了5号煤层属于中－高灰分、中－高硫、低磷、特低－低氯、低－中热值的长焰煤，可作动力用煤；8号煤层属于特低－高灰分、特低－高硫分、特低－低磷分、特低氯、低－高热值长焰煤，可作动力用煤。通过本次详查共查明煤炭（332+333）资源量2.11亿吨。

（3）成果取得的简要过程

2006年4月开始施工，2007年6月结束野外施工任务，共计施工钻孔5个，完成钻探进尺3935.08米；完成1：10000地质填图30平方千米。2007年9月13日进行野外工作验收，2009年10月16日通过项目验收，2009年12月8日由山西省地质矿产科技评审中心通过了《山西省大同煤田左云县辛家屯勘查区煤炭详查地质报告》。

49. 山西省霍州煤电汾源煤业有限公司井田勘探

（1）概况

霍州煤电集团汾源煤业有限公司井田位于静乐县城东北约30千米处，行政区划属静乐县杜家村镇、中庄乡及双路乡管辖，面积12.6986平方千米，对外交通条件较好。本井田地处晋西北黄土高原，植被稀少，地形较为复杂，切割剧烈，总体地势为东高，西低，中间高，南北两头较低，最大相对高差303米。水系属黄河流域汾河水系，汾河从本区西部外约10千米处自北而南流过。本区属大陆性气候，四季分明，昼夜温差大，年平均气温为6～7℃。年平均降水量为472.5毫米，年平均蒸发量877毫米。地震基本烈度值为7度。

2010年1月至2010年3月，山西省煤炭地质148勘查院开展了勘查，勘查矿种为煤矿，工作程度为勘探，勘查资金650万元。

（2）成果简述

井田估算了2、3-1、5、6号煤层的资源量，共获得2、3-1、5号煤层保有资源/储量2.03亿吨。其中（111b）储量1.59亿吨，（122b）储量0.17亿吨，（333）资源量0.27亿吨。

50. 山西省沁水煤田和顺县南坡井田煤炭详查

（1）概况

和顺县南坡井田位于山西省沁水煤田东部边缘，行政区划属和顺县义兴镇管辖，位于和顺普查区内的庙沟村—南坡村一带。区内交通以公路为主。207国道沿本井田东部边缘通过，交通便利。本井田位于太行山中段西侧，属中山侵蚀区，基岩裸露，沟谷纵横，切割剧烈，较大的沟谷呈北西－南东向。和顺县属温带大陆性季风气候。其气候特点是冬春干旱少雪多风，夏秋温和多雨，全年夏短冬长。

2006年9月至2006年12月，山西省煤炭地质148勘查院开展了勘查，勘查矿种为煤矿，工作程度为详查，勘查资金390万元。

（2）成果简述

通过勘查基本查明井田内稳定可采煤层为3、15号煤层，查明了煤层的层位、厚度、结构及分布形态和范围。查明了各可采煤层的煤质特征及其变化情况，确定3、15号煤层为无烟煤和贫煤。原煤灰分一般小于30%，原煤全硫3号煤层一般小于1%，15号煤层一般小于2%，原煤发热量（MJ/kg）一般大于25，是较好的动力用煤、化工用煤和民用煤。洗选后精煤灰分小于10%，全硫小于1%。资源量已通过山西省矿产科技评审中心组织评审，共获得煤炭（332+333）资源量1.82亿吨。

（3）成果取得的简要过程

自2006年9月开始施工，2006年12月结束野外施工任务，共计施工钻孔6个，完成钻探进尺3094.68米；完成1:1万地质填图30平方千米。2008年3月18日进行野外工作验收，2008年7月26日项目审查验收，2009年1月12日由山西省矿产科技评审中心组织评审，以晋评审储字〔2009〕007号文批准了《山西省沁水煤田和顺县南坡井田煤炭详查地质报告》，山西省国土资源厅以晋国土资储备字〔2009〕011号予以备案。

51. 内蒙古自治区呼和诺尔煤田西区煤炭详查

（1）概况

呼和诺尔煤田西区位于新巴尔虎左旗和鄂温克族自治旗境内。两伊公路距勘查区东部边界约30千米，西南有302国道通过，交通较为方便。本区地处内蒙古自治区东部边远地区，生产力水平低下，人烟稀少。除乡、村人口较集中外，居住十分分散，以牧业为主，经济欠发达。本区属中温带大陆性季风气候，冬季漫长而寒冷，温度变化大，最高气温35.7℃，最低气温－41.7℃。年均降水量375.4毫米，蒸发量1166.0毫米，春季多风，年均最大风速20.7米/秒。

2009年5月至2010年10月，内蒙古自治区115地质队开展了勘查，勘查矿种为煤矿，工作程度为详查，勘查资金13208万元。

（2）成果简述

勘查区地表均被第四系覆盖。呼和诺尔煤盆地主体呈北东60°方向展布，构造和沉积特征整体受北东向构造体系的控制，为一断陷型盆地。地层呈单倾构造，倾向南东，走向北东，近水平状产出，地层倾角1°～5°。钻孔揭露含煤地层为白垩系伊敏组及大磨拐和组，含煤地层发育有17组煤层，由上而下依次是1～17煤层。本区可采煤层共计13层，自上而下分别是1-1、1-4、2、4-1、4-3、4-4、8-1、8-4、

10、11$^\text{上}$、11、13、14 号煤层，埋藏深度 60～1100 米。为褐煤 2 号和长焰煤。详查成果报告在编制中，初步估算煤炭（332+333+334）资源量约 400 亿吨左右，其中（332+333）资源量约 270 亿吨。

（3）成果取得的简要过程

2009 年 5 月 27 日开工，到 2011 年 11 月 15 日共施工钻孔 158 个，工程量 71581.05 米。其中地质孔 142 个，专门工程地质孔 1 个，水文孔和水文地质观测孔（兼工程地质）15 个，完成封孔检查孔 9 个。呼和诺尔煤田以东经 119°线为界，东区是 231 勘探队的工作区，西区是 115 地质队的工作区，从 2009 年 5 月至 2010 年 10 月，两个队分别进行了煤炭详查的野外勘查工作。

52. 内蒙古自治区呼和诺尔煤田东区煤炭详查

（1）概况

本区行政区划隶属新巴尔虎左旗与鄂温克族自治旗管辖。两伊公路已建成通车，在工作区西南有 G302 国道通过，交通较为方便。本区属中温带大陆性季风气候，冬季漫长而寒冷，夏季短促，雨季集中于七、八月份，温度变化大，年均气温 –0.5℃。本区地处内蒙古东部边远地区，人烟稀少，生产力水平低下，以牧业为主，经济欠发达。

2009 年 9 月至 2010 年 10 月，内蒙古自治区煤田地质局 231 勘探队开展了勘查，勘查矿种为煤矿，工作程度为详查，勘查资金 2672 万元。

（2）成果简述

本区含煤 22 层，主要可采煤层 3 层，最下部 11 号煤层最大厚度达 27 米。该项目报告目前处于编制中。本区煤类为低－中灰、特低硫－低硫、特低磷－低磷、高挥发分、高热值褐煤和长焰煤。初步估算全区煤炭资源量 230 亿吨，其中（332）资源量 58 亿吨，（333）资源量 130 亿吨，（334）资源量 42 亿吨。未评审。

（3）成果取得的简要过程

呼和诺尔煤田详查（续作）分东、西区两个项目施工，内蒙古自治区煤田地质局 231 勘探队承担东区的详查（续作）任务。工作区面积 1650.85 平方千米，该队共投入施工钻机 33 台，完成钻探工程量 30656.9 米、测井工程量 30286 米，完成 1∶1 万地形测绘及水文地质测量 480.9 平方千米，对区内的煤层发育范围进行了有效控制。

53. 内蒙古自治区新巴尔虎左旗诺门罕煤炭详查

（1）概况

勘查区位于呼伦贝尔市新巴尔虎左旗境内，面积为 845.65 平方千米，含煤面积约 546.05 平方千米。交通较便利。勘查区属典型中温带大陆性季风气候，居民以蒙、汉为主，地广人稀，居民多集中在各交通干线附近。经济欠发达，以牧业为主。

2009 年 3 月至 2010 年 12 月，内蒙古自治区有色地质勘查局 108 队开展了勘查，勘查矿种为煤矿，工作程度为普查，勘查资金 10982 万元。

（2）成果简述

含煤面积 539 平方千米，可采面积 472 平方千米。含煤层 28 层，可采煤层 20 层，全区共获煤炭资源量 213.28 亿吨，其中（332）资源量 89.31 亿吨，（333）资源量 121.53 亿吨。煤类为褐煤 II 号，煤质为中灰－低灰、特低硫、低－中磷、中－高热值褐煤。资源储量于 2010 年 12 月 28 日通过内蒙古自治区矿产资源储量评审中心评审。

（3）成果取得的简要过程

根据"内蒙古自治区地质勘查项目招标委员会地质勘查项目任务书"［编号：〔2008〕煤勘–2–04、〔2009〕煤勘–1–06（项目编号：08–2–M T03）］要求，本次详查工作于2009年3月至2010年7月开展外业工作，完成了任务书规定的各项内容，经内蒙古自治区有色地质勘查局和"基金中心"组成的联合专家组野外验收检查，野外工作质量等级为优秀，于2010年12月提交了《内蒙古自治区新巴尔虎左旗诺门罕煤田煤炭详查报告》。

54. 内蒙古自治区东胜煤田纳林希里煤炭普查

（1）概况

纳林希里煤炭勘查区位于内蒙古自治区鄂尔多斯市境内，行政隶属伊金霍洛旗红庆河镇胜利乡、杭锦旗阿门其日格乡管辖。面积1105.70平方千米，交通便利。勘查区地处我国西北部内陆，为典型的中温带半干旱高原大陆性气候。

2007年7月至2008年5月，内蒙古煤炭建设工程（集团）总公司开展了勘查，勘查矿种为煤矿，工作程度为普查，勘查资金13879万元。

（2）成果简述

普查区含2、3、4、5、6共5个煤组，5个煤组共含煤层20余层。本次普查编号对比的可采煤层13层，煤层总厚度9.00～42.71米，平均20.90米。勘查区构造总体为一向南西倾斜的单斜构造，倾向240°～260°，倾角一般1°左右。本次普查工作共查明（333+334）资源量201.91亿吨，其中（333）资源量72.42亿吨，（334）资源量129.49亿吨。全区煤层属特低灰－低灰、特低硫－低硫、特低磷－低磷、高热值、化学反应性较强、热稳定性好，煤类基本为不粘煤，是良好的气化、液化用煤，亦是很好的动力及生活用煤。

（3）成果取得的简要过程

本次普查完成的主要工程量及质量为：竣工钻孔262个，总工程量172953.41米；地球物理测井262个孔，171742.95实测米，采样测试3565个（组）；定测钻孔268个（其中6个废孔）。施工的262个钻孔中，钻探单孔评级，特级孔2个，甲级孔155个，乙级孔5个，特甲级孔率96.9%。地球物理测井262个，测井单项评级甲级孔262个，甲级孔率100%。262个钻孔中共见可采煤层1359层，其中优质312层，合格1034层，不合格13层，优质合格率99.1%。普查报告于2008年5月通过国土资源部评审并备案。

55. 内蒙古自治区东胜煤田布牙土煤炭预查

（1）概况

勘查区位于内蒙古自治区鄂尔多斯市杭锦旗境内，直线距离东胜区约为120千米，区内为中温带半干旱大陆性气候，居民稀少，属半农半牧区。

内蒙古自治区煤田地质局117勘探队开展了勘查，勘查矿种为煤矿，工作程度为预查，勘查资金2380万元。

（2）成果简述

控制了预查区内煤层的东部和北部露头位置，大致了解含煤地层分布的范围，煤层层数、煤层的一般厚度和埋藏深度，以及煤类和煤质的一般特征。重新确定东胜煤田北部边界，扩大含煤面积860平方千米。本区含可采煤层4层，即3-1、4-1、5-1、6-1、6-2煤层，煤类为长焰煤和不粘煤，预计新增煤炭资源量200亿吨。

（3）成果取得的简要过程

为了查明东胜煤田北部边界，本项目立项申请于2008年10月获得批准并下达任务书，勘查面积587.16平方千米，采用二维地震配合钻探、测井、采样化验等手段综合勘查方法对本区进行了勘查工作。通过勘查证明，东胜煤田北部边界与原认定的边界不一致，向北扩大了5～10千米。2009年，该项目又在其西部及北部进行了立项勘查，面积697.45平方千米。两次勘查面积共1284.61平方千米。

56. 内蒙古自治区西乌珠穆沁旗五间房盆地煤矿普查

（1）概况

五间房煤田位于内蒙古自治区锡林郭勒盟西乌珠穆沁旗松根乌拉苏木和吉林郭勒苏木境内，行政区划属内蒙古自治区西乌珠穆沁旗，区内属内蒙古高原，为典型的内陆型草原。交通以草原自然大道与省级公路相通，较为便利。

2006年6月至2007年12月，内蒙古地质工程有限责任公司开展了勘查，勘查矿种为煤矿，工作程度为普查，勘查资金5284万元，完成钻探工程量73237米。

（2）成果简述

五间房煤田以长焰煤为主，含褐煤。属中低灰、低硫、高挥发分、中热值烟煤。可采煤层10层，煤层底板埋藏深度102～1008米，最大含煤面积378.30平方千米，单层最大可采厚度26.91米。

五间房煤田普查共计获得煤炭总资源量1068158万吨，其中推断的内蕴经济资源量（333）534150万吨；预测的资源量（334）？534008万吨。本次普查所提交的资源量，均为新增资源量。

（3）成果取得的简要过程

2005年对五间房盆地进行预查找煤工作，通过预查发现有可供开采的煤炭资源。2006年对五间房煤田进行了进一步普查续作，在充分研究已有成果资料及区域地质背景的基础上，使用二维地震和钻探工程等综合勘查手段进行控制。其中，完成二维地震勘查剖面长度476千米，初步查明了盆地的构造形态、含煤边界和主要煤层的底板埋深及起伏形态；钻孔揭露最大深度1140.04米，控制煤层底板最大深度1008米。

57. 内蒙古自治区东胜煤田黄陶勒盖及扩区煤炭普查

（1）概况

黄陶勒盖及扩区煤炭勘查区位于内蒙古自治区鄂尔多斯市境内，属乌审旗乌兰陶勒盖乡管辖。面积603.04平方千米。勘查区东、南与陕西省榆林市接壤，西距乌审旗旗府（嘎鲁图镇）14千米，省道S215从勘查区的西北方向通过，乌（乌审旗）-榆（榆林）公路、乌（乌审旗）-杭（杭锦旗）公路从工作区通过。工作区内交通条件一般。勘查区气候属于温带大陆性季风气候。

2007年7月至2009年6月，内蒙古煤炭建设工程（集团）总公司开展了勘查，勘查矿种为煤矿，工作程度为普查，勘查资金2733万元。

（2）成果简述

勘查区内基本为倾向北西西（290°），倾角1°～3°的单斜构造。含煤岩系为侏罗系延安组，主要可采煤层 2-2、3-1、4-1，为较稳定型，具有煤层厚度大、连续性好、煤质优良、水文地质条件简单、资源量大等特点。本次资源量估算，共获得资源量 102.57 亿吨。其中推断的内蕴经济资源量（333）46.85 亿吨，预测的资源量（334）55.72 亿吨。

（3）成果取得的简要过程

本次普查共施工钻孔 89 个，总工程量 79093.97 米；钻探单孔评级，特级孔 4 个，甲级孔 83 个，乙级孔 2 个，特甲级孔率 97.8%。共见可采煤层 416 层，其中优质 54 层，合格 360 层，不合格 2 层，优质合格率 99.5%。地球物理测井 89 个孔，实测 78442.33 米，测井单项评级甲级孔 89 个，甲级孔率 100%。采样测试 2312 个（件）。普查报告通过内蒙古自治区矿产资源储量评审中心评审，尚未备案。

58. 内蒙古自治区东胜煤田巴彦柴达木矿区煤炭详查

（1）概况

巴彦柴达木勘查区位于鄂尔多斯市西南部的乌审旗境内，行政隶属乌审旗达布察克镇和陶利苏木，面积 471.82 平方千米。本区距乌审旗 16 千米，距东胜区 210 千米，东界距陕西省榆林市 85 千米，交通较为方便。区内气候属于半干旱的温带高原大陆性气候。

2007 年 7 月至 2008 年 2 月，内蒙古煤炭建设工程（集团）总公司开展了勘查，勘查矿种为煤矿，工作程度为详查，勘查资金 10853 万元。

（2）成果简述

矿区含煤岩系为侏罗系延安组，含 8 层可采煤层，可采煤层总厚度 10.32 ～ 21.20 米，煤层赋存深度 613 ～ 1093 米，煤层呈水平层状，倾角 1°左右。属特低－低灰、低－中硫、低磷、中高挥发分、特高热值、易选、富油－高油的不粘－弱粘煤。可选性好。煤中有害成分低，发热量高，是良好的动力用煤，也可作为气化、液化用煤。矿区总资源量 91.37 亿吨，（332）资源量 25.98 亿吨，（333）资源量 40.36 亿吨，（334）资源量 25.03 亿吨。该资源量已经评审备案。

（3）成果取得的简要过程

2007 年 5 月开始进行野外地质钻探工作，2008 年 6 月完成。详查区面积 471.82 平方千米，共投入施工钻机 139 台，完成钻探工程量 123182 米、测井工程量 122293.40 米，完成 1∶1 万地形测绘及水文地质测量 480 平方千米，对区内的煤层发育范围进行了有效控制。并于 2008 年 5 月通过国土资源厅评审，2009 年详查报告通过评审。该成果的取得对东胜煤田南部煤炭开发及矿区以西深部煤炭找矿有重要意义。

59. 内蒙古自治区鄂温克族自治旗红花尔基煤田东区煤炭资源普查

（1）概况

红花尔基煤田东区位于大兴安岭西坡红花尔基林区与呼伦贝尔草原结合部，行政区划隶属于内蒙古自治区呼伦贝尔市鄂温克族自治旗和新巴尔虎左旗。

2006 年 7 月至 2008 年 5 月，内蒙古自治区煤田地质局 109 勘探队开展了勘查，勘查矿种为煤矿，勘查程度普查，勘查资金 5586 万元。

（2）成果简述

伊敏组和大磨拐河组地层为本次勘查的目的层。从钻探揭露情况看，伊敏组含煤地层厚度 1.00 ～ 607.80 米，平均 319.05 米；发育 5 个组，含 19 层煤，煤层总厚 0.99 ～ 74.30 米，平均 30.15 米，含煤系数 9.45%，含煤性较好。大磨拐河组含煤地层厚度 8.45 ～ 178.17 米，平均 98.11 米。发育 3 个组，含 6 层煤，煤层总厚 0.70 ～ 52.83 米，平均 15.37 米，含煤系数 15.67%，含煤性较好。见煤深度 31.94 ～ 994.56 米。

本区共获煤炭总资源量 231.8 亿吨，其中推断的资源量（333）113.96 亿吨（褐煤 113.55 亿吨，长焰煤 0.42 亿吨），预测的资源量（334？）117.85 亿吨（褐煤 117.31 亿吨，长焰煤 0.537 亿吨）。推断的资源量占资源总量的 50.8%。资源量经内蒙古自治区矿产资源储量评审中心评审通过。

（3）成果取得的简要过程

2006 年 7 月至 2006 年 9 月，在内蒙古自治区鄂温克族自治旗红花尔基煤田东区开展普查工作，施工钻孔 5 个，工程量 3005.60 米。根据见煤情况，2006 年末提出续作申请，继续开展普查，共施工 147 个钻孔，完成钻探工程量 71264.85 米。2008 年 5 月提交了《内蒙古自治区鄂温克族自治旗红花尔基煤田东区煤炭普查报告》。本报告共获煤炭资源量 231.81 亿吨，其中：推断的资源量 113.96 亿吨，预测的资源量 117.85 亿吨。

60. 内蒙古自治区东胜煤田公尼召勘查区煤炭普查

（1）概况

勘查区位于东胜煤田国家规划矿区南部，行政区划隶属于内蒙古自治区鄂尔多斯市伊金霍洛旗管辖。勘查区面积 362.37 平方千米。G201 高速公路从本区东侧穿过，交通便利。勘查区位于鄂尔多斯台地的中部，毛乌素沙漠东北部，地形东北高西南低，海拔高程在 1330 ～ 1500 米之间。地貌主要为低山丘陵侵蚀地貌。本区气候属中温带半干旱大陆性气候，冬季寒冷漫长，夏季炎热短暂，春季少雨多风，昼夜温差较大。

2009 至 2010 年，内蒙古有色地质矿业有限公司开展了勘查。勘查矿种为煤矿，工作程度为普查，勘查资金 5317 万元。

（2）成果简述

本区为向西倾斜的单斜构造，地层倾角 1° 左右，未发现断裂构造和岩浆侵入，构造简单。含煤地层为侏罗系中下统延安组，含煤 12 ～ 26 层，可采煤层 7 层，其中主要可采 4 层（3-1、3-2、4-1、6-2 中）；勘查区煤层总厚度为 12.60 ～ 30.80 米，平均煤厚 22.38 米；可采煤层总厚度 8.75 ～ 26.90 米，平均 16.33 米。各可采煤层层位发育较为稳定。勘查区煤种为不粘煤，低－低中灰分，特低硫，低磷，中高挥发分，属高热值煤。煤炭资源量估算深度：750 ～ 1110 米，查明煤炭（333+334）资源量 60 亿吨，均为不粘煤。

（3）成果取得的简要过程

根据本区地质特点，该项目采用控制测量、地质填图、二维地震、钻探、测井、采样测试等综合勘查手段进行勘查工作，项目分 2009、2010 两年度实施。全部野外工作量于 2010 年 12 月 4 日完成，2010 年 12 月 23 日通过野外验收。

61. 内蒙古自治区东胜煤田乌兰陶勒盖煤炭普查

（1）概况

乌兰陶勒盖煤炭勘查区位于内蒙古自治区鄂尔多斯市境内，属乌审旗乌兰陶勒盖乡管辖，西距乌审旗旗府（达布察克镇）23 千米。面积 297.38 平方千米。勘查区位于鄂尔多斯高原之东部，属于温带大陆性季风气候。

2006 年 10 月至 2006 年 12 月，内蒙古煤炭建设工程（集团）总公司开展了勘查，勘查矿种煤矿，工作程度为普查，勘查资金 2241.5 万元。

（2）成果简述

乌兰陶勒盖普查区共查明煤炭资源量 54.68 亿吨。其中（333）资源量 18.36 亿吨，（334）资源量

36.32亿吨。普查报告已由内蒙古自治区矿产资源储量评审中心评审并备案。

（3）成果取得的简要过程

勘查投入的主要实物工作量为：钻探27148.23米（28个钻孔），测井26868.96米，1：10000地形地质测量90平方千米，1：10000地形测量104平方千米，控制点测量E级GPS点14个，采集各类样品740件。

62. 内蒙古自治区东胜煤田纳林河矿区煤炭详查

（1）项目概况

纳林河煤炭勘查区位于鄂尔多斯市西南部的乌审旗境内，行政隶属鄂尔多斯市乌审旗无定河镇。面积306.4平方千米。勘查区北距乌审旗37千米，南界距陕西省靖边县100千米，均为柏油路面，交通较为便利。区内气候属于半干旱的温带高原大陆性气候。

2007年10月至2008年7月，内蒙古煤炭建设工程（集团）总公司开展了勘查，勘查矿种为煤矿，工作程度为详查，勘查资金6981万元。

（2）成果简述

矿区含煤岩系为侏罗系延安组，含可采煤层11层，可采煤层总厚度4.32～19.10米，平均13.10米。煤层赋存深度490～960米，煤层呈水平层状，倾角1°左右。属特低－低灰、低－中硫、低磷、中高挥发分、特高热值、易选、富油－高油的不粘－弱粘煤，是良好的动力用煤，也可作为气化、液化用煤。全区共查明资源总量50.29亿吨，其中（332）资源量13.89亿吨，（333）资源量25.08亿吨，（334）资源量11.31亿吨。该资源量已经评审备案。

（3）成果取得的简要过程

本次详查竣工钻孔97个，总工程量79613.84米；地球物理测井97个孔，78856.44实测米，采样测试2935个（组）。施工的97个钻孔，钻探单孔评级，特级孔4个，甲级孔84个，乙级孔9个（因孔斜超限为乙级孔），特甲级孔率91%。地球物理测井97个，测井单项评级甲级孔97个，甲级孔率100%。97个钻孔中共见可采煤层466层，其中优质64层，合格402层，优质合格率100%。完成1：10000地形图测绘195平方千米；E级GPS控制点25个；1：10000地质填图、水文地质、工程地质、环境地质测绘193平方千米，并通过国土资源厅评审备案。

63. 内蒙古自治区东胜煤田乌审召二区九区煤炭普查

（1）概况

普查区位于内蒙古自治区鄂尔多斯市西南乌审旗境内，行政区划隶属乌审旗乌审召镇、嘎鲁图镇、图克镇和乌兰陶勒盖镇管辖。

2007年至2008年，内蒙古矿业开发有限责任公司开展了勘查，勘查矿种为煤矿，工作程度为普查，勘查资金9169万元。

（2）成果简述

普查区含煤地层为侏罗系中下统延安组（$J_{1-2}ya$），根据区内施工的钻孔资料统计，延安组地层厚189.57～342.94米，平均厚度为282.41米。普查区所有钻孔全部见煤。含2、3、4、5、6共5个煤组，煤层平均总厚度18.80米，含煤系数6.7%；具有对比意义的可采煤层18层，平均总厚度13.09米，可采含煤系数4.6%。

区内构造简单，煤层较稳定，勘查类型为Ⅰ类二型。煤质均以低水、特低－低灰、低硫－特低硫、中高挥发分、低磷、低氟、一级砷、高热－特高热值不粘煤为主，弱粘煤及长焰煤次之，可作动力、发电、民用等用煤。未发现共、伴生的其他有益矿产。

通过估算，本次普查获得资源量144.33亿吨，其中推断的内蕴经济资源量（333）60.17亿吨，预测的资源量（334）？84.16亿吨。新增资源量85.69亿吨，储量已通过内蒙古自治区储量评审中心评审。

（3）成果取得的简要过程

本次普查工作从2007年4月开始，2007年12月完成，以钻探工程为主，配合地球物理测井、采样化验、综合作图分析等多种手段，施工钻孔122个，计127323.75米，测井126416.35米，定测钻孔122个，控制点38个。采集各类样品3070件。

64. 内蒙古自治区东胜煤田通史煤炭普查

（1）概况

通史煤炭勘查区位于内蒙古自治区鄂尔多斯市西南部的乌审旗境内，行政隶属于乌审旗无定河镇、苏利德苏木管辖，面积约471.21平方千米。勘查区地处鄂尔多斯高原，属温带大陆性干旱－半干旱气候。

2007年12月至2008年12月，内蒙古煤炭建设工程（集团）总公司开展了勘查，勘查矿种为煤矿，工作程度为普查，勘查资金4821万元。

（2）成果简述

矿区含煤岩系为侏罗系延安组，含可采煤层6层，可采煤层总厚度5.27～15.15米，一般6～10米，可采含煤系数2.2%～3.0%。属低－中灰、特低－中硫、低－特低磷、高热值、化学反应性较强、热稳定性好，煤类以不粘煤为主、少量长焰煤，煤质变化不大，是良好的气化、液化用煤，亦是很好的动力及生活用煤。初步确定勘查区的主要可采煤层为较稳定型。普查报告于2009年4月通过内蒙古自治区矿产资源储量评审中心评审，共获勘查许可证内资源量45.42亿吨，（333）资源量21.48亿吨，（334）资源量23.94亿吨。

（3）成果取得的简要过程

本次共施工钻孔64个，工程量62617.92米，地球物理测井62008.67米，E级GPS点30个，钻孔测量70个（其中废孔6个），1：50000地质测量250平方千米。采样测试934件。在全区施工的64个钻孔中，特级孔5个，甲级孔58个，乙级孔1个（T12-1），特甲级孔率98%。地球物理测井64个，测井单孔评级甲级孔64个，甲级孔率100%。64个钻孔中共见可采煤层287层，其中优质86层，合格200层，不合格1层，优质、合格率99.65%。

65. 内蒙古自治区陈巴尔虎旗特兰图煤炭预查

（1）概况

特兰图煤炭预查区位于内蒙古自治区陈巴尔虎旗境内，行政区划隶属陈巴尔虎旗管辖。勘查区面积684.10平方千米。

2008年至2009年，内蒙古自治区煤田地质局109勘探队开展了勘查，勘查矿种为煤矿，工作程度为预查，勘查资金272万元。

（2）成果简述

通过勘查工作，确定勘查区含煤地层为白垩系下统大磨拐河组（K_1d），为中型内陆盆地含煤建造，按各煤层在地层中所占空间位置和其组合特征，划分为5个煤组28个煤层。区内构造形态总体为走向北东的断陷型向斜构造，地层倾角平缓，构造简单。主要可采煤层全区大部可采，煤层厚度有一定变化，属于较稳定煤层。本区煤层为中灰－低灰、低硫－特低硫、低－特低磷、高热值褐煤（5 煤组长焰煤为中热值煤）。查明全区煤炭（334）资源量 43.88 亿吨，其中褐煤 42.55 亿吨，长焰煤 1.33 亿吨。

（3）成果取得的简要过程

本项目为内蒙古自治区地质勘查项目招标委员会下达的地质勘查项目。本次勘查共施工 8 个钻孔，完成钻探工程量 4752.25 米，于 2008 年 12 月提交本勘查阶段地质报告。

66. 内蒙古自治区东胜煤田红庆河勘查区煤炭普查

（1）概况

红庆河勘查区位于国家煤炭资源勘查规划区东胜煤田的中部，属内蒙古鄂尔多斯市伊金霍洛旗红庆河镇管辖。面积 158.23 平方千米。本区地处鄂尔多斯高原中部，北距东胜区 45 千米，中东部有 G210 国道穿过，区内交通便利。本区属中温带半干旱大陆性气候，年平均气温 7.1℃，年平均降水量 355.1 毫米，主要集中在 7 ～ 9 三个月，全年冰冻期长，一般为 10 月初至次年 4 月底。区内人口稀少，以牧业为主，经济欠发达。

2009 至 2010 年，内蒙古自治区地质调查院开展了勘查，勘查矿种为煤矿，工作程度为普查，勘查资金 3409 万元。

（2）成果简述

普查区含煤面积约为 158.23 平方千米，含主要可采煤层 5 层，各煤层平均厚度为 0.80 ～ 10.52 米，埋藏深度为 518.95 ～ 962.63 米。查明全区（333+334）资源量 33 亿吨。

（3）成果取得的简要过程

中央地质勘查基金项目管理办公室于 2009 年 7 月 8 日和 2010 年 5 月 18 日分别对红庆河勘查区下达了项目任务书。先进行了二维地震工作，后进行钻探验证并查明了煤层赋存情况。

67. 内蒙古自治区东胜煤田红庆河区乃马岱井田煤炭资源勘探

（1）概况

乃马岱井田煤炭勘查区位于内蒙古自治区鄂尔多斯市伊金霍洛旗境内，行政区划隶属红庆河镇与新街镇管辖。面积 140.59 平方千米。

2007 年 3 月至 2007 年 10 月，内蒙古煤炭建设工程（集团）总公司开展了勘查，勘查矿种为煤矿，工作程度为普查，勘查资金 12553.36 万元。

（2）成果简述

勘查区含煤岩系为侏罗系延安组，含可采煤层 10 层，含煤地层总厚度为 171.24 ～ 240.37 米，平均 207.43 米。煤层呈水平层状，倾角 1° 左右。属于特低－中灰、特低硫、特低磷－低磷、特低氯、一级含砷、中高挥发分、高热稳定性、富油、特高－高热值不粘煤，是很好的动力用煤。全区共查明资源总量 32.20 亿吨，（331）资源量 10.13 亿吨，（332）资源量 7.24 亿吨，（333）资源量 14.83 亿吨。该项目于 2007 年 12 月通过国土资源厅评审并备案。

（3）成果取得的简要过程

本次勘探完成 1：5000 地形图测绘 167.5 平方千米；1：5000 地质及水文地质测量、工程地质及环境地质调查各 167.5 平方千米；钻探 250 个钻孔，工程量 223097.77 米。其中：水文孔兼工程孔（同时兼探煤孔）7 个，工程量 6201.37 米；水文孔兼探煤孔 1 个（16-17 号孔），工程量 860.13 米；工程孔兼探煤孔2个，工程量1835.96米；专门探煤孔240个，工程量214200.30米；测井250个钻孔，工程量221539.78米。

68. 内蒙古自治区东胜煤田新胜勘查区煤炭普查

（1）概况

新胜勘查区位于内蒙古自治区鄂尔多斯市西南部，行政区划隶属东胜区、杭锦旗。面积219.66平方千米。勘查区东北距鄂尔多斯市东胜区约80千米，东距包神铁路约70千米。气候为干旱半干旱的温带高原大陆性气候。

2009年至2010年，中国煤炭地质总局特种技术勘探中心开展了勘查，勘查矿种为煤矿，工作程度为普查，2010年度投资3557万元。

（2）成果简述

钻孔见煤最大单层厚度5.60米。单孔见煤11～18层，累计厚度8.50～21.60米，平均14.37米，含煤系数7.70%。单孔见可采煤层数4～10层，累计可采厚度5.10～19.75米，平均11.86米，可采煤层含煤系数6.36%。煤层埋深在760.25～997.35米之间，自东向西和西南埋藏深度加大。勘查区煤层全区发育，可采煤层8层，其中：较稳定4层，不稳定4层。预计查明（333+334）资源量18亿吨。

69. 内蒙古自治区东胜煤田速贝梁勘查区煤炭普查

（1）概况

速贝梁煤炭勘查区位于内蒙古自治区鄂尔多斯市境内，行政隶属东胜区泊江海镇、康巴什区哈巴格西街道办事处、伊金霍洛旗苏布尔嘎镇。面积188.42平方千米。勘查区距鄂尔多斯市直线距离约30千米，距210国道15千米、至包（头）－茂（名）高速公路25千米，交通较为方便。区内气候属于半干旱的温带高原大陆性气候。

2007年5月至2008年10月，内蒙古煤炭建设工程（集团）总公司开展了勘查，勘查矿种为煤矿，工作程度为普查，勘查资金3323万元。

（2）成果简述

勘查区含10层可采煤层，可采煤层总厚度6.60～27.62米，平均15.22米，一般在9米以上，煤层赋存深度459.32～942.50米，煤层呈水平层状，倾角1°左右。各煤层属特低－低灰、特低－低硫、低－特低磷、高－特高热值、高热稳定性，煤类以不粘煤为主，少量的长焰煤，可选性好。煤中有害成分低，发热量高，是良好的动力用煤，也可作为气化、液化用煤。勘查区总资源量29.17亿吨，其中推断的内蕴经济资源量（333）12.25亿吨，预测的资源量（334）16.92亿吨。该资源量已经过评审尚未备案。

（3）成果取得的简要过程

本阶段完成1：50000地质及水文地质填图190平方千米，E级GPS控制点19个，定测钻孔33个；钻探33孔29303.11米。钻孔启封检查4孔3604.15米，测井33孔29021.07实测米，VSP测井1个孔820米，专门放射性测井33个钻孔，地震测线127.55千米、物理点6500个，采样测试881件（组），利用外围孔15个。普查报告通过国土资源部评审备案。

70. 内蒙古自治区东胜煤田车家渠勘查区煤炭普查

（1）概况

车家渠勘查区位于内蒙古自治区鄂尔多斯市东胜煤田中西部，行政区划隶属于伊金霍洛旗的阿腾席连镇、苏布尔嘎镇管辖。勘查区东北端距鄂尔多斯市政府所在地康巴什新区约 2 千米，距东胜区政府 28 千米，东距包神铁路 15 千米，G210 国道从本区东南边通过，交通较为便利。本区气候属中温带半干旱大陆性气候，冬季寒冷漫长，夏季炎热短暂，春秋季少雨多风，昼夜温差较大；全年无霜期短，冰冻期较长。

2009 年至 2010 年，内蒙古地质工程有限公司开展了勘查，勘查矿种为煤矿，工作程度为普查，2010 年度投资 2185 万元。

（2）成果简述

含煤地层为侏罗系中下统延安组，含煤 10～30 层，可采煤层 5～13 层，平均煤厚 23 米左右。煤种为不粘煤，属高热值煤。低－低中灰分，特低硫，低磷，中高挥发分。煤炭资源量估算深度为 380～1020 米，预计获得煤炭（333+334）资源量 26 亿吨，均为不粘煤。

（3）成果取得的简要过程

根据本区地质特点，该项目采用控制测量、地质填图、二维地震、钻探、测井、采样测试等综合勘查手段进行勘查工作，项目分 2009、2010 两年度实施。全部野外工作量于 2010 年 12 月 4 日完成，2010 年 12 月 23 日通过野外验收。

71. 内蒙古自治区东胜煤田阿彦布鲁勘查区煤炭普查

（1）概况

阿彦布鲁勘查区位于内蒙古鄂尔多斯市，地跨伊金霍洛旗的苏布尔嘎镇、东胜区泊江海子镇和杭锦旗锡尼镇，面积 230.25 平方千米。本区中心位置北距 G109 国道上的泊尔江海子镇 16 千米。泊江海子镇西至乌海市 305 千米，与包兰铁路相通；东至鄂尔多斯市东胜区 55 千米。勘查区位于鄂尔多斯高原之西北部，属黄土高原地带。区内地形总体趋势是南高北低。属于干旱－半干旱的温带高原大陆性气候，冬季漫长寒冷，夏季炎热而短暂。

2010 年至 2011 年，内蒙古自治区第九地质矿产资源勘查开发院开展了勘查，勘查矿种为煤矿，工作程度为普查，勘查资金 3900 万元。

（2）成果简述

矿区为地质条件一类二型，煤类以不粘煤为主，伴有少量长焰煤。各可采煤层为特低灰－低灰、特低硫－低硫，特低磷－低磷、高热值，是良好的气化、动力及民用用煤。通过 2009 年的勘查工作，预计查明（333+334）资源量 28 亿吨。

（3）成果取得的简要过程

本区以二维地震、地质钻探、物探测井、地质填图、采样化验等综合手段，取得了良好的效果，地质勘查成果可靠。

72. 内蒙古自治区东胜煤田沙尔利格煤炭普查

（1）概况

沙尔利格煤炭普查区位于内蒙古自治区鄂尔多斯市西南部的乌审旗境内，行政隶属于乌审旗沙尔利格苏木。面积 255.29 平方千米。普查区北距乌审旗镇政府所在地约 80 千米，东距陕西省榆林市约 100 千米，西距鄂托克前旗约 110 千米，南距陕西省靖边县约 55 千米，地处鄂尔多斯高原，为典型的中温带半干旱大陆性气候。

2008 年 5 月至 2008 年 8 月，内蒙古煤炭建设工程（集团）总公司开展了勘查，勘查矿种煤矿，工作程度为普查，勘查资金 2707 万元。

（2）成果简述

普查区含煤岩系为侏罗系延安组，含可采煤层 4 层，可采煤层总厚度 5.23 ～ 9.93 米，平均可采厚度 7.87 米。可采煤层属低－中灰、特低－中硫、低－特低磷、高热值、化学反应性较强、热稳定性好，煤类为不粘煤为主、少量不粘煤和长焰煤，是良好的气化、液化用煤，亦是很好的动力及生活用煤。初步确定勘查区的主要可采煤层为较稳定型。共查明（333）资源量 12.96 亿吨，（334）资源量 13.18 亿吨，共计 26.14 亿吨。

（3）成果取得的简要过程

本次普查完成钻探工程量 36160.40 米，测井 35818.22 米，采集各类样品 432 件，完成测量点 62 个。普查报告通过内蒙古自治区矿产资源储量评审中心评审。

73. 内蒙古自治区东胜煤田大营勘查区煤炭普查

（1）概况

大营煤炭勘查区位于内蒙古鄂尔多斯市东胜区西部，行政区划隶属于杭锦旗塔然高勒乡管辖。面积为 229.40 平方千米。勘查区中心位置南距 G109 国道上的杭锦旗锡尼镇 20 千米，锡尼镇西至乌海市 260 千米，与包兰铁路相通；东至鄂尔多斯市东胜区 100 千米，交通较为便利。勘查区气候属干旱－半干旱的温带高原大陆性气候，太阳辐射强烈，日照较丰富，干燥少雨，风大沙多，无霜期短。

2009 年至 2010 年，内蒙古自治区地质调查院开展了勘查，勘查矿种为煤，工作程度为普查，勘查资金 3576 万元。

（2）成果简述

勘查区可采煤层有 7 层，即 2-2^上、2-2、3-1、3-1$_下$、4-1、5-1^上、5-1 煤层，均为大部或全区可采，厚度在 0.88 ～ 4.96 米，平均埋深在 821 ～ 924 米，预获（334）资源量为 23 亿吨。煤类为低－中灰、特低硫、低硫、特低磷、中、高热值的不粘煤及少数长焰煤。

74. 内蒙古自治区东胜煤田红镜滩煤炭普查

（1）概况

红镜滩勘查区位于内蒙古自治区鄂尔多斯市西南部的乌审旗及鄂托克前旗境内，行政隶属于乌审旗苏利德苏木、无定河镇以及鄂托克前旗城川镇，其南端靠近陕西省边界。面积 250.67 平方千米。勘查区大部分处在鄂尔多斯市乌审旗境内的西南部。北距乌审旗政府所在地嘎鲁图镇约 100 千米，东距陕西省榆林市约 110 千米，西距鄂托克前旗政府所在地敖勒召其镇约 110 千米，南距陕西省靖边县县城约 40 千米，交通比较便利。本区地处我国西北部内陆，为典型的中温带半干旱大陆性气候。

2007 年 12 月至 2008 年 12 月，内蒙古煤炭建设工程（集团）总公司开展了勘查，勘查矿种为煤矿，工作程度为普查，勘查资金 3425 万元。

（2）成果简述

勘查区内共见煤 6 层，其中可采煤层 4 层，可采煤层总厚 4.59 ～ 9.53 米，平均 6.58 米；主要可采煤层（2-3、3-1）较稳定，全区可采，倾角 1° 左右，平均厚度分别为 4.09 米和 1.80 米，赋存深度分别为 745 ～ 925 米和 781 ～ 958 米。煤类以弱粘煤为主，含部分长焰煤、不粘煤。全区共查明煤炭资源总量 22.41 亿吨，

其中 (333) 资源量 9.96 亿吨, (334) 资源量 12.45 亿吨。

（3）成果取得的简要过程

本次普查共施工钻孔 45 个，钻探工程量 45100.61 米；测井工作量 44741.85 米；控制测量 E 级 GPS 点 25 个，测量钻孔 45 个；共采集各类样品 358 个（件）。普查报告于 2009 年 12 月通过内蒙古自治区矿产资源储量评审中心评审，报告正在备案中。

75. 内蒙古自治区东胜煤田青达门矿区城梁井田煤炭勘探

（1）概况

青达门矿区城梁井田勘查区位于内蒙古自治区鄂尔多斯市境内，行政隶属达拉特旗和东胜区管辖，面积 115.89 平方千米。

2008 年 8 月至 2008 年 12 月，内蒙古煤炭建设工程（集团）总公司开展了勘查，勘查矿种为煤矿，工作程度为勘探，勘查资金 11556 万元。

（2）成果简述

该井田为一单斜，地层倾角 1°左右，构造简单，无岩浆岩侵入。含煤地层为侏罗系中下统延安组。共含可采煤层 11 层，煤层总厚 8.86 ~ 32.48 米，平均 19.29 米。煤层赋存标高在 790 ~ 1140 米之间，埋深 320.89 ~ 744.28 米。煤类以不粘煤为主，少量为长焰煤。属低灰、低硫－特低硫，特低磷，高发热量的优质烟煤，是良好的动力用煤。共获得各类煤炭资源总量 22.1672 亿吨。其中，(331) 资源量 7.63 亿吨、(332) 资源量 3.35 亿吨、(333) 资源量 11.18 亿吨。

（3）成果取得的简要过程

本次勘查采用机械岩心钻探、地球物理测井、采样化验等综合勘查手段，各项工程布置合理，各类工程质量可靠，数据准确，取得了良好的地质效果。本次完成的主要实物工作量：E 级 GPS 控制点 20 个，工程测量点 190 个，钻孔 190 个，钻探工程量 114806.98 米，测井 190 孔，测井总工作量 113657.07 米，抽水试验 4 层次，采样、化验各种样品总计 3258 个（组）。勘探报告通过国土资源部评审并备案。

76. 内蒙古自治区东胜煤田唐公梁勘查区煤炭预查

（1）概况

唐公梁勘查区位于内蒙古自治区鄂尔多斯市东胜区西 80 千米处，行政区划隶属于杭锦旗和达拉特旗管辖。勘查区内地形总体趋势为南高北低，海拔标高在 1410 ~ 1530 米之间，相对高差为 120 米左右。气候特征属于干旱半干旱的温带高原大陆性气候，太阳辐射强烈，干燥少雨，风大沙多，无霜期短。当地最高气温为 36.6℃，最低气温为 −27.9℃；年降水量平均 396.0 毫米，且多集中于 7、8、9 三个月内；年蒸发量平均 2534.2 毫米。

2009 年至 2010 年，中国煤炭地质总局勘查总院开展了勘查，勘查矿种为煤矿，工作程度为普查，勘查资金 3929 万元，已完成地质填图及水、工、环地质调查 254.13 平方千米，钻探 9845.9 米，测井 9752 米，物探 7842 点。

（2）成果简述

该项目勘查煤种为不粘煤，较少量长烟煤，最低发热量 ≥ 17MJ/kg，最高可采灰分为 40%，硫分为 ≤ 3%，视密度为 1.33t/m³。钻孔见煤最大单层厚度 7.10 米，单孔见煤 2 ~ 18 层，累计厚度 1.35 ~ 21.35 米，平均 13.31 米，含煤系数 6.97%。单孔见可采煤层数 3 ~ 6 层，累计可采厚度 7.45 ~ 19.80 米，平均 11.74 米。

煤层埋深在 317.55 ~ 1000.05 米之间，自东向西和西南埋藏深度加大。对勘查区中主要可采煤层（3-1、4-1、5-1、5-2 煤层）进行资源量估算，查明（333+334）资源量 15.60 亿吨，其中（333）资源量为 7.87 亿吨，（334）资源量为 7.73 亿吨。

77. 内蒙古自治区四子王旗德日存呼都格矿区煤炭详查

（1）概况

勘查区位于四子王旗政府驻地乌兰花镇北西约 100 千米处，为牧区。年最高气温 39℃，最低气温 -35℃；年降水量 283.5 毫米；年均蒸发量 2254.3 毫米；最大风速 28 米/秒，最大冻土层深度 2.53 米。

2005 年至 2008 年 2 月，内蒙古自治区煤田地质局 151 勘探队开展了勘查，勘查矿种为煤矿，工作程度为详查，勘查资金为 1448 万元。

（2）成果简述

含煤地层为白垩系下统巴彦花组，含可采煤层 4 层；钻孔揭露可采煤层累计平均厚度 23.85 米，含煤系数 5.65%。煤层倾角 5°。各可采煤层为低灰 - 高灰分，平均为中灰分、高硫、高挥发分、高热值煤；透光率 30% ~ 50%，煤类为褐煤 2 号。开采技术条件属Ⅲ类 2 型，即以工程地质问题为主的复杂型矿床。提交煤炭（332+333）资源量 1.78 亿吨；提交 $S_{t,d}$ 大于 3% 的煤炭（332+333）资源量 10.07 亿吨。内蒙古自治区国土资源厅于 2010 年 2 月 10 日以"内国土资储备字〔2010〕27 号"文备案。其中，2010 年度新增资源储量 11.69 亿吨（333 及以上资源量 11.65 亿吨，334 资源量 0.04 亿吨）。

（3）成果取得的简要过程

2005 年对面积 138.68 平方千米范围开展普查，施工钻孔 9 个 4454.99 米，9 个钻孔共见可采煤层 1 ~ 4 层，煤层平均总厚度 13.98 米。2007 年 2 月至 2008 年 2 月择优赋煤较好地段进行了详查。勘查区累计完成主要实物工作量：钻探 28902.26 米；煤心煤样 285 件，瓦斯煤样 31 件。

78. 内蒙古自治区东胜煤田锡尼布拉格勘查区煤炭普查

（1）概况

锡尼布拉格勘查区位于内蒙古自治区杭锦旗，行政隶属于锡尼镇、独贵特拉镇管辖。本区交通以公路为主，勘查区东距鄂尔多斯市东胜区 55 千米，东距包神铁路 57 千米，西距杭锦旗 5 千米，G109 国道从本区中部斜穿而过，交通较为便利。勘查区属干旱半干旱的温带高原大陆性气候，太阳辐射强烈，日照较丰富，干燥少雨，风大沙多，无霜期短。冬季漫长寒冷，夏季炎热而短暂，春季回温升温快，秋季气温下降显著。

2009 年至 2011 年，北京中煤大地技术开发公司开展了勘查，勘查矿种为煤矿，工作程度为普查，勘查资金 5256 万元。

（2）成果简述

含煤地层为侏罗系中 - 下统延安组，含 5 个煤组（2、3、4、5、6 煤组），可采、大部可采煤层 5 层，即 3-1、4-1、4-2、5-1、5-2 煤层，局部可采煤层 4 层，即 3-2、4-1^上、4-2^上、6-1 煤层。可采厚度 3.75 ~ 14.2 米，平均 8.99 米，可采含煤系数 2.86%。煤质以低硫、特低 - 低灰的不粘煤为主，预期获得（333+334）资源量 16 亿吨。普查尚未结束，该资源量未经审核。

（3）成果取得的简要过程

2009 年中旬开始野外踏勘，随后进行控制测量和工程测量、综合地质填图、二维地震、钻探、测井及相应的采样工作。计划到2011年5月中旬结束全部野外工作，7月底提交普查报告。

79. 内蒙古自治区阿拉善左旗黑山煤炭预查及局部普查

（1）概况

黑山煤田隶属于阿拉善盟阿拉善左旗，距阿拉善左旗政府巴彦浩特约240千米。面积1101.27平方千米。包－兰、甘－武铁路从工区通过，交通便利。本区为低山丘陵区，气候属大陆性干旱气候，干旱半荒漠，地表植被稀疏，干燥多风，昼夜温差大。勘查区地广人稀，居住分散，民族以蒙、汉为主，多民族杂居；土地贫瘠，经济以牧业为主，劳动力欠缺，经济不发达。

2007年7月至2010年10月，内蒙古地质工程有限责任公司开展了勘查，勘查矿种为煤矿，工作程度为普查，勘查资金9859万元。

（2）成果简述

本区主要含煤地层为上石炭统太原组，可采煤层分布范围约202.5平方千米。钻孔见煤层3~32层，可采煤层1~19层，单层厚度0.70~12.31米，可采煤层平均厚度10.65米，埋藏深度372.77~1405.15米，其中主要可采煤层两层，以炼焦用煤为主，初步查明（333+334）资源量约15.8亿吨。

（3）成果取得的简要过程

为解决自治区炼焦用煤的紧缺局面，自治区地勘基金中心根据前人地质资料，认真分析了自治区焦煤产地的沉积环境和聚煤规律，经综合分析认为，贺兰山西麓的阿拉善左旗，蒙甘宁接壤的内蒙古境内的黑山地区具备石炭－二叠成煤的前提条件，于2006年设立了"内蒙古自治区阿拉善左旗黑山煤田预查"项目，承担单位内蒙古地质工程有限责任公司。通过预查工作，发现该区含煤性较好，煤种为焦煤类，后经两次续作，完成了黑山煤田普查工作，达到了整装勘查的目的。黑山煤田预查、普查工作布置了1:5万地质填图、二维地震及钻探，以"三边"为指导思想，从已知到未知，及时调整工程部署，合理安排工作量，最终控制了本区的构造格架、煤系地层分布范围、埋藏深度和煤质情况。计划于2011年1月提交黑山煤田整体普查报告。

80. 内蒙古自治区东胜煤田察哈素北井田煤炭勘探

（1）概况

勘探区位于内蒙古自治区鄂尔多斯市境内，行政隶属伊金霍洛旗乌兰木伦镇、成陵镇管辖。面积79.20平方千米。矿区距伊金霍洛旗（阿镇）约35千米，距东胜区70千米，交通较为方便。区内气候属于半干旱的温带高原大陆性气候。

2007年5月至2007年12月，内蒙古煤炭建设工程（集团）总公司开展了勘查，勘查矿种为煤矿，工作程度为勘探，勘查资金8438.63万元。

（2）成果简述

矿区含煤岩系为侏罗系延安组，含13层可采煤层，可采煤层总厚度174.55~245.93米，平均204.47米。煤层垂深最高281.96米，最低689.05米，地层倾角小于3°。煤为特低灰、特低硫、特低磷、特高热值的不粘煤及少量长焰煤，是良好的环保型民用及动力用煤，适用于火力发电、各种工业锅炉、蒸汽机车等，也适用于气化、液化、水煤浆和煤基活性炭用煤。本次勘探共查明的资源量15.76亿吨。其中，（331）资源量4.01亿吨，（332）资源量2.82亿吨，（333）资源量8.93亿吨。该资源量已经评审备案。

（3）成果取得的简要过程

2007 年 5 月 22 日本区开始进行野外地质钻探工作，12 月 24 日完成。共施工钻孔 153 个，工程量 87698.69 米，测井工程量 86719.20 米。共见可采煤层 1000 层，其中优质煤层 258 层，占总可采煤层的 25.8%；合格煤层 758 层，占总可采煤层的 75.8%；不合格煤层 4 层，占总可采煤层的 0.4%。施工水文兼岩样孔 6 个。该项目 2008 年 8 月通过国土资源厅评审并备案，该成果的取得对东胜煤田南部煤炭开发及矿区以西深部煤炭找矿有重要意义。

81. 内蒙古自治区东胜煤田楚鲁图梁勘查区煤炭普查

（1）概况

楚鲁图梁勘查区位于内蒙古鄂尔多斯市西南部的东胜煤田国家煤炭资源勘查规划区内。行政隶属于伊金霍洛旗伊金霍洛苏木及新街镇管辖。面积 102.76 平方千米。本区交通以公路为主，勘查区东北距鄂尔多斯市东胜区 48 千米，东距包神铁路 22 千米，G210 国道从本区中部通过。本区属中温带半干旱大陆性气候，冬冷夏热，春季多风少雨，秋季凉爽，昼夜温差较大；全年无霜期短，冰冻期较长。

2009 年至 2010 年，内蒙古自治区矿产实验研究所开展了勘查，勘查矿种为煤矿，工作程度为普查，勘查资金 2086 万元。

（2）成果简述

勘查区主要含煤层 7 层，分别为 2-2 中、3-1、3-2、4-1、4-2 中、5-1、6-2 中煤层。钻孔揭露区内各煤层为黑色、条痕黑褐色－褐黑色、弱沥青－沥青光泽，亮、镜煤具内生裂隙（3～5 条/厘米），常由方解石及黄铁矿薄膜充填，断口主要为阶梯状及参差状；镜煤具眼球状断口，条带状、透镜状结构，似层状构造，煤层中含少量黄铁矿结核。各煤层煤岩组分以暗煤、丝炭为主，夹条带状、透镜状亮煤、镜煤，丝炭层面较富集，具丝绢光泽。宏观煤岩类型以半暗型煤为主，其次为半亮型，少量暗淡型。水分平均值在 5.85%～9.19%、灰分产率平均值在 5.18～9.98%，挥发分产率平均值在 34.97%～38.93%，属中等。煤的发热量较高 Qgr.d（MJ/kg）平均值在 29.14～30.74 之间，气化性能较好。煤灰为硅质灰分、熔点低，粘度高；组成元素以碳、氧为主、煤质变化较小。可采煤层未受风化氧化作用影响，煤中矿物易于选除；煤的变质程度低，为特低灰、特低硫、低磷，特高热值的不粘煤和长焰煤。勘查区估算的煤层有 2-2 中、3-1、3-2、4-1、4-2 中、5-1、6-2 中共 7 层。工业指标：煤层厚度 ≥ 0.8 米，原煤灰分（Ad）< 40%，原煤全硫含量（St.d）≤ 3，发热量 Qnet.d ≥ 17MJ/kg。采用地质块段法估算，预计获得（333+334）资源量 15 亿吨。未经过评审。

（3）成果取得的简要过程

本次勘查工作采用多种勘探手段，地质填图、二维地震、钻探、地球物理测井等，所取得的成果是综合勘探的结晶。采用总体设计、分片施工的方法，既保证了地质成果的统一，又充分发挥了多个单位的技术力量，还提高了速度。

82. 内蒙古自治区乌兰格尔煤田布尔陶亥煤炭详查

（1）概况

勘查区位于鄂尔多斯市达拉特旗及准格尔旗境内，面积约为 117.66 平方千米。本区所处呼、包、鄂金三角腹地，铁路、公路四通八达。属于大陆性干旱气候，冬寒时间长，夏热时间短，秋季凉爽多雨，春季风沙频繁且较大。寒暑变化剧烈，昼夜温差较大。本区蒙汉杂居，土地贫瘠，农业生产较落后。

2009 年 6 月至 2010 年 12 月，内蒙古自治区煤田地质局 151 勘探队开展了勘查，勘查矿种为煤矿，工作程度为详查，勘查资金 2208 万元。

（2）成果简述

2010 年在继续进行钻探施工的同时，完成了 1：1 万地质测量及水工环地质调查 135 平方千米。本项目共完成钻探工程量 16275 米。详查区资源储量估算面积 76 平方千米，查明煤炭资源量为 13.14 亿吨。其中（332）资源量 4.74 亿吨，（333）资源量 5.38 亿吨，（334）资源量 3.03 亿吨。

（3）成果取得的简要过程

2009 年 5 月中旬接到自治区项目办开工任务后，于 6 月初首先开始二维地震施工，6 月底地震野外工作结束。在二维地震进行的同时，开展了钻探工作。根据二维地震成果，本项目于 2009 年 9 月对原设计做了调整。

83. 内蒙古自治区东胜煤田察哈素南井田煤炭勘探

（1）概况

察哈素南井田勘探区位于内蒙古自治区鄂尔多斯市境内，行政隶属伊金霍洛旗乌兰木伦镇管辖。面积 79.20 平方千米。井田中心距伊金霍洛旗（阿镇）约 35 千米，距东胜区 70 千米。南北有包头至茂名的 210 高速及其辅道从井田西部 11 千米处穿过，北部东西方向的 109 高速及其辅道距本区 40 千米，各旗镇之间公路网发达。区内气候特征属于半干旱的温带高原大陆性气候。

2006 年 7 月至 2006 年 10 月，内蒙古煤炭建设工程（集团）总公司开展了勘查，勘查矿种为煤矿，工作程度为勘探，勘查资金 2808.01 万元。

（2）成果简述

勘查区含 10 层可采煤层，可采煤层厚度为 8.28～19.90 米，平均 14.63 米，可采含煤系数 6.0%。井田内煤为特低灰、特低硫、特低磷、特高热值的不粘煤及少量长焰煤，是良好的环保型民用及动力用煤，适用于火力发电、各种工业锅炉、蒸汽机车等，也可在建材工业、化学工业中作焙烧材料。各煤层均为富油煤，可作低温干馏原料煤。勘查区总资源量 12.39 亿吨，其中（331）资源量 3.84 亿吨，（332）资源量 2.62 亿吨，（333）资源量 5.93 亿吨。另有（334）预测资源量 0.63 亿吨。

（3）成果取得的简要过程

2006 年 7 月本区开始进行详查勘查，10 月底详查工作结束，施工钻孔 34 个，工程量 18825.44 米。测井工程量 18448.93 米。共见可采煤层 175 层，其中优质煤层 70 层，占总可采煤层的 40%。合格煤层 103 层，占总可采煤层的 59%。不合格煤层 2 层，占总可采煤层的 1%。施工岩样孔 4 个，水文孔 2 个（岩样孔兼用）。该项目于 2007 年 4 月通过国土资源部评审并备案。该成果的取得对东胜煤田北部及中西部煤炭找矿及矿井开发有借鉴指导意义。

84. 内蒙古自治区准格尔煤田海子塔区煤炭勘探

（1）概况

海子塔煤炭勘查区位于内蒙古自治区鄂尔多斯市准格尔旗，行政隶属海子塔镇。面积 35.63 平方千米。薛魏公路从本区东部外围通过，沿薛魏线北行 20 千米至准格尔旗首府薛家湾镇。从薛家湾镇到达鄂尔多斯市 142 千米，到达呼和浩特市 118 千米，均为平丘Ⅱ级公路。交通较为方便。区内气候属于半干旱的温带高原大陆性气候。

2008 年 3 月至 2008 年 12 月，内蒙古煤炭建设工程（集团）总公司开展了勘查，勘查矿种为煤矿，工作程度为勘探，勘查资金 2124.25 万元。

（2）成果简述

勘查区含 7 层可采煤层，可采煤层总厚度 15.65～43.55 米，平均 29.78 米，可采煤层含煤系数 21.58%，煤层赋存深度 424.02～698.45 米，煤层呈水平层状，倾角一般小于 5°。区内各煤层属中灰、低硫、低磷煤，煤类属长焰煤及不粘煤；为中高热值煤；煤对二氧化碳反应性较差，抗碎强度高；为较高软化温度灰煤；为弱结渣煤；根据可选性资料评定区内各可采煤层为中等可选–极难选煤。勘查区共查明煤炭总资源量为 12.31 亿吨。其中，（331）资源量 1.44 亿吨，（332）资源量 4.47 亿吨，（333）资源量 6.40 亿吨。该资源量已经过评审备案。

（3）成果取得的简要过程

该项目于 2008 年 3 月开始野外施工，12 月结束，开动钻机 63 台，完成钻探工作量 41508.84 米，测井工作量 40980.35 米，地质测量 44 平方千米。勘探报告通过国土资源部评审。该成果的取得对准格尔煤田煤炭找矿及矿井开发有借鉴指导意义。

85. 内蒙古自治区鄂托克前旗大榆树矿区煤炭普查

（1）概况

勘查区位于鄂尔多斯市鄂托克前旗境内，行政区划隶属于鄂托克前旗上海庙镇。307 国道沿勘查区南部外围通过，交通尚属便利。勘查区位于毛乌素沙漠西南边缘，区内地形平缓，沙丘广布，海拔标高 1308～1208 米，相对高差 100 米左右。属干旱–半干旱的温带高原大陆性气候，干燥少雨，风大沙多，无霜期短。区内居民较少，居住分散，以牧业为主，农业不发达，无工矿生产企业，经济相对滞后。道路交通、电力设施已初具规模，为未来矿井开采提供了较为便利的条件。

2007 年 6 月至 2008 年 8 月，内蒙古自治区煤田地质局 151 勘探队开展了勘查，勘查矿种为煤矿，工作程度为普查，勘查资金 1354 万元。

（2）成果简述

勘查区地表被风积沙所覆盖，为全掩盖式矿床。据钻孔揭露，含煤岩系地层为石炭系上统太原组与二叠系下统山西组，含煤地层总厚度 193.06 米，含煤 6～13 层，煤层总厚度 10.55～21.55 米，平均 14.11 米，含煤系数 7.31%。主要可采煤层 5 层，可采煤层总厚度 9.35～21.55 米，平均 13.42 米，可采含煤系数 6.95%。区内煤呈黑色，宏观煤岩类型为半亮煤（SBC），局部含镜煤和亮煤细条带。提交煤炭（333+334）资源储量为 12.06 亿吨，其中（333）资源量 4.53 亿吨，（334）资源量为 7.53 亿吨。已通过评审。

（3）成果取得的简要过程

2007 年 6 月 14 日完成普查设计并经探矿权人及有关专家审查，2007 年 6 月至 8 月，以钻探工程为主、辅以地球物理测井、工程测量以及配合煤心煤样和其他相关样品采集化验测试等综合勘查方法，对煤层的赋存分布及可采情况进行了控制。2008 年 8 月编制完成了《内蒙古自治区鄂托克前旗大榆树矿区煤炭普查报告》，达到了预期目的。

86. 内蒙古自治区东胜煤田新街勘查区煤炭普查

（1）概况

新街勘查区位于鄂尔多斯市康巴什新区南约 40 千米处，属内蒙古自治区鄂尔多斯市伊金霍洛旗管辖。勘查区北东–南西向长约 10 千米，北西–南东向宽约 8 千米，面积 80.18 平方千米。区内有 G210 国道穿过，南与陕西省榆林市相通，北与阿勒腾席热镇、康巴什新区、东胜区以及包头市相通，交通较为便利。本区地处毛乌素沙地东北缘，属中温带半干旱大陆性季风气候。区域上水资源较为丰富，河流湖泊较多，扎萨克河由北西向南东流经勘查区东部，汇入红碱淖，属黄河水系，季节性河流，区内无常年流水。

2009年至2010年，内蒙古自治区第一地质矿产资源勘查开发院、中国地质调查局西安地质调查中心开展了勘查，勘查矿种为煤矿，工作程度为普查，勘查资金1100万元。

（2）成果简述

含煤岩系为侏罗系中下统延安组，主要含5个煤组，钻孔中所见含煤地层厚度为204.46～238.76米，平均厚218.23米，岩性为中砂岩、粉砂岩、泥岩及煤层。含煤20～32层，平均27层，煤层总厚度14.15～26.75米，平均18.62米，含煤系数8.5%左右，其中含可采煤层4～12层，平均8层，厚度7.00～19.90米，埋深577.10～749.70米。该区煤层属特低灰、特低硫、低磷、高－特高发热量不粘煤，少量长焰煤，是优质的环保型动力用煤和化工用煤。煤炭资源量估算：共有7层煤层进行了（333）资源量估算，约10亿吨（没有进行评审）。

（3）成果取得的简要过程

2010年4月1日，国土资源部中央地质勘查基金管理中心在北京组织专家对设计进行了审查，综合评级为良好级。2010年7月初开始野外踏勘，主要钻探工程量11500米/14孔，并对完工钻孔进行了煤田测井和放射性定量测井。

87. 内蒙古自治区东胜煤田小霍洛煤炭普查

（1）概况

小霍洛勘查区位于内蒙古东胜煤田国家煤炭资源勘查规划区的南部，行政区划隶属于内蒙古自治区鄂尔多斯市伊金霍洛旗扎萨克镇管辖。面积68.59平方千米。本区北距鄂尔多斯市东胜区65千米，区内各乡村之间均有沙石公路相通。本区为典型的中温带半干旱大陆性气候。气候特点：冬季寒冷；春季西北季风盛行，是主要风沙期；夏季炎热；秋季凉爽。四季冷热多变，昼夜温差悬殊，干旱少雨，蒸发量大。降水量区内由东向西逐渐减少，全年降水量分布极不均匀，降雨多集中在7～9三个月，占年降水量的66%。全年冰冻期长，一般为10月初至次年4月底。

2009年至2010年，内蒙古煤田地质局117勘探队开展了勘查，勘查矿种为煤矿，工作程度为普查，勘查资金1373万元。

（2）成果简述

普查区含煤面积约为68.59平方千米，含主要可采煤层6层，各煤层平均厚度为0.94～4.07米，埋藏深度为449.49～676.71米。预计获得（333）资源量10亿吨。

（3）成果取得的简要过程

本次勘查是地震先行，后钻探验证并初步查明煤层赋存情况，对东胜煤田小霍洛区含煤地层进行了控制，对下步勘查指明了方向。

88. 内蒙古自治区大雁煤田大雁一矿接替资源勘查

（1）概况

2006年至2009年开展了勘查，勘查矿种为煤矿，工作程度为普查。2008年度经费预算529万元，2008年批复实物工作量：地表钻探5000米，测井5000米。

（2）成果简述

初步控制区内的基本构造形态为一条带状展布的后斜构造盆地，共发育断层20条。初步划分了勘查区含煤地层为白垩系下统大磨拐河组及伊敏组含煤地层。初步确定区内可采及局部可采煤层8层，伊敏组含煤2层，大磨拐河组含煤6层。初步确定区内9、10煤层、30－4煤层煤种为长焰煤，其他煤种为褐煤，均属低硫、低磷、中高灰分、高热值发热量，适合于火力发电及民用燃烧用煤。共查明煤炭（333+334）资源量为8.69亿吨，其中（333）资源量为3.29亿吨，（334）资源量为5.41亿吨。

89. 内蒙古自治区莫拐煤田二井田煤炭勘探

（1）概况

勘查区位于牙克石市北8千米处，年最高气温36.5℃，最低气温－46.7℃，年降水量402.4毫米，年均蒸发量1173.6毫米，最大风速17.7米/秒，最大冻土层深度3.4米，本区为林区。

2007年至2008年9月，内蒙古自治区煤田地质局104勘探队开展勘查，勘查矿种为煤矿，工作程度为勘探，勘查资金4000万元。

（2）成果简述

含煤地层为白垩系下统大磨拐河组，含可采煤层30层，其中14层煤为全区大部可采煤层，16层煤为局部可采煤层。钻孔揭露可采煤层总厚度3.90～48.16米，平均25.44米，可采煤层含煤系数2.77%。各可采煤层为中－高灰分、低硫分、特低－中磷分、中热值煤；浮煤挥发分均大于37%，透光率在73%～80%，煤类以长焰煤为主。可选性属中等可选－极难选。水文与工程地质条件属中等，环境地质条件良好，矿床开采技术勘查类型属Ⅱ－4型。提交（121b+122b+333）煤炭资源储量5.80亿吨。储量已评审。

（3）成果取得的简要过程

普查阶段施工钻孔6个，在区内发现有开采利用价值的煤炭资源；在其基础上采取详查与勘探两阶段合并的方式进行勘查，采用以机械岩心钻探工程为主、配合地球物理测井，并辅以相应的采样与化试验，根据相应设计部门论证确定的先期开采地段开展了勘探阶段钻探施工。勘查区累计完成主要实物工作量：钻探56691.03米；煤心煤样651件，瓦斯煤样158件。

90. 内蒙古自治区东胜煤田五连寨子勘查区煤炭普查

（1）概况

五连寨子煤田勘查区位于鄂尔多斯市伊金霍洛旗札萨克镇。区内公路、铁路四通八达。本区属中温带半干旱大陆性季风气候。

2010年，内蒙古自治区地质矿产资源勘查开发局开展了勘查，勘查矿种为煤矿，工作程度为普查，勘查资金510万元。

（2）成果简述

勘查区含煤地层为侏罗系下统延安组，含煤14～21层，其中可采煤层6层。煤层平均厚度17.44米，可采煤层平均厚度14.55米。区内发育的煤层煤质优良，属特低灰、特低硫、低磷、高－特高发热量的不粘煤，少量长焰煤。经初步查明（333）资源量约5亿吨，未经评审。

（3）成果取得的简要过程

2009年实施二维地震，并在二维地震工作基础上布设了3个钻孔，工程间距4000米×4000米，大致了解了勘查区煤层的赋存范围及构造展布情况。2010 年在分析 3 个钻孔资料的基础上，进一步与物探成果结合，详细分析了本区地质构造特征和煤层分布规律，调整优化了设计方案，选出 2000 米 ×2000 米工程间距的区域，施工了 6 个钻孔，孔孔见煤，现已结束野外工作，转入室内综合整理。

91. 内蒙古自治区东乌珠穆沁旗高力罕煤田宝盟塔拉矿区（西区）煤炭详查

（1）概况

勘查区位于东乌珠穆沁旗政府驻地乌里雅斯太镇东 140 千米处，为牧区。年最高气温 39.7℃，最低气温 –40.7℃。年降水量 300 毫米，年均蒸发量 3000 毫米，最大风速 34 米 / 秒，最大冻土层深度 1.8 米。

2009 年 6 月至 2009 年 11 月，内蒙古自治区煤田地质局 153 勘探队开展了勘查，勘查矿种为煤矿，工作程度为详查，勘查资金 1088.2 万元。

（2）成果简述

含煤地层为白垩系下统巴彦花组，含可采煤层 3 层。钻孔揭露可采煤层总厚度 9.45 米，可采煤层含煤系数 4.07%。煤层倾角 5°～10°。各可采煤层为中 – 高灰分、特低 – 中硫分、高挥发分、特低 – 低磷分、高热值煤；透光率 27%～51%，平均 37%，煤类为褐煤二号（HM2）。煤的可选性属中等 – 难选；水文地质条件中等；工程地质条件复杂；地质环境质量中等。开采技术条件属Ⅲ类 2 型，即以工程地质问题为主的复杂型矿床。提交（332+333）煤炭资源量 1.74 亿吨。内蒙古自治区国土资源厅于 2010 年 5 月 24 日以"内国土资储备字〔2010〕70 号"文备案。

（3）成果取得的简要过程

利用《内蒙古自治区煤田预测及煤炭资源评价报告》地质成果资料，对宝盟塔拉矿区西区开展了煤炭详查，采用以钻探为主要勘查手段，辅以物探（测井）、工程测量和水文地质图编测以及煤心煤样及其他相关样品化验测试等，完成了野外地质工作。勘查区累计完成主要实物工作量：钻探 23190.19 米；煤心煤样 153 件，瓦斯煤样 7 件。

92. 辽宁省昌图县古榆树煤、煤层气普查

（1）概况

勘查区位于昌图县古榆树乡和付家乡，面积为 773.58 平方千米。

2007 年至 2010 年，东北煤田地质局一〇一勘探队开展了勘查，勘查矿种为煤炭、煤层气，工作程度为普查。勘探总投资 4593 万元，其中 2007 年投资 1227 万元，2008 年投资 3000 万元，2010 年投资 366 万元。本区从 2007 年到现在共施工钻孔 25 个，钻探工程量为 36653.05 米。

（2）成果简述

本区主要可采煤层有 4 层，15 煤层为主要可采煤层，基本控制的可采面积有 199 平方千米。宏观煤岩类型为半暗型，煤样呈柱状。本井田内各煤层均属中灰煤，属中热值长焰煤。煤类为长焰煤和气煤，深部有少量气肥煤，本区煤层气可采性综合评价为"中"。估算全区煤炭资源量 10 亿吨。煤层气资源量 50 亿立方米。

93. 辽宁省沈阳矿务局辽阳红阳三矿深部外围普查

（1）概况

勘查区位于红阳煤田中部，属于红阳三矿扩大勘探延深区，归辽阳市灯塔市柳条镇所辖。该区北距

沈阳火车站 40 千米，南距灯塔站 12 千米，距辽阳站 23 千米，距鞍山站 45 千米。沈大高速公路通过本区东侧，距井田中心部位 5 千米。区内各村镇均有公路相通，交通便利。本区属于温带半湿润气候，冬季寒冷，夏季气温也较高。年降水量 686.3 毫米，年蒸发量为 1780.8 毫米。该区无大型工业，东北邻红阳三矿，区内以农业为主。主要农业作物为水稻。

2008 年 12 月至 2010 年 6 月，东北煤田地质局一〇三勘探队开展了勘查，勘查矿种为煤矿，工作程度为普查，勘查资金 1304 万元。

（2）成果简述

该区矿种为中灰分，高硫分，低磷，低挥发分，中高发热值煤。其煤类为 PM（贫煤）。该区地层较为稳定，地层倾角小于 8°。主要可采煤层 12-1 煤、12-2 煤层沉积稳定且较发育；7 煤层不发育，只有局部可采；13 煤层不发育且均不可采。该区预测资源量以主采煤层 12-2 煤层的底板－1500 米为计量边界约 3 亿吨，其中（333）资源量约 1.3 亿吨，（334）资源量约 1.7 亿吨。

（3）成果取得的简要过程

项目承担单位首先按设计要求，于 2008 年 12 月 2 日开始陆续开动了 5 台钻机，于 2009 年 5 月 11 日这 5 个钻孔相继竣工。在已竣工的 5 个钻孔中，有 4 个钻孔见可采煤层 7、12-1、12-2 等煤层，属石炭二叠系含煤地层。1 个钻孔因超深而停在下石河子组。

94. 辽宁省葫芦岛市南票煤田（－800～－1500 米）煤普查

（1）概况

勘查区位于葫芦岛市南票区、锦州市凌海市（县）班吉塔乡、朝阳市双塔区松岭门乡。东距锦州市 40 千米，南距葫芦岛市 70 千米，西北至朝阳市 55 千米，西至建昌市（县）90 千米。区内有南票矿务局专用铁路，在南票站与国铁接轨，经锦州可通往全国各地，区内公路四通八达，有矿区公路与锦州、朝阳和葫芦岛等地相连，交通便利。本区属于大陆性气候，少雨干旱，年平均气温 10℃，风向多为东北风、西南风。该区以农业为主，副业有畜养业、果树种植业，采煤业对当地的经济有重要影响，已成为支柱产业。

东北煤田地质局一五五勘探队开展了勘查，勘查矿种为煤矿，工作程度为普查，勘查资金 1649 万元。

（2）成果简述

煤质牌号为气煤，挥发分值较高、发热量较高、低磷至中磷级、低硫。探获（333）资源量约 1.5 亿吨，由于野外施工尚未结束，其成果报告还没有正式编制。

（3）成果取得的简要过程

该煤田内含煤地层为二叠系下统下石盒子组及山西组，石炭系上统太原组，虽然在本区内（－800～－1500 米）无任何钻探工程，但从－800 米以浅水平的多年勘探成果分析，认为该区具有较好的成矿条件，赋存有较好的煤系地层及煤层，且煤层厚度较大。2009 年该项目被列为省本级地质勘查项目，通过该项目的实施，验证了上述推断，并且取得了很好的找煤成果。该项目设计钻探工程量 11550 米，8 个钻孔，2009 年 4 月 29 日开工，截至 2009 年 12 月 17 日，钻探工程量总进尺 8859 米，完成 8034 米/6 个钻孔，另外 2 个钻孔正在施工中。

95. 辽宁省彰武县雷家区煤炭资源勘探

（1）概况

雷家区位于彰武镇西北 12 千米处，行政属双庙乡、福兴地乡管辖。勘查区东部邻近大郑铁路和新近开通的高速公路，可通往阜新、锦州、朝阳、四平、沈阳、通辽等地区，南有沈山公路，区内县、乡、村及公路四通八达，交通方便。全区以冲积平原为主，地面标高在+100左右。本区属大陆性气候，炎热干旱，常年多风少雨，平均温度7.1℃。年平均降雨量514.00毫米，多集中在七、八月份。经济以农业为主，粮食作物主要有玉米、高粱、谷、豆、花生等。本区是治沙防护林区，森林覆盖率达32.40%以上。

2009年6月至2009年12月，东北煤田地质局一〇七勘探队开展了勘查，勘查矿种为煤矿，工作程度为勘探，勘查资金6000万元。

（2）成果简述

该区煤类属长焰煤，中-高灰、中-高硫、低磷、低-中热值发热量长焰煤。预算资源量1.06亿吨，其中先期开采地段（-900米以上）（333）资源量0.63亿吨，（332+331）资源量0.38亿吨。未经评审。

（3）成果取得的简要过程

1984年7月至1985年12月，东北煤田地质局一〇七勘探队于彰武西北部的谢林台-雷家区进行了普查勘探工作，于1986年10月提交了"辽宁省彰武县谢林台-雷家普查地质报告"。雷家区计算C+D级煤炭地质储量1838.95万吨，表外量1118.54万吨的高灰煤（灰分40%～50%）。为申请危机矿山接替资源续作项目，对雷家区普查报告资料又进行了深入细致的分析、研究，并认为有些边界钻孔在层位对比上尚存疑义，存在着没有达到目的煤层的深度而终孔的可能性，应对该区进一步勘探。经目前勘探证实了这种可能性，不仅可采面积扩大了3倍左右，而且煤层厚度均比以往钻孔所见煤层的厚度大，反映了以往钻孔煤层质量低、模拟测井资料解释不准的实际情况。

96. 吉林省舒兰市丰广煤矿接替资源勘查

（1）概况

2007年12月至2010年3月开展了勘查，勘查矿种为煤矿，工作程度为普查，2007年投入勘查资金1638万元，2007年批复实物钻探工作量14000米。

（2）成果简述

勘查区以地震解释的F3、FD、F7断层为主要控盆断裂，形成北东向地堑式总体构造框架格局。该构造被后期断层Fx、FD2、F19切割，破坏了该地堑式构造的完整性。勘查区范围内构造整体形态为一地堑向斜盆地，盆地两翼倾角较陡（F3与F7外侧），中间变缓（F3-F7之间），地堑两翼舒兰组煤系地层深度与地堑内舒兰组煤系地层深度形成巨大差异。在已完工的13个钻孔中有6个孔见煤，共见41个可采煤层点，单孔可采煤层真厚度累计为0.70～36.45米，经对比确定勘查区4号煤层为主要可采煤层。探获煤炭（333+334）资源量2.50亿吨。

（3）成果取得的简要过程

截至2008年11月30日，完成钻探14363.65米，完成比例为102.6%；测井14026米，完成比例为100.2%；二维地震物理点4893个，完成比例为122.3%。

97. 黑龙江省七星河盆地北部煤炭资源调查

（1）概况

工作区位于黑龙江省东部，西起别拉音山以东锦山（花马屯），东至完达山脉以西大和镇断裂，南起七星河，北至同江市。区内有福利屯至前进镇的国铁通过，并有富锦至前进镇的S306省级公路在工作区内通过，且田间机耕道较多，交通较便利。工作区属中温带大陆性季风气候，夏季温热，冬季寒冷，年平均气温 3.2℃，年平均降水 574 毫米，年蒸发量为 1015.0 ~ 173.2 毫米。

2008 年 12 月 12 日至 2010 年 9 月 27 日，黑龙江省煤田地质一一〇勘探队开展了勘查，勘查矿种为煤矿，勘查资金 1818 万元。

（2）成果简述

工作区位于新生代拗陷内，含煤地层为第三系中－上新统富锦组和始－渐新统宝泉岭组。含煤总厚在 0.4 ~ 19.40 米之间，一般为 3.5 米左右，其中 10 号煤层群大部分可采，20 号煤层群局部发育。本区煤呈黑褐色，条痕褐色，弱沥青光泽或土状光泽，呈块状构造，易碎，为暗淡型煤，煤的视密度在 1.33 ~ 1.56 吨 / 立方米。全区各主要可采煤层原煤空气干燥基水分在 2.19% ~ 13.33%，平均为 8.84%。全区各主要可采煤层干燥基灰分原煤灰分在 6.88% ~ 26.25%，平均为 14.31%；本区属低灰煤－中灰煤。本区各煤层浮煤干燥无灰基挥发分含量在 51.28% ~ 58.43%，平均为 54.94%。本区各主要可采煤层原煤干燥基高位发热量 $Q_{gr,d}$（MJ/kg）值为：10 号层 20.55 ~ 25.41，平均 22.89；20 号层 21.97 ~ 24.67，平均 23.67。区煤层属于低灰－中灰煤，且为特低磷、特低硫、高热值褐煤。在 640 平方千米范围内，估算新增预测资源量（334）21.86 亿吨。

（3）成果取得的简要过程

该项目为黑龙江省矿产资源补偿费投入的基础性 1∶5 万煤炭资源调查项目，由黑龙江省煤田地质一一〇勘探队于 2008 年 12 月至 2010 年 9 月实施，完成主要实物工作量钻探 10365 米 /18 孔，地震物理点 23393/923 千米，在七星河盆地北部进行煤炭资源调查取得了重大找矿成果。

98. 黑龙江省鹤岗煤矿接替资源勘查

（1）概况

勘查区行政上归鹤岗市管辖，本区交通便利，有铁路、公路可与佳木斯、牡丹江、哈尔滨等地连接。本区位于小兴安岭东南麓，属低山丘陵区，地表无大的积水体，雨季降水以径流为主，属大陆性寒温带气候。

2007 年 8 月 21 日至 2010 年 1 月 7 日，黑龙江龙煤地质勘探有限公司开展了勘查，勘查矿种为煤矿，工作程度为详查，勘查资金 2312 万元。

（2）成果简述

矿区面积 49.41 平方千米，共见可采煤层 50 层，总真厚 150.65 米；见天然焦 8 层，总真厚 18.18 米。煤质具有低硫、低磷、中至富灰煤、发热量较高等特征，为具有中等粘结性的低－中变质煤。煤种以气煤、1/3 焦煤为主。查明（332+333+334）级煤炭资源量 6.18 亿吨，其中（332）资源量 0.12 亿吨，（333）资源量 5.29 亿吨，（334）资源量 0.77 亿吨；估算天然焦资源量 0.87 亿吨。

（3）成果取得的简要过程

本项目于 2007 年 8 月 21 日至 2010 年 1 月 7 日，实施全国危机矿山接替资源勘查项目，在矿区深部普查找矿获得。完成工程量 19855 米。该项目于 2010 年 1 月完成野外工作及野外验收，于 2011 年 1 月 9 日完成成果报告终审和资源储量评审，资源储量尚在认定过程中。

99. 黑龙江省鸡西煤矿接替资源勘查

（1）概况

勘查区处于中纬度亚洲大陆东端，具有明显的大陆性气候。春季干旱多风，夏季温和多雨，秋季降温快，初霜早，冬季寒冷，封冻期长。气温 36.4 ~ － 35℃，年平均气温 2.8 ~ 3.8℃。年均降水量 500 毫米。年平均蒸发量 1180.1 毫米。按 1∶300 万中国地震烈度区划图，本区地震基本烈度小于 6°。

2008 年 5 月至 2010 年 1 月，黑龙江省煤田地质一〇八勘探队开展了勘查，勘查矿种为煤矿，工作程度为普查，勘查资金 1994 万元，完成钻探工程量 34138 米。

（2）成果简述

邱家区含煤地层面积约 55 平方千米，含煤 23 层，其中可采 2～4 层。以薄煤层为主，属中灰－富灰煤，可采煤层原煤发热量 Qnet,d（MJ/kg）在 18.18～28.77 之间，全区平均为 25.57，煤类主要为 1/3 焦煤和肥煤。永丰区含煤地层面积约 90 平方千米，含煤 20 余层，其中可采 11 层，以薄及中厚煤层为主，属中灰－富灰煤，可采煤层原煤发热量 Qnet,d（MJ/kg）在 17.00～26.73 之间，本区煤类穆棱组为长焰煤，城子河组为弱粘煤、1/2 中粘煤、气煤和 1/3 焦煤。共查明煤炭（333+334）资源量 3.15 亿吨，其中（333）资源量 1.02 亿吨，（334）资源量 2.13 亿吨。

（3）成果取得的简要过程

于 2008 年 5 月至 2010 年 1 月，实施全国危机矿山接替资源勘查项目，在矿区外围邱家和永丰两个区普查找矿获得。该项目于 2010 年 1 月 26 日完成野外工作及野外验收，于 2011 年 1 月 9 日完成成果报告终审和资源储量评审，资源储量尚在认定过程中。

100. 黑龙江省依兰县依兰煤矿深部区勘探

（1）概况

勘查区位于依兰县境内，本区属大陆性季风气候，春季低温干旱，夏季温热多雨，秋季早霜，冬长严寒，封冻期长。区内多为农田和沼泽地，农田多种植水稻、玉米和大豆。交通便利，有哈同公路与哈尔滨、佳木斯、鹤岗等地相通。本区是松花江、牡丹江、倭肯河汇合处，每年 5～10 月间定期客轮、货轮通航，可通往哈尔滨、佳木斯、同江等地。

2005 年 6 月至 2008 年，黑龙江省煤田地质二〇四勘探队开展了勘查，勘查矿种为煤矿，工作程度为勘探，勘查资金 3084 万元。

（2）成果简述

该矿为沉积型大型煤炭矿床，发现深部矿体长 7 千米、宽 7 千米、延深 1500 米，矿体真厚度 10 米，煤类为长焰煤，最高可采灰分为 40%，最高可采硫分为 3%，最低可采发热量（MJ/kg）为 17。估算新增（333）级及以上煤炭资源量 1.56 亿吨（已经资源储量评审）。

（3）成果取得的简要过程

该成果为 2005 年 6 月至 2007 年 9 月详查工作和 2008 年勘探工作取得，共完成钻探工作量 18371 米，本年完成 8675 米。

101. 江苏省王楼勘查区煤普查

（1）概况

王楼勘查区位于江苏省铜山县，面积 29.04 平方千米。江苏煤炭地质勘探二队开展了勘查，勘查矿种为煤矿，工作程度为普查，勘查资金 690.82 万元。

（2）成果简述

区内构造复杂程度中等，初步查明该矿床为二叠纪沉积的煤矿床，可采煤层 4 层（中 3、中 4、B、C）。主采煤层 2 层（中 3、中 4），为较稳定煤层，煤层稳定程度为较稳定。勘查类型为二类Ⅱ型。煤类：1/3

焦煤。中 3、中 4、B、C 煤层平均高位发热量（MJ/kg）分别为 26.73、25.91、27.51、32.46。全井田查明（333）资源量 0.27 亿吨，（334）资源量 0.93 亿吨。

102. 江苏省铜山县夹（河）—张（小楼）煤矿接替资源勘查

（1）概况

勘查区位于徐州市西北 13 千米处，属于夹河—张小楼井田深部自然延伸部分，行政区划属铜山县柳新镇、刘集镇管辖。

2006 年 11 月至 2009 年 3 月，徐州长城基础工程有限公司开展了勘查，勘查矿种为煤矿，勘查资金 1586 万元。

（2）成果简述

截至 2010 年底已完成钻探实物工作量 8 孔，进尺 14505.50 米。初步估算新增煤炭资源量 0.93 亿吨。

103. 安徽省淮南市朱集东井田煤炭勘探

2006 年 8 月至 2007 年 4 月开展了勘查，勘查矿种为煤矿，工作程度为勘探。井田含可采煤层 13 层，总厚 21.58 米。全井田累计探明煤炭资源 9.47 亿吨。其中，（331）资源量 2.37 亿吨，（332）资源量 1.17 亿吨，（333）资源量 5.93 亿吨。

104. 安徽省淮北煤田花沟井田勘探

（1）概况

安徽省淮北煤田花沟井田位于涡阳县境内，距涡阳县城 14 千米。

安徽省煤田地质局勘查研究院开展了勘查，勘查矿种为煤矿，工作程度为勘探，勘查资金 9438.66 万元。

（2）成果简述

本区各可采煤层煤类以焦煤和 1/3 焦煤为主，少量肥煤。各煤层为中灰、中等挥发分－中高挥发分、低－中高硫、特低－中磷、特低氯、一级含砷煤（除 11 煤层属三级砷煤）；中等软化温度灰和中等流动温度灰、结渣结污指数均为低等；中－高热值；强粘结性煤（3 煤层属特强粘结性煤），含油煤（3 煤层属富油煤）；基本均为极难选煤。其洗精煤是较为理想的炼焦配煤，洗中煤可作为动力用煤。区内共查明煤炭资源量 8.20 亿吨。其中，（331）资源量 1.06 亿吨，（332）资源量 1.19 亿吨，（333）资源量 5.96 亿吨。

105. 安徽省蒙城县赵集煤矿详查

2006 年 10 月至今开展详查。该区可采煤层共 7 层，煤层较厚，共获得 1500 米深度以浅（333）煤炭资源量 4.71 多亿吨，其中，（334）资源量 1.97 亿吨。

106. 安徽省阜阳市口孜西井田煤炭勘探

（1）概况

口孜西井田位于安徽省阜阳市颍州区境内。

安徽省煤田地质局勘查研究院开展了勘查，勘查矿种为煤矿，工作程度为勘探，勘查资金 8078.29 万元，已通过资源储量评审（国土资储备字〔2008〕54 号；国土资矿评储字〔2008〕26 号）。

（2）成果简述

可采煤层为中灰、高挥发分、特低－低硫、低磷、特低氯、一级－三级含砷煤。较高软化温度灰和较高流动温度灰、结渣结污指数均为低等。中－高热值、中强－强粘结性、中等结焦性（11 － 2、9 煤层为弱结焦性）富油煤。可选性为较难选－极难选，以极难选煤为主。煤类以气煤为主，次为 1/3 焦煤，属优质环保和较为理想的炼焦用煤或动力用煤。全井田范围内共查明煤炭资源储量 6.13 亿吨。其中，（331）资源量 2.54 亿吨，（332）资源量 0.23 亿吨，（333）资源量 3.36 亿吨。

107. 安徽省淮北煤田徐广楼井田勘探

（1）概况

徐广楼井田位于淮北平原的西部，涡阳县县城东侧，行政区划属安徽省涡阳县管辖。

安徽省煤田地质局第三勘探队开展了勘查，勘查矿种为煤矿，工作程度为勘探，勘查资金 6200 万元。

（2）成果简述

本区可采煤层煤类主要为焦煤，次为 1/3 焦煤和肥煤，少量弱粘煤、1/2 中粘煤和气煤。各煤层以中灰、中等－高挥发分、低硫－中硫、特低－低磷、特低氯、一级－二级含砷煤。中等－较高软化温度灰、结渣、结污指数均为低等；中－高热值、强－特强粘结性、强结焦性含油－富油煤。指定精煤灰分为 10% 时，其可选性为较难选－极难选煤为主。其焦煤、1/3 焦煤、肥煤、气煤、1/2 中粘煤的洗精煤可作为炼焦配煤，其洗中煤或原煤及弱粘煤可作为动力用煤。区内查明煤炭资源储量 2.70 亿吨。其中，（121b）基础储量 0.20 亿吨，（122b）基础储量 0.42 亿吨，（333）资源量 2.08 亿吨，（334）资源量 0.17 亿吨。

108. 安徽省濉溪县刘桥煤矿深部接替资源勘查

2005 年至 2007 年开展接替资源勘查，勘查矿种为煤矿，主要可采煤层为二叠系煤系地层中的 8、10 煤层。区内煤炭资源量 2.37 亿吨。其中，（333）资源量 1.09 亿吨，（334）资源量 1.28 亿吨。

109. 安徽省涡阳县花沟西井田勘探

（1）概况

花沟西井田位于安徽省涡阳县境内，东距涡阳县城约 20 千米，勘查区面积 149.97 平方千米。濉阜铁路从涡阳县城东 3 千米处通过，东连京沪铁路，西至阜阳与西边直线距离只有 30 余千米的京九铁路相连。涡阳火车站距勘查区直线 22 千米。勘查区的南侧和北侧分别有涡阳至阜阳、涡阳至亳州的干线公路，可与全国公路网接通，交通便利。

2008 年 3 月至 2009 年 2 月，安徽省煤田地质局第三勘探队开展了勘查，勘查矿种为煤矿，工作程度为勘探，勘查资金 2547 万元。

（2）成果简述

本区主采煤层较厚且稳定，8 煤受岩浆岩侵蚀，北部破坏严重，往南对煤层影响较小，煤质由天然焦到煤；10 煤北部受河流冲刷不可采，南部煤层厚而稳定。本区为一单斜构造，断层不多。完成钻孔 44 个，工程量 50386 米。工程质量优良。勘查区可采煤层为 4、7_2、8_2 和 10 煤共 4 层，其中 8_2 和 10 煤为主采煤层。全区共查明资源量：煤 2.10 亿吨，焦煤 0.93 亿吨。其中 –1200 米以浅（333 以上）煤 1.65 亿吨、焦煤 0.93 亿吨；–1500 米以浅（334）煤 0.46 亿吨。

110. 安徽省涡阳县耿皇地区煤矿详查

2005 年至 2007 年开展普查、详查工作。可采煤种为无烟煤及天然焦，1500 米深度以上资源量为 1.57 亿吨。其中，（332）资源量 0.60 亿吨，（333）资源量 0.58 亿吨，（334）资源量 0.39 亿吨。

111. 安徽省砀山县关帝庙煤炭普查

（1）概况

安徽省煤田地质局第三勘探队开展了勘查，勘查矿种为煤矿，工作程度为普查。项目共投资 2047 万元，已到位资金 1400 万元，资金来源为省级地勘基金和市财政共同投资。

（2）成果简述

本次勘探共完成工程量 21703 米，完工钻孔 27 个。勘查区内共查明（333）以上资源量 0.67 亿吨，（334）资源量 0.69 亿吨，天然焦 0.83 亿吨。报告已经国土资源部储量评审中心审查通过。

112. 安徽省亳州市古城勘查区煤炭普查

（1）概况

勘查区位于安徽省淮北煤田的西部，勘查区中心位置北距亳州市 40 千米，东距涡阳县 38 千米，南距太和县 40 千米。面积为 563.84 平方千米。

安徽省煤田地质局物探测量队开展了勘查，勘查矿种为煤矿，工作程度为普查，勘查资金 5111.78 万元。

（2）成果简介

已通过国土资源部储量评审中心评审。–1500 米以浅 8、10 煤层的总资源量为 1.33 亿吨，其中（333）资源量 0.12 亿吨，（334）资源量 0.11 亿吨。另全勘查区 –1500 米以浅获得天然焦（334）资源量 0.79 亿吨。西南部龙德寺区 –1500 米以浅获得煤炭（334）资源量 0.41 亿吨。

113. 安徽省蒙城县邵于庄勘探区煤矿勘探

（1）概况

安徽省煤田地质局第三勘探队开展了勘查，勘查矿种为煤矿，工作程度为勘探，勘查资金 2595 万元。到 2010 年 9 月底，该项目共完成钻探工程量 35497.83 米，完成钻孔 35 个（包括普查、详查阶段）。

（2）成果简述

详查报告已通过安徽省矿产资源储量评审中心评审备案，全井田共查明资源量为 1.17 亿吨，其中查明（331）资源量为 1.01 亿吨，（332）资源量为 0.08 亿吨，（333）资源量为 0.08 亿吨。

114. 安徽省许疃煤矿深部详查

勘查矿种为煤矿，工作程度为详查。矿区内发育 6 个煤组，可采煤层 7 层，详查获得 –1500 米深度以浅资源约 1.07 亿吨。其中，–1200 米深度以浅资源量 0.50 亿吨，（332）资源量 0.30 亿吨，（333）资源量 0.17 亿吨，（334）资源量 0.03 亿吨。

115. 山东省曹县煤田青岗集勘查区煤炭普查

（1）概况

普查区位于山东省曹县、定陶县。山东省地质科学实验研究院开展了勘查，勘查矿种为煤矿，工作程度为普查。勘查资金 2965 万元。

（2）成果简述

本区主要可采煤层 3 煤层赋存深度在 –1040 ~ –2300 米之间变化，3 煤层厚度 7 米左右。最浅处位于普查区中部，煤层倾角一般在 4°~ 14° 之间变化。主要可采煤层 3 煤层含煤面积约 167.77 平方千米，–1500

米以浅含煤面积107.89平方千米。估算了3（3$_{上}$+3$_{下}$）煤层（333+334）资源量10.35亿吨（-1500米以浅），其中（333）资源量为3.42亿吨；煤类主要为焦煤和1/3焦煤。提交了一处可供详查的大型矿产地。储量已评审通过，山东省国土资源厅以"鲁国土资字〔2010〕1275号"进行了矿产资源储量评审备案。

116. 山东省曹县煤田张湾勘查区煤炭普查

（1）概况

勘查区位于定陶县张湾镇。山东省地质科学实验研究院开展了勘查，勘查矿种为煤矿，工作程度为普查，勘查资金1017万元。

（2）成果简述

通过本次普查工作，初步查明了区内的地层层序、含煤地层的分布、煤层层数、厚度及埋藏深度等情况。大致了解工作区的构造形态及主干断裂的展布状况。圈定含煤面积（-1400米以浅）约66.7平方千米。估算了3（3$_{上}$）+3$_{下}$煤层（333+334）资源量7.51亿吨。其中，（333）资源量6.56亿吨，（334）资源量0.95亿吨。2010年9月，普查报告评审备案：国土资矿评储字〔2010〕241号。

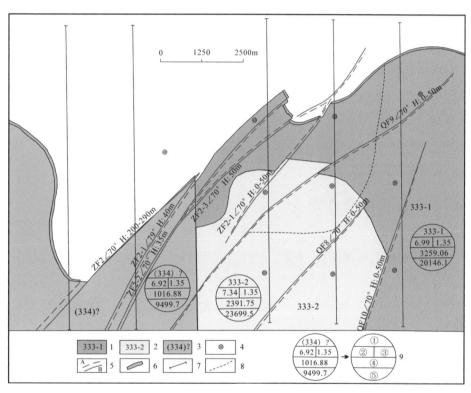

张湾勘查区3（3$_{上}$）煤层资源量估算平面图

1—333-1块段编号及范围；2—333-2块段编号及范围；3—334？类别资源量块段编号及范围；4—钻孔；5—A断层上盘、B断层下盘、断层编号、产状及断距；6—煤层露头及风氧化带；7—地震勘探线；8—分叉边界；9—①资源量类别及块段编号；②块段煤层伪厚度（米）；③煤层视厚度；④煤层面积（万平方米）；⑤资源量（万吨）

117. 河南省柘城县胡襄煤预查

（1）概况

勘查区位于河南省柘城县胡襄及邻区，是"京九"及"陇海"铁路交会中心。

2007年，河南省地质矿产资源勘查开发局第十一地质队开展了勘查，勘查矿种为煤矿，工作程度为预查，勘查资金 3847 万元，成果归属为河南省国土资源厅。

（2）成果简述

该区煤层埋深适中，煤层厚度大、煤质好，当地投资环境好，交通便利。全区含煤总面积为 361.84 平方千米，煤炭资源量（333+334）为 19.50 亿吨。未经评审。

118. 河南省濮阳县城西—滑县王三寨煤预查

（1）概况

"濮阳县城西部煤预查"和"滑县王三寨煤预查"为河南省 2006 年度探矿权采矿权使用费及价款地质勘查招标项目，勘查矿种为煤矿，工作程度为预查。

（2）成果简述

在工作区范围内共查明煤炭（334）资源量 12.49 亿吨，其中 - 1200 米以浅 2.71 亿吨， - 1500 米以浅 6.83497 亿吨。没有完成评审认定。

119. 河南省禹州市张得预查区煤普查

（1）概况

工作区位于禹州市和襄城县之间，大部分属于禹州市管辖。北距禹州市 5 千米，东距许昌市 21 千米。

2005 年至 2008 年，河南省地矿局第一地质调查队开展了勘查，勘查矿种为煤矿，工作程度为普查，勘查资金 3338 万元。

（2）成果简述

二₁煤层厚度 1.99 ～ 8.53 米，平均 4.80 米，一般 4.20 ～ 5.50 米，经初步估算，二₁煤层（333+334）资源量 10 亿吨。未经评审及备案。

120. 河南省辉县市薄壁煤预查

（1）概况

勘查区位于河南省辉县市城区西 25 千米，焦作市东北 35 千米，河南省辉县市薄壁—北山坡一带，勘查区面积 137.7 平方千米。

2006 年 9 月至 2008 年 9 月，河南省国土资源科学研究院开展了勘查，勘查矿种为煤矿，工作程度为预查，勘查资金 404 万元。

（2）成果简述

二₁煤层厚度 4.89 ～ 6.60 米，见煤深度 1015.05 ～ 1322.95 米。圈定含煤面积 82.1 平方千米。预查阶段共估算二₁煤层预测的资源量 5.88 亿吨，其中埋深 1200 米以浅 3.48 亿吨，1200 ～ 1500 米 2.26 亿吨，大于 1500 米 0.14 亿吨。

121. 河南省永城市顺和西煤普查

（1）概况

勘查区位于河南省永城市境内，行政区划属于永城市太丘乡、蒋口乡和酂阳乡，普查区呈不规则状，面积约 166.04 平方千米。

2007 年 3 月至 2008 年 6 月，河南省地质矿产资源勘查开发局第十一地质队开展了勘查，勘查矿种为煤矿，工作程度为普查，勘查资金 1740 万元。

（2）成果简述

普查区含煤组为一、二、三、四、五、六、七个煤组。其中二煤组的二$_2$煤层为本区主要可采煤层，可采煤层平均厚度为 3.10 米，远景资源量 5.54 亿吨。由于工作阶段不到、工作程度较低，在煤层开采技术条件方面未做工作。本区煤层埋藏较浅，新生界厚度较浅，开采技术条件好，开采后效益应十分明显。没有完成评审认定。

122. 河南省焦作煤田五里源煤普查

（1）概况

普查区位于焦作煤田东部、太行山南部平原区，面积 62.27 平方千米。

2006 年 6 月至 2009 年 12 月开展了勘查，勘查矿种为煤矿，工作程度为普查，勘查资金 1442 万元。焦作煤田五里源煤普查是 2007 年度河南省地质勘查基金（周转金）重点续作项目，该项目探矿权及成果归河南省国土资源厅所有。

（2）成果简述

初步估算二$_1$煤(333+334)资源量 4.66 亿吨。其中二$_1$煤(333)资源量 1.6 亿吨。该区二$_1$煤层结构简单，厚度稳定，煤质较好，在区域上电力资源充足，劳动力成本相对低廉，交通便利，综合评价该区煤炭开发成本较低，可以作为焦作煤田的后备资源。没有完成评审认定。

123. 河南省安阳县龙泉煤普查

（1）概况

勘查区位于安阳市西南部，鹤壁市北部，面积 47.26 平方千米。

2008 年 7 月至 2009 年 12 月，河南省煤田地质局三队开展了勘查，勘查矿种为煤矿，工作程度为普查，勘查资金 683 万元。

（2）成果简述

经概算，全区二$_1$煤层资源量约 4.1 亿吨。其中埋深 1200 米以浅（333）资源量 1.4 亿吨，（334）资源量 0.2 亿吨。埋深 1200 米以浅资源量 1.6 亿吨，1200～1500 米资源量 1.2 亿吨，1500 米以深资源量 1.3 亿吨。此外估算天然焦资源量约 0.05 亿吨。没有完成评审认定。

124. 河南省新安煤田新义井田深部普查

（1）概况

勘查区行政隶属河南省新安县仓头乡、五头镇及孟津县横水镇、小浪底镇（原北马屯镇）、常袋乡。

2008 年至 2009 年，河南省煤田地质局二队开展了勘查，勘查矿种为煤矿，工作程度为普查，勘查资金为 1051 万元，资金来源于河南省地质勘查基金。

（2）成果简述

根据普查成果，本区煤炭资源储量丰富，潜在经济价值可观，区域地理位置优越，交通便利。探获（333）资源量 0.78 亿吨，（334）资源量 3.23 亿吨，尚未评审。

125. 河南省宝丰县贾寨—王楼勘查区煤炭地质预查

（1）概况

勘查区位于河南省宝丰县贾寨—王楼一带，行政分属宝丰县闹店镇和郏县姚庄乡管辖，面积 40.26 平方千米。

2006 年 9 月至 2008 年 9 月，河南省国土资源科学研究院开展了勘查，勘查矿种为煤矿，工作程度为预查，勘查资金 230 万元。

（2）成果简述

本区煤层赋存条件较好，煤层厚度较大，有进一步勘查前景。预查区二$_1$煤为全区可采的主采煤层，四$_2$、五$_2$煤为大部可采煤层，六$_2$煤应是局部可采煤层，合计可采煤层厚度达 10.93 米，初步估算－1500 米以浅煤炭资源总量约 3.5 亿吨左右。没有完成评审认定。

126. 河南省安鹤煤田伦掌井田勘探

（1）概况

勘查区位于安阳县境内，面积 34.78 平方千米。

2005 年 5 月至 2007 年 9 月，河南省煤田地质局三队开展了勘查，勘查矿种为煤矿，工作程度为勘探，勘查资金 2850 万元。

（2）成果简述

区内主要可采煤层为二$_1$煤层，煤层埋深 660 ～ 1760 米，煤层厚度 2.78 ～ 8.40 米，平均厚 5.75 米。经河南省资源储量评审中心评审，全区煤炭资源量为 3.41 亿吨。其中二$_1$煤层（333）及以上资源储量为 2.66 亿吨，均为资源储量，一$_1^1$煤层（334）资源量为 0.75 亿吨。

127. 河南省禹州市新峰一矿深部煤普查

（1）概况

普查区位于许昌市许昌县、禹州市、长葛市交界部位，面积 105.73 平方千米。区内包括了三个区块，分别为河南省禹州市新生峰一矿深部预查 I 区、II 区、III 区。

2008 年 7 月至 2009 年 7 月，河南省有色金属地质矿产局第四地质大队开展了勘查，勘查矿种为煤矿，工作程度为普查，勘查资金 1347 万元。此次煤普查是 2007 年度地勘基金续作项目，以豫财办建〔2008〕135 号和豫国土资发〔2008〕87 号下达了项目任务书。

（2）成果简述

本次勘查主要选用二维地震测量和钻探相结合的勘查方法，成果表明二$_1$煤层为中－特厚煤层，埋深相对较浅，煤质主要为瘦煤、贫瘦煤、少量焦煤、贫煤，资源量规模达到大型井田。主要工作量为二维地震 2250 个点，钻探（12 孔）11450 米，测井 11300 米。区内二$_1$煤层 1500 米以浅煤炭资源总量为 3.12 亿吨，其中（333）资源量 2.28 亿吨，（334）资源量 0.8 亿吨。没有完成评审认定。

128. 河南省焦作煤田块村营煤普查

（1）概况

普查区位于新乡市西北约 10 千米处，隶属河南省新乡市新乡县大块镇管辖。

2008 年 9 月至 2009 年 10 月，河南省地质矿产资源勘查开发局第四地质探矿队开展了勘查，勘查矿种为煤矿，工作程度为普查。"河南省焦作煤田块村营煤普查"项目是河南省国土资源厅《关于下达 2007 年度省地质勘查基金（周转金）项目计划的通知》（豫国土资发〔2008〕87 号）重点续作项目，本项目是在 2006 年实施的（2005 年度）两权价款项目"河南省焦作煤田块村营煤预查"工作的基础上开展的。

（2）成果简述

估算二$_1$煤层（333+334）资源量3.04亿吨。其中二$_1$煤埋深1200米以浅煤（333+334）资源量1.16亿吨。一$_2$煤层位于其下110米左右，分布稳定，平均厚度2.20米，全区大部可采。估算（333+334）资源量1.39亿吨。其中埋藏深度1200米以浅资源量0.43亿吨。没有评审认定。

129. 河南省鹤壁市石林北部煤预查

（1）概况

勘查矿种为煤矿，工作程度为预查。通过二维地震工作及钻探、测井资料的综合分析，二$_1$煤层厚度1.44米，埋深在750～2700米之间，且由西向东向北变深，其中，埋深小于1500米的面积约占55%，埋深小于1200米的面积占30%。

（2）成果简述

预获二$_1$煤层（334）资源量3亿吨，没有完成评审认定。

130. 河南省睢县榆厢南区煤预查

（1）概况

勘查区位于河南省商丘市睢县蓼堤镇，面积27.85平方千米。

2008年12月至2009年12月，河南省有色金属地质矿产局第三地质大队开展了勘查，勘查矿种为煤矿，工作程度为预查，勘查资金149万元。《河南省睢县榆厢南区煤预查》属2007年度河南省探矿权采矿权使用费及价款地质勘查项目，任务来源为河南省国土资源厅、财政厅。

（2）成果简述

预查工作所见到的煤层为二$_2$煤层，煤层厚度5.96米，见煤深度1352.94米。初步估算二$_2$煤炭（334）资源量3亿吨。没有完成评审认定。

131. 河南省偃龙煤田府店煤预查

（1）概况

勘查区位于河南省偃龙煤田南部，行政区划属偃师市和巩义市。

2006年至2009年开展了勘查，勘查矿种为煤矿，工作程度为预查，勘查资金1693.30万元。

（2）成果简述

通过二维地震勘查和钻探工程揭露和测井验证，在普查区发现了具工业价值的二$_1$煤层，平均厚度3.22米。初步估算（333）+（334）？煤资源量3.10亿吨，其中埋深1000米以浅0.9亿吨，埋深1200米以浅为1.4亿吨，埋深1500米以浅2.6亿吨，埋深1500～1800米为0.5亿吨。

钻孔中可采煤层为厚度1.37～15.88米的二$_1$煤。按二$_1$煤层厚平均值3.22米计算，埋深1500米以浅煤（334）资源量可达2.5亿吨。

（3）成果取得的简要过程

该成果的取得先后经历了2006～2007年的预查和2008～2009年的后续普查两个阶段。预查阶段通过二维地震和钻探及测井验证，初步估算获取煤资源量（334）？2.5亿吨。普查阶段，进一步查明二$_1$煤层厚度1.84～7.90米，埋深650～1800米，埋深1500米以浅面积约56.4平方千米。发现并提交大型煤炭基地1处。普查报告已提交河南省国土资源厅审查，没有完成评审认定。

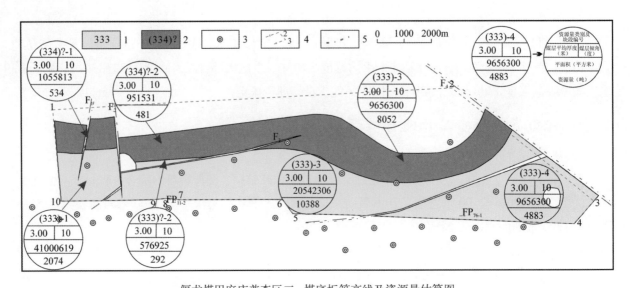

偃龙煤田府店普查区二₁煤底板等高线及资源量估算图

1—333 资源量；2—334？资源量；3—钻孔位置；4—资源量估算边界线；5—断层

132. 河南省偃龙煤田李村煤普查

（1）项目概况

勘查区位于偃龙煤田龙门、诸葛、偏桥、郭村井田之深部。

2008 年至 2009 年，河南省煤田地质局二队开展了勘查，勘查矿种为煤矿，工作程度为普查，勘查资金 1230 万元。资金来源为河南省地质勘查基金。

（2）成果简述

根据普查成果，本区煤炭资源储量丰富，潜在经济价值可观，区域地理位置优越，交通便利，该区的开发对河南省区域经济的持续发展将起到保障和推动作用。查明二₁煤层（333）资源量 1.32 亿吨，（334）资源量 1.10 亿吨，尚未完成评审认定。

133. 河南省禹州煤田葡萄寺煤详查

（1）概况

勘查矿种为煤矿，工作程度为详查。二维地震工作基本上控制了二₁煤层的构造形态，查明了区内落差大于 50 米的断层，并了解了其性质、特点及延伸情况。

（2）成果简述

二₁煤层赋存较稳定，其中 ZK0904 孔孔深 1166.02 米，位于 1137.03～1138.43 米（1.40 米）穿见二₁煤，测井煤厚 1.50 米。目前该项目钻探在施工中，推断资源储量约 2 亿吨。没有完成评审认定。

134. 河南省柘城县慈圣镇西煤预查

（1）概况

勘查区位于河南省柘城县慈圣镇境内，隶属商丘市柘城县管辖。

勘查矿种为煤矿，工作程度为预查，勘查资金 349.00 万元，资金来源河南省财政厅（省级探矿权采矿权使用费）。

（2）成果简述

山西组下部的二$_2$煤层为本区主要含煤地层，二$_2$煤层埋深 1100～1770 米。本区估算二$_2$煤层（334）类资源量 2.0 亿吨，资源量未经评审备案。

135. 河南省永城市苘村井田深部煤预查

（1）概况

勘查区位于河南省永夏煤田东部，属永城市苘村乡、高庄乡管辖。

2006 年 7 月至 2008 年 3 月，河南省煤炭地质勘察研究院开展了勘查，勘查矿种为煤矿，工作程度为预查，勘查资金 460.5 万元，资金来源河南省财政厅（省探矿权、采矿权价款项目）。

（2）成果简述

初步查明了预查区主要可采煤层二$_2$煤层的赋存范围、二$_2$煤煤层埋深 -600～-1600 米之间。二$_2$煤煤层厚度在 2.7～3.3 米之间。煤类为无烟煤。预获二$_2$煤层资源量（334）1.9 亿吨，天然焦（334）？0.1838 亿吨。资源量未经评审备案。

136. 河南省郏县安良煤炭勘查区详查

（1）概况

矿区位于平顶山市郏县安良镇，面积为 34.19 平方千米。

2009 年 1 月至 2010 年 12 月，河南省有色金属地质矿产局第二地质大队开展了勘查，勘查矿种为煤矿，工作程度为详查，勘查资金 1720 万元。

（2）成果简述

勘查区自下而上划分为 9 个煤（组）段，含煤 20 余层，二$_1$煤层为本区主要可采煤层，全区可采；四$_{1-2}$、五$_4$、六$_2$、七$_4$煤层大部或局部可采。通过本次详查工作完成后，预获埋深 1200 米以浅的二$_1$煤层（332+333+334）煤炭资源量 1.36 亿吨，其中（332）资源量为 0.47 亿吨，（332+333）资源量为 1.18 亿吨；预获埋深 1500 米以浅的二$_1$煤层（332+333+334）资源量 1.87 亿吨，其中（332）资源量为 0.49 亿吨，（332+333）资源量为 1.54 亿吨。

137. 河南省宜阳县李沟—樊村煤普查

（1）概况

工作区位于宜阳县南部李沟—樊村一带。

2005 至 2008 年，河南省地质矿产资源勘查开发局第一地质调查队开展了勘查，勘查矿种为煤矿，工作程度为普查，勘查资金 680 万元。

（2）成果简述

主要可采煤层二$_1$煤层厚度 2.85～16.68 米。全区共估算资源量（333+334）1.64 亿吨，其中二$_1$煤层资源量为 1.53 亿吨，（333）类资源量为 0.63 亿吨。

138. 河南省伊川高山煤预查

（1）概况

河南省地质矿产资源勘查开发局第一地质调查队开展了勘查，勘查矿种为煤矿，工作程度为预查，属 2005 年度省级探矿权、采矿权使用费及价款地质矿产资源勘查项目。

（2）成果简述

估算区内二₁煤层（334）资源量为1.59亿吨。其中埋深1200以浅0.95亿吨，埋深1200～1500米0.63亿吨。没有完成评审认定。

139. 河南省鹤壁市石林南部煤预查

（1）概况

勘查区位于河南省鹤壁市石林乡，行政区划属河南省鹤壁市和安阳市管辖，本区与西面的鹤煤八、六矿区接壤，地理位置优越，交通方便。

2008年至2010年，河南省煤炭地质勘察研究院开展了勘查，勘查矿种为煤矿，工作程度为预查，勘查资金772万元。

（2）成果简述

获得二₁煤层（333+334）资源量为3.4亿吨，其中，（333）资源量1.6亿吨，（334）？资源量1.8亿吨。按水平分，-1050米以浅1.1亿吨，-1050～-1350米1.3亿吨；-1350米以深1.2亿吨。按煤类分，贫煤资源量1.6亿吨，贫瘦煤资源量1.84亿吨。已通过河南省煤田地质局初审，河南省国土资源厅尚未评审认定。

（3）成果取得的简要过程

该项目为2007年度河南省地质勘查基金（周转金）项目，2008年6月24日，河南省国土资源厅以豫国土资发〔2008〕87号文将河南省鹤壁市石林南部煤普查项目下达给河南省煤炭地质勘察研究院，2008年8月22日至2010年8月25日，河南省煤炭地质勘察研究院完成了钻探、测井及采样等施工，结束了全部野外工作。2010年12月，提交了《河南省鹤壁市石林南部煤普查报告》。

140. 河南省商丘市睢阳区杜集西煤预查

（1）概况

勘查区位于商丘市睢阳区。2007年7月至2008年5月，河南省煤炭地质勘察研究院开展了勘查，勘查矿种煤矿，工作程度为预查，勘查资金229.90万元，资金来源河南省财政厅（省探矿权、采矿权价款项目）。

（2）成果简述

含煤地层为二叠系山西组、下石盒子组。二₂、三₂煤层赋存深度在700～1800米范围内。在现有工作程度下，查明煤炭（334）资源量1.5亿吨。资源量未经评审备案。

141. 河南省夏邑县骆集西煤普查

（1）概况

勘查区位于永夏煤田北部，西南距夏邑县城15千米，行政隶属夏邑县管辖。地理坐标为东经116°07′42″～116°15′00″，北纬34°17′30″～34°23′43″，面积64.41平方千米。

2009年1月至2009年12月，河南省煤田地质局三队开展了勘查，勘查矿种为煤矿，工作程度为普查，勘查资金1302万元，资金来源省地质勘查基金（周转金）。

（2）成果简述

区内煤层厚度达可采的有4层，分别为二₂、二₁、一₃和一₁煤层。二₂煤层普遍发育，煤厚0～9.23米，平均3.16米。由于受岩浆侵入的影响，大部分已变为天然焦。经估算，普查区煤炭资源量为1.40亿吨，其中（333）资源量0.30亿吨，（334）资源量1.10亿吨。在总的资源量中，-1500米（-1450米）以浅的资源量为 1.25 亿吨。此外估算天然焦 1.46 亿吨。

142. 河南省禹州煤田扒村井田详查

（1）概况

勘查区位于河南省禹州市西北部的浅井乡、朱阁镇乡境内。

2006 年 6 月至 2009 年 3 月，河南省煤炭地质勘察研究院开展了勘查，勘查矿种为煤矿，工作程度为详查，勘查资金 1298.70 万元。资金来源为河南省财政厅（省级探矿权采矿权使用费）。

（2）成果简述

全区共获二₁煤层（332+333+334）类资源量 1.32 亿吨，其中（332）类资源量 0.31 亿吨，（333）类资源量 0.63 亿吨，（334）类资源量 0.33 亿吨，提交资源量已经过评审。

143. 河南省伊川县柳庄煤预查

（1）概况

勘查矿种为煤矿，工作程度为预查。该项目属 2005 年度省级探矿权、采矿权使用费及价款地质矿产资源勘查项目。由河南省地质矿产资源勘查开发局第一地质调查队承担。

（2）成果简述

井田边界附近二₁煤标高为－500 米深 800 米，二₁煤层估算（334）资源量约 1.08 亿吨。没有完成评审认定。

144. 重庆市綦江县松藻矿区大罗井田煤炭资源普查

（1）概况

大罗井田位于重庆市綦江县，井田面积 26.18 平方千米。

2008 年 6 月至 2009 年 12 月，重庆一三六地质队开展了勘查，勘查矿种为煤矿，工作程度为普查。第一阶段勘查投入 614.76 万元（财政拨付 480 万元）。该项目为市级财政出资勘查项目。

（2）成果简述

大罗井田属隐伏式地下开采矿床，查明可采及局部可采煤层 4 层，属低－中灰、高硫、中－高热值无烟煤三号（WY3），各煤层均符合动力用煤要求，采用最低可采厚度 0.7 米，最高灰分 40%、最低发热量（MJ/kg）22.1，初步估算全井田总资源量为 2.41 亿吨，其中（333）资源量 0.69 亿吨，（334）资源量 1.72 亿吨。

145. 重庆市綦江县小渔沱井田煤炭资源勘探

（1）概况

勘查区位于重庆市綦江县，井田面积 29.82 平方千米。

2005 年 8 月至 2007 年 4 月，重庆一三六地质队开展了勘查，勘查矿种为煤矿，工作程度为勘探，勘查资金 3858.6 万元。

（2）成果简述

小渔沱井田属隐伏式地下开采矿床，查明可采及局部可采煤层 4 层，属中灰、高硫、中－高热值无烟煤三号（WY3）。经过筛分浮沉试验，主采煤层属"易选"煤，各煤层均符合动力用煤要求，唯硫分偏高，宜洗选后作为电厂动力用煤。采用最低可采厚度 0.7 米，最高灰分 40%、最低发热量（MJ/kg）

22.1，估算全井田总资源量为1.84亿吨，其中（331）资源量0.63亿吨，（332）资源量0.53亿吨，（333）资源量0.69亿吨。

146. 四川省古蔺县古叙煤矿区石宝矿段详查

（1）概况

勘查区位于四川省古蔺县石宝镇，矿区有简易公路，与外界交通方便。矿区地处四川盆地西南缘，属中低山强烈切割地貌。

四川省地矿局113地质队开展了勘查，勘查矿种为煤矿，工作程度为详查，勘查资金3392万元，资金来源于四川省地勘基金。

（2）成果简述

含煤岩系为二叠系龙潭组，矿段处于古蔺复式背斜南翼的次级褶皱－石宝向斜东端。东西长15千米，南北宽5～10千米。矿床类型为沉积型。产煤11～24层，层厚8.44～27.15米；C17、C25两煤层全区可采，部分可采有C13、C14、C15、C20、C24、C24。C17平均厚1.82米，为中灰中硫中热值煤；C25平均厚2.62米，为中灰中高硫－高硫高热值煤，煤质数码均为无烟煤3号。主要成分为无烟煤、硫铁矿、煤层气。选冶性能为中等－易选，可作动力用煤、民用燃料，洗精煤可用于高炉喷吹、煤化工及氮肥用煤。查明煤炭（332+333+334）资源量6.92亿吨，硫铁矿（333+334）资源量5.69亿吨，煤层气（334）资源量94亿立方米。

147. 四川省乐山市犍为—五通辉山段煤炭资源勘查

（1）概况

勘查区位于四川省乐山市五通桥区辉山镇—罗城镇。区内交通条件好，丘陵地貌，地形相对高差不大，海拔360～534米。气候为亚热带湿润季风气候，区内有金山镇、辉山镇、罗城镇等居民点，以农业为主，工业不发达。

四川省地矿局207地质队开展了勘查，勘查矿种为煤矿，工作程度为详查，勘查资金3598万元。

（2）成果简述

矿床类型为沉积型。普查区含煤地层为须家河组，含可采煤5层，大部可采煤层2层（K7、K10），局部可采煤层3层（K10s、三二炭、K6），其中K10d、K10s、三二炭为高发热量、低灰、低硫优质炼焦用煤，发热量平均约6000大卡/千克以上。主要成分为焦煤，选冶性能为易选。查明煤炭资源量4.80亿吨，其中（333）资源量1.66亿吨，（334）资源量3.14亿吨。没有完成评审认定。

148. 四川省叙永县古叙煤矿矿区海凤矿段煤炭资源勘查

（1）概况

勘查区位于四川省叙永县城180°方向约42千米处。以公路运输为主，属川南盆周低－中山，亚热带气候。以汉族为主，乡镇企业较少。

四川省地矿局113地质队开展了勘查，勘查矿种为煤矿，工作程度为普查，勘查资金3500万元，资金来源于四川省地勘基金。

（2）成果简述

含煤岩系为二叠系龙潭组，厚93.12～158.50米，平均123.50米。含煤层（线）10～21层，含煤总厚度 4.6～11.55 米，含煤系数 4%～11%，可采含煤系数 2%～9%。全区大部分可采或局部可采煤层 4 层（C11－2、C19、C24、C25），零星可采煤层 5 层（C11－1、C14、C15、C17）；煤层煤质主要为中灰－高灰、低－中硫、中高热值无烟煤。主要成分为无烟煤。选冶性能为中等－易选，可作动力用煤、民用燃料，洗精煤可用于高炉喷吹、煤化工及氮肥用煤。普查共查明（333+334）资源量 4.34 亿吨，其中（333）资源量 2.10 亿吨。储量未评审。

149. 四川省筠连县塘坝煤矿普查

（1）概况

勘查区位于四川省筠连县城南西 225°距县城直线距离 20 千米处，属塘坝镇、双河镇、龙镇、孔雀乡管辖。

四川省地矿局 202 地质队开展了勘查，勘查矿种为煤矿，工作程度为普查，勘查资金 1800 万元，资金来源于四川省地勘基金。

（2）成果简述

矿区位于塘坝向斜南翼。出露地层为二叠系中统茅口组—侏罗系中统沙溪庙组。含煤地层为二叠系上统宣威组，平均厚 141～142 米，含煤 10～16 层，含煤系数 4.50%。可采煤层 2、7、8 号，其中 2 号煤平均厚 0.83 米，属稳定的高灰特低硫煤；7 号煤平均 0.54 米，属较稳定的高灰中高硫煤；8 号煤平均 1.10 米，属稳定的高灰特低硫煤。主要成分为无烟煤，选冶性能为中等－易选，可作动力用煤、民用燃料等。全矿区查明资源量为 1.65 亿吨，其中（333）0.57 亿吨，（334）1.07 亿吨。储量未评审。

150. 贵州省普安县地瓜坡勘查区西段（一、二井田）煤炭详查

（1）概况

勘查区位于普安县城南 20 千米处，属地瓜镇、罗汉乡管辖。

西能公司所属钻探工程分公司开展了勘查，勘查矿种为煤矿，工作程度为详查，勘查资金 2853 万元。

（2）成果简述

煤炭资源的主要技术指标：灰分（Ad）20.96%～25.99%，属中灰煤；硫分（St,d）2.44%～3.42%，一般 2.50% 左右，属中高硫煤；低位发热量（MJ/kg）24.62～25.74，属高热值煤。煤种以无烟煤为主，贫煤次之。获得估算的资源量 5.45 亿吨，其中（332）1.42 亿吨，（333）2.57 亿吨，（334）1.46 亿吨。另有硫分大于 3% 的高硫煤 9.75 亿吨，其中（332）1.90 亿吨，（333）4.42 亿吨，（334）3.43 亿吨。已通过储量评审认定。

151. 贵州省盘县马依东二井田煤矿勘探

（1）概况

勘查区位于盘县南部，行政区划属马依镇、老厂镇、民主镇及忠义乡管辖，探矿权面积 69.73 平方千米。2006 年 3 月 14 日至 2007 年 9 月 10 日，贵州省煤田地质局一五九队开展了勘查，工作程度为勘探，勘查资金 1106.24 万元。

（2）成果简述

煤类有瘦煤（SM）、贫瘦煤（PS）和贫煤（PM）和无烟煤（WY）。含煤岩系为龙潭组，含可采煤层 8 层，3、17－2、19、29 号煤全区可采，17－1 煤大部可采，余为局部可采，平均可采总厚 16.88 米。

井田内主要可采煤层为 19 号，走向长 9400 米，倾向宽 7400 米。主要煤质指标：灰分 14.05%，硫分 2.35%，挥发分 20.41%，发热量（MJ/kg）27.74。煤的可选性等级为"难选"。查明（331+332+333+334）总资源量为 10.98 亿吨，其中（331）0.17 亿吨，（332）资源量 4.79 亿吨，（333）5.21 亿吨，（334）资源量 0.82 亿吨，（331+332）资源量 4.95 亿吨。未通过储量评审认定。

152. 贵州省六盘水市黑塘矿区化乐井田化乐二矿煤矿勘探

（1）概况

勘查区位于井田南部。地理位置位于水城县化乐乡、六枝特区新场乡、牛场乡，化乐井田。

2007 年 6 月至 2009 年 2 月，六枝工矿（集团）恒达勘察设计有限公司开展了勘查，工作程度为勘探，勘查资金 47962.97 万元。

（2）成果简述

勘查区煤炭主要为中灰、低至中硫、中发热值的贫煤。含煤地层平均总厚度 340 米，含可采煤 12 层，煤层总厚平均为 16.8 米。勘探面积 50.13 平方千米。原煤含硫量折算后平均 1.65%～4.51%，原煤灰分平均 24.96%，原煤挥发分 7.52%～19.47%，原煤发热量（MJ/kg）24.47～26.63。煤矿资源量为（+500 以上）7.37 亿吨，其中：（331）资源量 1.31 亿吨、（332）资源量 1.26 亿吨、（333）资源量 3.70 亿吨、（334）资源量 1.10 亿吨［另有 +500 以下（334）资源量 0.15 亿吨］。

153. 贵州省盘县老厂勘查区煤炭详查

（1）概况

勘查区位于六盘水市盘县南东部，属马依镇、老厂镇管辖。

2005 年 8 月至 2007 年 8 月，西能公司下属钻探工程分公司开展了勘查，工作程度为详查，勘查资金 1722 万元。

（2）成果简述

矿床类型属沉积型矿床。煤类为贫煤和无烟煤，以无烟煤为主。主要煤质指标：灰分（Ad）21.48%～27.42%；硫分（St,d）0.93%～2.54%；发热量 Qnet,d（MJ/kg）23.97～28.21，属中灰、低－中高硫、中－高热值煤。查明煤炭资源量为 3.11 亿吨，其中（332）资源量 0.88 亿吨，（333）资源量 1.84 亿吨，（334）资源量 0.38 亿吨。另有硫分大于 3% 资源量 2.42 亿吨，其中（332）资源量 0.79 亿吨，（333）资源量 1.54 亿吨，（334）资源量 0.88 亿吨。已通过储量评审认定。

154. 贵州省盘县马依西二井田煤矿详查

（1）概况

勘查区位于贵州省六盘水市盘县大山镇、马依镇、忠义乡，面积为 51.55 平方千米。

2006 年 2 月至 2007 年 7 月，贵州煤矿地质工程咨询与地质环境监测中心开展了勘查，工作程度为详查，勘查资金 1795.60 万元。

（2）成果简述

煤类有瘦煤（SM）、贫瘦煤（PS）、贫煤（PM）和无烟煤（WY）。含煤岩系为龙潭组，含可采煤层 8 层，平均可采总厚 15.42 米。井田内主要可采煤层为 19 号，走向长 9500 米，倾向宽 5500 米。主要煤质指标：灰分 22.70%，硫分 2.30%，挥发分 14.37%，发热量（MJ/kg）26.96。煤的可选性等级为"难选"。查明煤炭（332+333）资源量为 4.42 亿吨，其中（332）资源量 2.76 亿吨，（333）资源量 1.66 亿吨。未通过储量评审认定。

155. 贵州省织金县中寨勘查区煤矿勘探

（1）概况

中寨煤矿位于贵州省织金县城西侧，直线距离县城约 17 千米，面积为 21.22 平方千米。

2009 年 7 月至 2010 年 5 月，贵州省煤田地质局 174 队开展了勘查，工作程度为勘探。详查阶段投资共计 1681.7 万元。

（2）成果简述

本区资源量丰富，地质条件简单，开采技术条件中等，适合机械化开采，具备建设中－大型矿井的资源条件，矿井建设外部协作条件较好。煤类为无烟煤三号。共查明煤炭总资源量为 4 亿吨（评审备案资源量），其中（332）资源量为 1.5 亿吨，（333）资源量为 2.5 亿吨。

156. 贵州省六盘水市黑塘矿区黑塘煤矿详查

（1）概况

勘查区位于贵州省六盘水市黑塘矿区，属水城县、六枝特区。

2008 年 4 月至 2009 年 5 月，贵州省煤田地质局地质勘察研究院开展了勘查，工作程度为详查，勘查资金 529.6 万元。

（2）成果简述

勘查区内可采煤层以瘦煤（SM）为主，各可采煤层的灰分标准差为 5.92～12.69，全区为 9.74；硫分标准差从 1.27～2.26，全区为 1.75。含煤地层为二叠系上统龙潭组，平均厚度 396.01 米。含煤一般 42 层，平均厚度 40.64 米，含可采煤层 5～12 层，平均厚度 19.22 米。煤质优良，以中灰分、中硫－高硫分煤为主，主要可以用作动力用煤，发电、民用，亦可采用重介选煤工艺。全勘查区可采煤层有 8 层，查明资源量总量为（332+333+334）3.85 亿吨。其中（332）资源量 0.76 亿吨，（333）资源量 1.14 亿吨，（334）资源量 1.94 亿吨。未通过储量评审认定。

157. 贵州省黔西县仁和勘查区煤矿普查

（1）概况

勘查区隶属于黔西县仁和彝族苗族乡、定新彝族苗族乡管辖。南北长约 6 千米，东西宽约 4.8 千米，面积 29.19 平方千米。

2007 年 3 月至 10 月，贵州省煤田地质局地质勘察研究院开展了勘查，工作程度为普查，勘查资金 460.49 万元。

（2）成果简述

煤层均为 3 号无烟煤。含煤岩系为龙潭组，主要可采煤层 8 层，可采总厚度平均 9.52 米。井田内构造复杂程度为中等构造类型；煤层稳定程度为较稳定类型；水文地质条件中等；工程地质条件为中等；煤层瓦斯含量高。井田内主要可采煤层为 9 号，走向长 6 千米，倾向宽 4.8 千米。煤质优良，以中灰－高灰分、中硫－高硫分煤为主，主要可以用作动力用煤、发电、民用。主要煤质指标：灰分 27.38%，硫分 2.45%，挥发分 6.97%，发热量（MJ/kg）25.12。煤的可选性属中等可选煤。全井田查明煤炭总资源量 3.67 亿吨，其中：（333）资源量 1.27 亿吨，（334）资源量 2.40 亿吨。储量通过评审认定。

158. 贵州省普安县泥堡深部勘查区煤矿勘探

（1）概况

勘查区位于贵州省黔西南州普安县南部，兴仁县西部，行政区划属普安县青山镇、楼下镇管辖。

2008年10月至今，贵州省煤田地质局地质勘察研究院开展了勘查，工作程度为勘探，勘查资金1305.73万元。

（2）成果简述

煤种单一，煤类均为无烟煤三号（WY3），全区原煤灰分、硫分标准差衡量煤质变化全区属变化大。龙潭组为本区主要含煤地层，平均厚度187.54米。含煤一般18层左右，煤层全层总厚21.14～24.35米，平均21.93米；含可采煤层6层，煤层厚度5.79～21.16米，平均12.74米。勘查区共获得资源量2.5亿吨，其中（331）资源量1亿吨，（332）资源量1.5亿吨。未通过储量评审认定。

159. 贵州省普安县幸福（南段）井田煤炭勘探

（1）概况

幸福南井田位于普安县城东南、兴仁县城西北，隶属普安县青山镇和兴仁县潘家庄镇管辖，面积15.04平方千米。

2004年9月至2006年8月，贵州煤矿地质工程咨询与地质环境监测中心开展了勘查，工作程度为勘探，勘查资金847万元。

（2）成果简述

区内构造属中等构造类型。煤层稳定程度为较稳定类型。以顶板岩溶裂隙、构造裂隙、基岩溶隙充水为主，水文地质条件中等。本井田均为无烟煤（WY）。含煤岩系为龙潭组，含可采煤层6层，平均可采总厚21.47米。矿床类型为沉积矿床。走向长3600米，倾向宽3900米。主要煤质指标：灰分11.51%，硫分2.87%，挥发分9.08%，发热量（MJ/kg）30.05。煤层瓦斯含量高，煤尘无爆炸性危险，属不易自燃煤层。煤的可选性为中等可选。查明总资源量（331+332+333+334）为2.19亿吨，其中（331）0.20亿吨，（332）资源量0.30亿吨，（333）资源量1.37亿吨，（334）资源量0.32亿吨，（331+332）资源量0.50亿吨，占查明总资源量的27%。已通过储量评审认定。

160. 贵州省织金县关寨矿区煤矿普查

（1）概况

勘查区位于织金县官寨乡、苗族乡和纳雍乡境内。

2007年3月至2009年11月，贵州省地矿局一〇二地质大队开展了勘查，工作程度为普查，勘查资金600.95万元，资金来源于省级地勘基金。

（2）成果简述

煤炭总量为2.17亿吨。其中，（333）资源量为1.38亿吨，（334）资源量为0.79亿吨。其中，硫分（St.d）＞3%煤炭量0.47亿吨，（333）资源量为0.31亿吨，（334）资源量为0.16亿吨。未通过储量评审认定。

161. 贵州省大方县文阁煤矿地质普查

（1）概况

普查区位于大方县城西直线距离约15千米处，面积为20.62平方千米。

2007 年 4 月至 2008 年 10 月,贵州省地质矿产资源勘查开发局 117 地质大队开展了勘查,工作程度为普查,勘查资金 569.43 万元。

(2) 成果简述

煤类均属无烟煤,发热量为中高热、高热值煤。普查区内含煤岩系为二叠系上统龙潭组,该组在区内属海陆交互相含煤沉积地层,主要由粘土岩、炭质粘土岩、细-粉砂岩、粘土质粉砂岩、透镜状灰岩、煤层(线)、硫铁矿等组成。煤系地层厚度约 171.65～216.25 米,含煤 16～33 层,煤层总厚度 9.41～17.37 米,含煤系数 5.48%～8.0%。含可采煤层 4 层(K6 中、K6 下、K7、K33),可采总厚度 5.46～11.75 米,可采含煤系数 3.18%～5.43%。区内可采煤层宏观煤岩类型以半亮型为主,显微煤岩类型属微镜惰煤。各可采煤层的原煤灰分(Ad)平均值为 16.63%～26.67%,属中灰煤;原硫煤分(St,d)平均值为 0.47%～2.51%,属特低硫至中高硫;浮煤挥发分(Vdaf)平均值为 6.33%～7.06%。煤的用途主要为发电、动力及民用等。大方县文阁勘查区内的煤炭(333+334)资源总量为 2.13 亿吨,其中,(333)资源量为 0.67 亿吨,(334)资源量为 1.46 亿吨。预测的煤层气地质储量 32.37 亿立方米。未通过储量评审认定。

162. 贵州省纳雍县法地煤矿地质勘探

(1) 概况

法地煤矿位于贵州省纳雍县城以西,面积 24.15 平方千米。

2008 年 9 月至 2009 年 12 月,贵州省地质矿产资源勘查开发局一〇六地质大队开展了勘查,工作程度为勘探,2009 年投入勘查资金 1974 万元。

(2) 成果简述

法地煤矿为海陆过渡相沉积矿床,含煤地层二叠系上统龙潭组(P3l)厚 234.63～373.59 米,含煤层(线)达 24～48 层,含煤系数 4.40%～9.40%;可采率≥40(%)的可采煤层 11 层,其中全区可采 4 层,大部可采 2 层,局部可采 5 层;其他零星可采的煤层 10 余层。M1、M6、M8 为中厚煤层,其余为薄煤层。以半亮至亮型块煤为主,少量为暗至半亮型粉煤,属中灰、低至中高硫、特低磷、中至高热值无烟煤,可选性等级为易选或中等可选,可用于工业用煤、动力用煤及民用煤等。法地煤矿 11 层可采煤层(331+332+333)资源总量为 2.08 亿吨。已通过储量评审认定。

163. 贵州省习水县桃竹坝—马岩沟煤矿地质普查

(1) 概况

勘查区位于习水县城南西直线距离约 25 千米处,面积为 21.22 平方千米。

2008 年 8 月至 2009 年 10 月,贵州省地矿局一〇二地质大队开展了勘查,勘查矿种为煤矿,工作程度为普查,勘查资金 226.93 万元。

(2) 成果简述

煤种类为无烟煤三号,属高热质煤。原煤灰分 17.75%～30.90%,浮煤 8.74%～10.07%,属低-中熔灰分;原煤硫分 0.83%～2.95%,浮煤 0.41%～0.91%。浮煤挥发分 6.20%,变质程度为无烟煤Ⅶ阶段,煤的工业用途为动力用煤。含煤地层龙潭组为一套海陆交互相、多旋回沉积组合。共含 10 层煤。煤系地层平均厚 95.50 米。煤层平均总厚 9.52 米,含煤系数 9.97%,可采煤层平均厚 5.89 米,可采含煤系数 6.16%。含可采煤层 5 层:C5 煤层厚 1.29 米,C8 煤层厚 1.71 米,C10 煤层厚 0.74 米,C11 煤层厚 1.60 米,C12

煤层厚 0.97 米。估算大部可采煤层 C5、C10、C11、C12 及全区可采煤层 C8 的资源量，查明（333）资源量 0.64 亿吨，（334）资源量 1.06 亿吨，合计为 1.70 亿吨。未通过储量评审认定。

164. 贵州省毕节市草坪勘查区煤矿普查

（1）概况

勘查区位于毕节市东南部，隶属毕节市朱昌镇管辖，面积 29.21 平方千米。

2007 年 1 月至 2007 年 7 月，贵州省黔美基础工程公司开展了勘查，工作程度为普查，勘查资金 356.22 万元。

（2）成果简述

本井田矿种为煤，煤类均为无烟煤三号。含煤岩系为龙潭组，含可采煤层 3 层，平均可采总厚 3.88 米。矿床类型为沉积矿床。井田内主要可采煤层为 6－2 号，走向长 4900 米，倾向宽 5100 米。主要煤质指标：灰分 8.41%，硫分 1.81%，挥发分 8.97%，发热量（MJ/kg）23.99。共查明煤炭总资源量为 1.55 亿吨，其中，（333）资源量为 0.67 亿吨，（334）资源量 0.88 亿吨。已通过储量评审认定。

165. 贵州省纳雍县兴源煤矿勘探

（1）概况

勘查区位于纳雍县城西北方向，行政区划属纳雍县雍熙镇及勺窝乡管辖，面积为 8.66 平方千米。

2009 年 7 月 5 日至 2010 年 12 月 4 日，贵州省地矿局——三地质大队开展了勘查，工作程度为勘探，勘查资金 1189.89 万元。

（2）成果简述

各可采煤层总资源量为 1.42 亿吨，其中，（331+332）资源量 0.60 亿吨，（333）资源量 0.81 亿吨。主要可采煤层(M1、M4、M5、M7、M27、M28、M31、M32)在首采区的总资源量为 0.77 亿吨，其中，（331+332）资源量 0.48 亿吨，（333）资源量 0.29 亿吨。满足《煤、泥炭勘查规范（DZ/T0215－2002）》中对勘探阶段的要求。未通过储量评审认定。

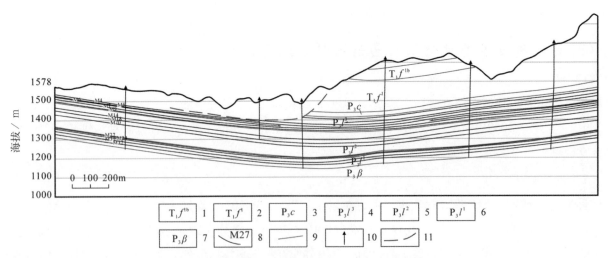

贵州省纳雍县兴源煤矿 3-3'勘探线剖面图

1—三叠系下统飞仙关组第一段标志层；2—三叠系下统飞仙关组第一段；3—二叠系上统长兴组；4—二叠系上统龙潭组第三段；5—二叠系上统龙潭组第二段；6—二叠系上统龙潭组第一段；7—二叠系上统峨眉山玄武岩组；8—煤层线及煤层编号；9—地质界线；10—钻孔；11—古滑坡界线

166.云南省昭通市煤炭资源调查评价

（1）概况

勘查区位于云南省昭通市东北部。中国煤炭地质总局航测遥感局开展了勘查，工作程度为调查评价，勘查资金190万元。

（2）成果简述

通过对含煤远景区各主要煤层的对比分析，初步掌握了主要煤层（C1、C3、C5）的层位、结构、厚度、稳定性及其分布状况。对主要可采煤层进行了煤样采集与测试，初步确定了各主要可采煤层的煤质和煤类。C1煤层为中灰、低硫、中磷特高热值无烟煤三号；C3煤层为中灰、特低硫、特低磷特高热值贫煤；C5煤层为中灰、特低硫－中硫、低磷特高热值贫煤－无烟煤三号。通过对庙坝、洛旺及兴隆远景区各主要可采煤层（C3、C5）资源量的估算，（333+334）资源量9.75亿吨。其中，（333）资源量0.81亿吨，（334）资源量8.94亿吨。

167.云南省富源县补木煤矿区二矿段勘探

（1）概况

补木煤矿区二矿段位于富源县城190°方位、直线距离25千米处，公路里程40千米，行政区划属富源县墨红镇、营上镇。煤矿区南北平均长约7.80千米，东西平均宽约1.60千米，面积13.52平方千米。煤矿区属亚热带高原季风气候，冬季寒冷，春、夏、秋三季变化不明显。年平均气温15℃，寒冷期常出现霜、雪或凌冻。年平均降雨量1093.7毫米。村落较稀疏，居民以汉族为主，次为彝族。

2007年8月至2008年3月，云南省煤田地质局开展了勘查，工作程度为勘探，勘查资金2516万元。

（2）成果简述

对煤矿区范围内的地层、构造、煤层、煤质进行了详细研究，矿区构造属中等类型。含煤地层为长兴组、龙潭组，含煤地层总厚214.33～278.55米，平均厚度256.44米，以龙潭组第一、二段地层含煤性为佳。含煤28～46层，一般35层，含煤总厚20.23～35.54米，平均总厚30.22米，平均含煤系数为11.78%；含可采煤层13～18层，一般15层，可采煤层总厚16.92～23.15米，平均19.57米，占煤层平均总厚度的64.75%，平均可采含煤系数7.63%。煤层总体属较稳定型煤层。煤类以焦煤为主，属特低－高灰、特低－高硫、特低－低磷、低－特高热值的焦煤。煤的工业利用方向主要用作炼焦用煤或配煤和部分动力用煤。可选性等级属易选－极难选煤。全区共估算15层可采煤层的资源量，共查明（331+332+333）资源量（包含全硫＞3%）3.25亿吨。其中（331）资源量0.44亿吨，（332）资源量1.48亿吨，（333）资源量1.33亿吨。估算（334）资源量0.04亿吨。已通过评审备案。

（3）成果取得的简要过程

2007年8月进驻野外施工现场，开展地面、生产矿井及老窑调查工作，施工钻探作业，2008年2月底全面完成野外施工任务，2008年3月底按业主方的要求，完成《云南省富源县补木煤矿区二矿段勘探报告》的编制工作。累计完成主要工作量：地质及水、工、环地质填图13.52平方千米，先后施工钻孔28个，总进尺20814.41米，测井20670.24米，抽水实验5层次，采样1093件（组）。

168.云南省富源县和贵州省盘县交界富村—乐民勘查区煤炭资源勘查

（1）概况

勘查区位于云南省富源县和贵州省盘县交界地区，分属富源县富村镇和盘县乐民镇管辖，面积46.97

平方千米，其中乐民镇33.24平方千米，富村镇13.73平方千米。

勘查工作分普查和详查两阶段进行，勘查矿种为煤矿。2009年5月至12月，广西煤炭地质一五〇勘探队开展了普查，勘查资金985万元；2010年1月至2010年12月开展了详查，勘查资金2051万元，普查与详查合计投资3036万元。

（2）成果简述

东区含全区或大部可采煤层11层，西区2层，煤类以焦煤为主兼有1/3焦煤和肥煤，煤质变化不大，属较稳定型煤层。属于中型矿区的焦煤矿床。矿区水文地质类型属二类二型，工程地质属层状岩类为主的中等偏复杂类型，环境地质条件属中等。全区各可采煤层均为中灰煤，均为中等挥发分煤。勘查区东区中部兴济煤矿采取M17煤进行洗精煤大样试验，可选性等级为易选。本次工作对区内M9、M12、M17、M18煤层进行了简易筛分试验，M12、M18可选性等级为中等可选，M9、M17可选性等级为易选。本次工作共查明煤炭资源总量3.63亿吨，其中，（332）资源量0.87亿吨，（333）资源量2.49亿吨，（334）资源量0.27亿吨。以煤类统计，焦煤2.29亿吨，1/3焦煤0.84亿吨，肥煤0.50亿吨。

169. 云南省镇雄县锅厂勘查区详查

（1）概况

勘查区位于镇雄县城约240°方向、直线距离16千米左右处，属镇雄县坪上乡、场坝镇和以古镇管辖。在地质构造上，勘查区位于簸箕湾向斜的东段中部。勘查区中心距离县城里程约40千米，仅有乡村公路通往镇雄县城。如以镇雄为起点，距省城昆明市638千米，距贵州省贵阳市366千米，距重庆市545千米，距四川省成都市658千米，勘查区往西经彝良县洛泽河至内昆铁路昭通站约230千米，尚无国道和高速公路通过，交通不便。勘查区内气候属亚热带季风气候，全年气温较低。风向以西北风为主，东南风次之，平均风速2.1米/秒。年降雨量平均为855.5毫米，年蒸发量平均为1154.7毫米。

2009年6月至12月开展了勘查，工作程度为详查，勘查资金3006万元。探矿权面积87.47平方千米。

（2）成果简述

本次勘查发现区内有C1、Cb5、Ca6三层煤可采，其中C1煤层厚0.93～2.29米，平均1.53米。Cb5煤层厚0.99～4.17米，平均2.20米。Ca6煤层厚0.31～3.86米，平均1.81米。此三层煤在区内均属较稳定煤层，为03号无烟煤。经过对C1、Cb5、Ca6三层煤进行资源储量估算，共查明煤炭（331+332+333）资源量2.85亿吨。储量还未评审。

（3）成果取得的简要过程

2009年6月初进场施工，施工中坚持由表及里、由浅入深的原则，即先施工浅部钻孔，再施工深部钻孔。同时克服了战线长、钻机分散、地面施工条件恶劣及工程涉农协调难度大等诸多困难，至2009年12月中旬，竣工钻孔33个，完成钻尺21249.12米，1:10000地质及水文地质修测147平方千米，采集各类样品665件。

170. 云南省富源县大河煤矿区富煤二矿勘探

（1）概况

井田位于云南省富源县城180°方位、距富源县城直线距离约20千米处。地处富源县营上镇境内，交通方便。矿区属低山区，地形切割较强烈，沟谷发育，一般海拔1800～2000米，相对高差200米。属亚热带高原季风气候，年平均气温15℃，年平均降雨量1093.7毫米，年蒸发量1677～2238毫米，主导风向为西南风，最大风力7级。居民以汉族为主，次为彝族，主要从事农业生产。

2008 年 5 月至 2009 年 9 月，云南省煤田地质局开展了勘查，勘查矿种为煤矿，工作程度为勘探，勘查资金 5089 万元（普查－详查－勘探 2699.1 万元）。

（2）成果简述

富煤二矿位于恩洪复向斜内格宗向斜的轴部及东西两翼，轴向总体呈南北向展布，地层倾角 5°～24°，构造复杂程度属中等类型。含煤地层为上二叠统长兴组和龙潭组（P_2c+P_2l），厚约 246 米；含煤 33～54 层，含可采煤层 10 层（其中 2 层全区可采，5 层大部可采，3 层局部可采）。煤层属较稳定型。煤质为中－中高灰、特低－中高硫、中－中高热值，有害成分砷、磷、氟含量特低。煤类为肥煤（FM）及焦煤（JM）。估算的各类资源量总计 2.85 亿吨，其中（333）及以上类别 2.26 亿吨，（334）资源量 0.59 亿吨。

（3）成果取得的简要过程

富煤二矿属大河煤矿区总体规划中第二个煤矿，受业主委托，云南省煤田地质局安排其下属云南省煤炭地质勘查院对富煤二矿进行勘探。项目部于 2008 年 5 月进入矿区实施勘探工作，勘探过程中严格按照设计及勘探规范要求进行，于 2009 年 9 月底按期编制完成了报告送审稿。经国土资源部储量评审中心评审后，目前报告正在修改中。

171. 云南省罗平县松山煤矿勘探

（1）概况

松山煤矿位于罗平县老厂乡境内，属云南东源罗平煤业有限公司所有的老厂、盛源、盈源三个探矿证范围内，面积 15.33 平方千米。

曲靖霞光地质工程有限责任公司开展了勘查，工作程度为勘探，勘查资金 3169.78 万元。

（2）成果简述

查明了含煤地层为上二叠统龙潭组和长兴组，含可采煤层四层（C3、C9、C16、C18），总厚平均 9.71 米，C3 煤层属较稳定型，C9、C16、C18 属稳定型，煤层煤为中灰、低挥发分、特低硫、低磷分、一级含砷、中热值至高热值的炼焦用煤、瘦煤（SM14、13）－贫瘦煤（PS12）；井田为一向南东倾斜的单斜构造，地层倾角 20°～40°，落差大于 50 米断层 16 条，隐伏断层 11 条，构造复杂程度为中等偏复杂类；水文地质条件简单类型，工程、环境地质条件中等，属高瓦斯矿井，有煤尘爆炸危险性，自燃倾向性为不易自燃至容易自燃之间。松山煤矿共查明（331+332+333+334）资源量 1.71 亿吨，其中，（331+332+333）资源量 1.22 亿吨，（334）资源量 0.49 亿吨。先期开采地段煤炭（331+332+333）资源量 0.42 亿吨。

（3）成果取得的简要过程

通过 1：5000 地质和水文地质填图，施工钻孔 19211.04 米 /27 孔（含煤层气测试孔 1 个）。抽水 6 层次，采集各类试样 323 件。

172. 云南省富源县桃树坪煤矿勘探

（1）概况

勘查区位于原大坪普查区西部，北起凡力弓村北，南止十七亩村，东自下幕河田羊场口煤矿二号井矿界，西至火石梁茅口灰岩，南北走向长 3.68 千米，平均宽 2.27 千米，矿权面积 8.34 平方千米。

云南铭立隆地质矿业有限公司开展了勘查，工作程度为勘探，勘查资金 1512 万元。

（2）成果简述

通过对勘探区各种煤质成果的综合研究，确定本区煤质的基本特征为：中至高灰、特低至高硫、特低至低磷、中高热值、强粘结性、高熔灰、易结渣焦煤。确定了勘探区的水文地质类型为以弱裂隙含水层充水为主的简单偏中等类型。评价了勘探区地质环境质量为中等。本次勘探共查明各级资源量1.66亿吨，其中（331）资源量0.59亿吨，（332）资源量0.32亿吨，（333）资源量0.75亿吨。

（3）成果取得的简要过程

勘探工作是在2005年勘查工作的基础上进行的，从2008年开始，至2009年结束，同年向国土资源厅提交了评审报告并通过了评审。勘探阶段全区新施工钻孔16个，总进尺10213.03米，硐探393.4米，完成1:5000地质、水文填图修测10平方千米，采集各种样品共计986件。

173. 陕西省府谷县古城勘查区煤炭详查

（1）概况

勘查区位于府谷县北部，行政区划隶属府谷县古城镇管辖。地理坐标为东经110°55′33″～111°07′00″，北纬39°25′30″～39°33′37″，勘查区面积125.45平方千米。本区属暖温带大陆性季风气候。春季多风，夏季炎热，秋季雨多，冬季寒冷。日最高气温达38.9℃（8月），最低气温-29.7℃（元月），年平均气温9.1℃。

陕西省地质矿产资源勘查开发局西安地质矿产资源勘查院开展了勘查，工作程度为详查，勘查资金2131万元。

（2）成果简述

勘查区含煤地层为二叠系山西组和石炭系太原组，含可采煤3层，平均厚度分别为9.50米、16.30米、1.37米，4、8号主采煤属中灰、高挥发分、低-中硫、低磷、富油、中-高热值的低变质阶段烟煤，煤类以气煤为主，次为长焰煤、少量弱粘煤和不粘煤等。水文地质、工程地质及其他技术开采条件均较简单。查明煤炭总资源储量55.55亿吨（勘查许可证范围内40.75亿吨，证外省（区）界内范围内14.80亿吨），其中（332）资源量9.55亿吨，（333）资源量23.21亿吨，（334）资源量22.79亿吨。全硫含量大于3%的总资源储量1.0876亿吨（勘查许可证范围内1.01亿吨，证外省（区）界内范围内0.07万吨），其中（333）资源量0.91亿吨，（334）资源量0.18亿吨。

（3）成果取得的简要过程

该项目自2009年3月初开始野外作业，2009年8月初全面完成了各项外业生产任务。主要工作人员唐春鹏、刘剑、王天佑、杨金刚。8月上旬转入室内资料整理和报告编写，9月初完成了报告送审稿的编制。

174. 陕西省靖边县红墩界地区煤炭资源普查

（1）概况

勘查区地处毛乌素沙漠东南缘与陕北黄土高原接壤地带，地表基本被第四系松散沉积物所覆盖，较大沟谷中基岩零星出露。本区属温带大陆性季风半干旱草原气候区。天气多变，春季多风沙，夏季较炎热，秋季多暴雨，冬季长而严寒。勘查区面积265.55平方千米。

2009年3月至7月底开展了勘查，工作程度为普查，勘查资金2050万元。

（2）成果简述

普查主要实物工作量：1:25000四项地质填图290平方千米；机械岩心钻探22个孔，18177米。本区的煤属低灰、中-中高硫、特低磷、较低软化温度灰、富油、低变质阶段的长焰煤，适宜作动力、发电及化工用煤。勘查区可采煤共查明（333+334）资源量25.09亿吨，其中（334）资源量8.82亿吨。

175. 陕西省黄陇侏罗纪煤田麟游北部煤炭资源详查

（1）概况

勘查区域行政区划属陕西省宝鸡市麟游县管辖，勘查区面积为210平方千米。

陕西省煤田地质局一八六队开展了勘查，工作程度为详查，勘查资金2100万元，勘查成果归属陕西省煤田地质局。

（2）成果简述

煤类属不粘煤31号（BN31）。原煤水分（Mad）含量3.76%～11.37%，低中灰、特低硫、高热值煤。勘查区查明（332+333+334）资源量总计13.68亿吨，其中（332+333）资源量8.42亿吨。

176. 陕西省靖边县海则滩地区煤炭资源普查

（1）概况

勘查区地处毛乌素沙漠东南缘与陕北黄土高原接壤地带，地表基本被第四系松散沉积物所覆盖。本区属温带大陆性季风半干旱草原气候区。天气多变，春季多风沙，夏季较炎热，秋季多暴雨，冬季长而严寒。年平均气温7.8℃，日极端气温38.6℃～－29.7℃。勘查区面积200.11平方千米。

2009年3月至7月底，西安地勘院开展了勘查，工作程度为普查，勘查资金1760万元。

（2）成果简述

普查主要实物工作量：1：25000地质填图220平方千米；机械岩心钻探18个孔，14704米。勘查区东西长约20千米，南北宽约10.8千米，面积约200.11平方千米。本区的煤属低灰、中－中高硫、特低磷、较低软化温度灰、富油、低变质阶段的长焰煤，适宜作动力、发电及化工用煤。勘查区2层可采煤共查明（333+334）资源量9.77亿吨，其中（333）资源量4.24亿吨。

177. 陕西省黄陇侏罗纪煤田北湾—太阳寺井田勘探

（1）概况

勘查区域行政区划属陕西省宝鸡市麟游县及咸阳市彬县管辖。勘查区面积88.74平方千米。

陕西省煤田地质局一八六队开展了勘查，工作程度为勘探，勘查资金1700万元。

（2）成果简述

煤层最小埋深314.42米，最大埋深777.03米，埋深适中，底板标高最低626.10米，最高970.00米，平均煤厚16.89米，结构较简单，为较稳定煤层，属低灰、特低硫、低磷、富油、中高挥发分、中等软化温度灰、高热值不粘煤31号（BN31）。在勘查范围符合工业指标的总资源量4.53亿吨。

178. 陕西省黄陇侏罗纪煤田天堂勘查区煤炭普查

（1）概况

天堂勘查区位于陕西省麟游县西北部，东西长约21千米，南北宽约6.5千米，面积94.96平方千米。天堂勘查区属陇东黄土高原南部边缘地带，南高北低，属沟壑梁峁相间复杂的地貌类型，为温带半湿－湿润季风气候区。

2008年9月至2009年12月，陕西天地地质有限责任公司和陕西省煤田地质局勘察研究院物探测量队开展了勘查，工作程度为普查，勘查资金800.55万元。

（2）成果简述

勘查区煤类为不粘煤（BN31），属低－中灰、中高挥发分、低硫、低磷、特低氯、中－高热值、中－中高热稳定性、不具粘结性、化学反应性较强、弱结渣、中等－较高软化温度的含油－富油煤，是良好的动力、工业及气化用煤。勘查区内共查明各可采煤层资源量合计3.30亿吨，其中（333）资源量为1.46亿吨，（334）资源量为1.84亿吨。

179. 陕西省陕北侏罗纪煤田庙哈孤矿区安山井田勘探

（1）概况

该项目是陕西涌鑫矿业有限责任公司委托陕西省核工业地质调查院进行的煤炭勘探项目。工作区位于府谷县城西北15千米处，行政区划隶属府谷县庙沟门镇管辖，面积55.46平方千米。工作程度为勘探。

（2）成果简述

本区煤炭资源储量丰富，区内煤质属特低灰－低灰、特低硫、富油、高热值的不粘煤（BN31），易于选冶，化学反应性好，是良好的动力、气化、液化、工业炉窑燃料和化工用煤。

各煤层煤炭（不粘煤）资源总量共计2.18亿吨。其中（331）资源量0.37亿吨，（332）资源量0.35亿吨、（333）资源量1.46亿吨。

180. 甘肃省宁县中部煤炭资源普查

（1）概况

勘查区位于西峰市东南直线距离约42千米处，宁县县城位于本区中部偏西，面积535.7平方千米。

工作程度为普查，勘查资金6014万元。资金来源有省发改委项目前期工作费、省级矿产资源补偿费、省电力投资有限公司和甘肃煤田地质局。

（2）成果简述

区内含煤地层为中侏罗统延安组，平均厚度为66.27米。延安组含煤1～14层，煤层总厚0.85～27.99米，平均总厚度为11.56米，含煤系数19.43%。对煤2、煤5、煤8层主采煤层进行资源量估算，估算推断的和预测的资源量37.23亿吨，其中，（333）资源量11.45亿吨，（334）资源量25.78亿吨。

181. 甘肃省环县沙井子中部煤矿普查

（1）概况

普查区位于甘肃省环县西部，南北长约32千米，东西宽约12千米，面积为386.56平方千米。工作程度为普查，勘查资金1600万元，成果归属西安天竣能源投资管理有限公司。

（2）成果简述

勘查区共查明（333+334）资源量16.48亿吨。其中，（333）资源量为6.05亿吨，（334）资源量为10.43亿吨。《甘肃省环县沙井子中部煤矿普查报告》经甘肃省国土资源厅评审通过，报送的矿产资源储量评审材料符合备案要求，同意予以备案。

182. 甘肃省环县沙井子西部煤炭普查

（1）概况

普查区位于甘肃省环县西南部，南北长约25千米，东西宽约4.1千米，面积为102.55平方千米。

勘查矿种为煤炭，工作程度为普查，勘查资金 2432 万元，资金来源为省级矿产资源补偿费投入 410 万元，甘肃省地勘基金中心投入 1852 万元，甘肃煤田地质局一四六队自筹 170 万元。成果归属甘肃省人民政府。

（2）成果简述

勘查区共查明（333+334）资源量 14.59 亿吨。其中，（333）资源量 5.00 亿吨，（334）资源量 9.60 亿吨。《甘肃省环县沙井子西部煤炭普查报告》已编制完成，于 2010 年 3 月提交甘肃省基金中心待审。

183. 甘肃省宁县南部煤炭资源普查

（1）概况

普查区位于宁县南部，行政区划隶属于宁县新庄镇和中村乡。勘查区距正宁县城约 40 千米，距宁县县城约 15 千米，经宁县距西峰市 110 千米，南距长武县城约 10 千米，面积约 235 平方千米。

工作程度为普查，共计投入勘查资金 1770 万元，成果归属甘肃煤炭地质勘查院。

（2）成果简述

勘查区总体构造形态为大致向北西方向平缓倾斜的单斜，勘查区尚未发现断层，构造复杂程度属中等偏简单，区内可采煤层（333+334）资源量 12.93 亿吨，其中，（333）资源量 4.73 亿吨，（334）资源量 8.19 亿吨。《甘肃省宁县南部煤炭资源普查报告》经甘肃省国土资源厅矿产资源储量评审中心评审通过，报送的矿产资源储量评审材料符合厅规定的备案要求，同意予以备案。

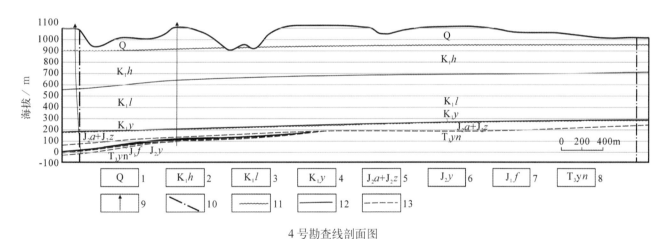

4 号勘查线剖面图

1—第四系；2—下白垩统环河华池组；3—下白垩统洛河组；4—下白垩统宜君组；5—中侏罗统安定组和直罗组；6—中侏罗统延安组；7—下侏罗统富县组；8—上三叠统延长组；9—钻孔；10—矿权边界；11—地层不整合线；12—地层界线；13—地层假整合线

184. 甘肃省肃北县吐鲁—红沙梁井田煤炭勘探

（1）概况

勘查区位于玉门市（原玉门镇）北偏西直线距离 150 千米处，在行政区划上隶属酒泉市肃北蒙古族自治县马鬃山镇管辖。

工作程度为勘探。武威林峰矿业有限公司进行了投资，勘探阶段共投入资金 2630 万元，成果归属于武威林峰矿业有限公司。

（2）成果简述

勘查区为一西倾单斜，走向南北长约 11 千米，东西宽约 6.91 千米，含煤面积 43.61 平方千米。除北部局部地段为褐煤外，其余大部地段均为长焰煤。综合判定该区煤 1 层为中硫、高灰、高挥发分、低热值褐煤和长焰煤。勘探工作共查明煤炭资源量 3.37 亿吨，其中（331）资源量 1.14 亿吨，（332）资源量 0.88 亿吨，（333）资源量 1.35 亿吨。《甘肃省肃北县吐鲁—红沙梁井田煤炭勘探报告》已经国土资源部评审中心评审通过，现等待备案。

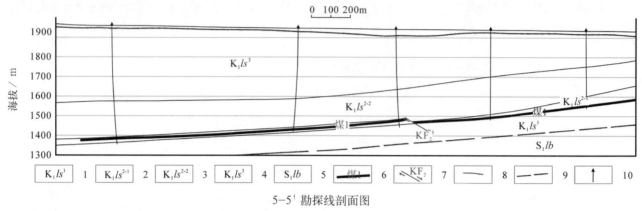

0　100　200m

5-5' 勘探线剖面图

1—白垩系下统老树窝群下段；2—白垩系下统老树窝群中段下层；3—白垩系下统老树窝群中段上层；4—白垩系下统老树窝群上段；5—志留系下统勒巴泉群；
6—煤层及编号；7—断层及其编号；8—地层界线；9—推测地质界线；10—钻孔位置

185. 青海省木里煤田弧山矿区详查

（1）概况

勘查区位于天峻县木里乡大通河上游北岸，属天峻县管辖。面积为 29.34 平方千米。距西宁 462 千米，交通较为方便。矿区属典型的高原大陆性气候。经济欠发达，人烟稀少，经济文化非常落后，所需生产、生活物资全靠天峻县城供给。

2005 年 4 月至 2007 年 12 月，青海省地质调查院开展了勘查，工作程度为详查，勘查资金 749.5 万元。

（2）成果简述

主要技术指标：含煤地层呈一走向 330°的不对称向斜。可采煤层共有 12 层，属腐植煤。全区共有 7 个煤类，均属较好的炼焦配煤和工业、民用燃料。煤层可选性主要为中等可选－易选。查明资源/储量及类型：（122b+333+334）煤炭资源储量 3.165 亿吨，储量已评审。

（3）成果取得的简要过程

本次工作是在前人普查工作基础上开展的，详查工作自 2005 年 4 月至 2007 年 7 月 30 日，历时 2 年半。矿区附近原煤坑口价为 230 元/吨（含税），查明资源储量潜在价值可达 200 亿元。矿区先期按建一个 90 万吨和一个 30 万吨的矿井计算，投产后生产期平均销售收入为 26833.33 万元（不含税）。年均税后利润为 7435.42 万元。具有较好的社会经济效益。弧山矿区详查成果的取得，为该区整体规划的顺利实施提供了资源/储量保证，并为铁路的运营提供了运力保证。

186. 青海省天峻县聚乎更煤矿区四井田勘探

（1）概况

勘查区位于天峻县木里乡大通河上游北岸，属天峻县管辖。距天峻县 143 千米，距西宁市 300 千米，交通较方便。该区属于典型的高原大陆性气候。经济欠发达，人烟稀少，经济文化非常落后，所需生产、生活物资全靠天峻县城供给。

2004 年 4 月至 2008 年 12 月，青海省煤炭勘查院开展了勘查，工作程度为详查－勘探，勘查资金

1753.3 万元，其中详查 645 万元，勘探 1108.3 万元。

（2）成果简述

矿床类型为沉积矿床。空间规模为不对称的向斜构造。煤类主要为焦煤、贫瘦煤，属炼焦用煤。共查明（331+332+333）煤炭资源量 2.35 亿吨。储量已评审。

（3）成果取得的简要过程

四井田以往工作程度很低。经详查工作，矿区东北角增加含煤地层 1.5 平方千米，增加了煤炭资源/储量。通过勘探工作，估计煤炭资源/储量可增加 0.1 亿吨以上。

187. 青海省天峻县哆嗦公马地区煤炭普查

（1）概况

青海省木里煤田哆嗦公马普查区位于青海省海西州天峻县木里乡境内，距天峻县 150 千米。

2004 年 4 月至 2009 年 12 月开展了勘查，工作程度为普查，2006 年国家资源补偿费投入 210 万元，2007 年以后改由青海煤炭地质局投资，完成钻探工作量 7729.61 米（18 个孔）。

（2）成果简述

勘查区东接聚乎更煤矿区的四井田，西至哆嗦公马断层，南以侏罗系含煤地层及 F1 断层南侧为界，北至推测的 F3 断层为界，东西长约 13 千米，南北平均宽约 2.3 千米，面积约 30 平方千米。普查区总体构造形态为单斜构造，西至哆嗦公马断层，南以侏罗系含煤地层及 F1 断层南侧为界，北至推测的 F3 断层为界，主要含煤地层为侏罗系中统木里组的下含煤段，共含主要可采煤层三层（下 1、下中、下 2）。均属低灰，中、高挥发分，特低硫、低磷，弱－强粘结性，特高热值煤。本次普查工作共查明各类资源量 2.10 亿吨，其中（333）资源量 0.57 亿吨，（334）资源量 1.52 亿吨。

188. 青海省鱼卡煤田西部滩间山地区煤炭资源调查

（1）项目概况

青海煤炭地质勘查院开展了勘查，勘查矿种为煤矿，工作程度为调查评价，勘查资金 230 万元。

（2）成果简述

钻探验证本区煤为黑色，半亮－光亮型，条带状－贝壳状断口，局部夹镜煤条带，煤质较好，该验证孔的见煤，证明了滩间山地区的含煤地层深部有可采煤层存在。通过 2006 年至 2007 年的工作，在调查区范围内取得了煤层参数，估算出煤炭（333+334）资源量 1.43 亿吨。

189. 宁夏回族自治区银川市红墩子矿区煤炭资源勘查

（1）概况

红墩子矿区位于宁夏银川市，隶属兴庆区管辖，南北长约 30 千米，东西宽约 7 千米，面积约 200 平方千米。

宁夏回族自治区煤田地质局（宁夏煤炭勘查工程公司）开展了勘查，勘查矿种为煤矿，工作程度为详查－勘探，勘查资金 15386 万元（其中地勘基金投入 4021 万元）。已将资源配置给中电投宁夏青铜峡能源铝业集团有限责任公司、宁夏宝丰能源集团有限公司。

（2）成果简述

红墩子矿区构造复杂程度类型为简单构造。矿区含煤地层为石炭二叠系太原组及二叠系山西组，共含编号煤层 11 层，其中可采煤层为 2、4、5、8、9-1、9、10 煤，平均总厚 14.61 米。本区煤为中等变质的气煤、1/2 中粘煤，具有水分低、中高－高挥发分、中灰－高灰、低－高硫、低磷、特低氯的特点，以中热值煤为主，煤灰熔点较高，耐磨性好。原煤经浮选可用炼焦配煤、气化原料或燃料等用煤。报告已评审备案。矿区估算煤炭资源储量 19.86 亿吨，其中，（331）资源量为 0.64 亿吨，（332）资源量为 1.82 亿吨，（333）资源量为 10.76 亿吨，（334）资源量为 6.64 亿吨。另有高硫煤 4.65 亿吨，氧化煤 0.47 亿吨。矿区煤炭资源（包括正常煤、高硫煤及氧化煤）总量为 24.96 亿吨。

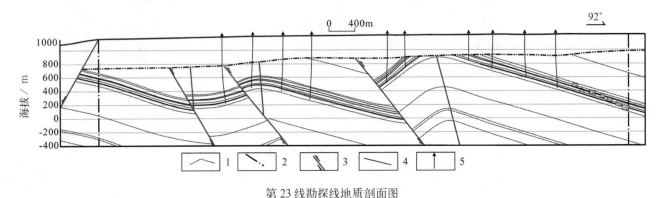

第 23 线勘探线地质剖面图

1—地层界线；2—不整合面；3—断层；4—煤层；5—钻孔

190. 宁夏回族自治区彭阳县草庙地区煤炭普查

（1）概况

普查区位于宁夏彭阳县草庙地区，西距宁夏固原市 40 千米，西南距彭阳县约 21 千米。行政区划属彭阳县管辖。东西宽 7.5 千米，南北长 30.0 千米，面积约 185.0 平方千米。

宁夏地质调查院开展了勘查，勘查矿种为煤矿，工作程度为普查。勘查资金 3800 万元。

（2）成果简述

肉眼观察本区煤的宏观煤岩成分，以暗煤为主，亮煤次之，夹镜煤条带和丝炭薄层。宏观煤岩类型为半暗煤和半亮煤。煤中镜质组和惰质组之和占有机组分的 98% 左右，依据 GB/T15589 - 1995 标准分类，显微煤岩类型为微镜惰煤。各可采煤层原煤灰分（Ad）产率为 9.96% ～ 13.45%，本区煤属特低灰－中灰煤，以特低灰煤和低灰煤为主。根据煤心可选性试验结果对煤的可选性进行评价。勘查区煤当浮煤灰分确定为 < 7.00% 时，浮煤产率可达 90% 以上，煤的可选性为易选，选煤过程中煤中矸石不易泥化。普查报告经宁夏矿产资源储量评审中心认定，已在宁夏国土资源厅备案。共查明煤炭（333+334）资源量 21.85 亿吨，其中（333）资源量为 6.76 亿吨。长焰煤（CY）（333+334）资源量 1.35 亿吨，不粘煤（BN）资源量总量 20.50 亿吨。

191. 宁夏回族自治区灵武市甜水河勘查区煤炭资源普查—勘探

（1）概况

甜水河煤炭资源勘查区位于宁夏灵武市临河镇，距灵武市区约 13 千米。矿区分普查区和勘探区。普查区面积 63.83 平方千米；勘探区面积 29.74 平方千米。

宁夏国土资源调查监测院开展了普查，宁夏矿产地质调查院开展了勘探，勘查矿种为煤炭，工作程度为勘探，勘查资金 5543 万元（其中普查 1434 万元）。

（2）成果简述

勘查区含煤地层为二叠系下统山西组、石炭系上统－二叠系下统太原组，确定勘查区构造为宽缓的褶皱构造和6条逆断层及两条边界断层，构造复杂程度属中等构造类型。勘查区内可采煤层5层，以中厚煤层为主，煤层产状沿走向、倾向均有一定变化，结构为简单－极复杂；煤质变化中等，以中灰、低至中硫煤为主，煤类为1/3焦煤，部分为气煤，煤层稳定程度应属较稳定类型。勘查区内水文地质条件简单，瓦斯含量低。普查报告经宁夏矿产资源储量评审中心认定，已在宁夏国土资源厅备案。共查明煤炭资源量6.27亿吨，其中（333）资源量3.54亿吨，（334）资源量2.73亿吨。

192. 宁夏回族自治区固原市原州区炭山外围煤炭资源普查

（1）概况

普查区位于宁夏固原市东北约85千米，行政区划属固原市原州区管辖，面积53.40平方千米。

宁夏矿产地质调查院开展了勘查，勘查矿种为煤矿，工作程度为普查。勘查资金为2897.92万元。

（2）成果简述

勘查区共有8层煤，各煤层变质程度较低，绝大部分为长焰煤，少数为不粘煤。矿区煤的颜色为黑色、褐黑色，条痕褐黑色。层面及裂隙中均有大量黄铁矿薄膜。原煤水分(Mad)含量变化平均值在3.71%～6.06%之间，浮煤水分（Mad）含量变化平均值在2.54%～3.23%之间。勘查区内十五、十七、十九、二十三煤层为低中灰煤，十四、十六、十八、二十一煤层为中灰分煤。从勘查区内各煤层挥发分分析结果看，原煤平均挥发分均在37%以上；浮煤挥发分含量除十六、十九煤层低于37%外，其余煤层均在37%以上，属于中、高挥发分煤。勘查区内十八、二十三煤层为特低硫煤，十五煤层为低中硫煤，其余煤层均为低硫分煤。硫酸盐硫与硫铁矿硫属于无机硫，脱出较容易，经浮选其含量大幅度降低，但有机硫属于煤的有机组成，分布均匀，因此用浮选法很难将其脱除。普查报告经宁夏矿产资源储量评审中心认定，已在宁夏国土资源厅备案。勘查区范围内资源储量共计3.79亿吨。其中，（333）资源量为1.27亿吨，（334）资源量为2.52亿吨。

193. 宁夏回族自治区盐池县四股泉勘查区煤炭普查—勘探

（1）概况

勘查区位于宁夏吴忠市东南部，行政区划属盐池县惠安堡镇管辖，面积约24.12平方千米。

宁夏国土资源调查监测院开展了勘查，勘查矿种为煤矿，工作程度为勘探。勘查资金2754.63万元（普查—勘探）。

（2）成果简述

勘查区含煤地层主要为石炭－二叠系太原组，其次为二叠系山西组；共含煤41层，编号者16层，平均总厚度36.86米，含煤系数12.11%；煤的工业牌号以1/3焦煤为主，见少量的肥煤、气肥煤、气煤，可作炼焦配煤；主要煤层顶板稳定性一般，煤层瓦斯含量上部低，下部较高，各煤层煤尘一般不具爆炸性。主要煤层为不易自燃煤层，孔底温度为29.1℃，属地温正常区，水文地质条件简单，确定勘查类型为构造中等、煤层较稳定类型。普查报告经宁夏矿产资源储量评审中心认定，已在宁夏国土资源厅备案。共获煤炭资源总量2.06亿吨，其中（333）资源量为0.72亿吨，（334）资源量为1.35亿吨。勘探报告经过了资源储量评审认定，共获得煤炭资源量为2.02亿吨，其中（331）资源量0.18亿吨，（332）资源量0.38亿吨。

194. 宁夏回族自治区平罗县三眼井煤炭普查

（1）概况

普查位于宁夏平罗县红崖子乡东部，行政区划属平罗县红崖子乡管辖，勘查区面积 14.69 平方千米。宁夏矿业开发公司开展了勘查，勘查矿种为煤炭，工作程度为勘探。勘查资金 697 万元。

（2）成果简述

查明勘查区含煤地层为山西组、太原组。太原组的九、十、十一、十二煤为气煤、气肥煤、1/3 焦煤，煤的水分（Mad）为 0.46%～1.37%，灰分（Ad）为 7.94%～42.00%，平均 20.39%，全硫（Std）为 0.97%～8.07%，平均 3.22%，原煤挥发分（Vdaf）33.12%～44.99%，平均 39.24%，发热量 Qgr.d（MJ/kg）为 17.03～31.66，可选性属中等可选，适用于炼焦的配煤，但需作脱硫处理。化学反应性强，热稳定性好，煤中有害元素砷、氯、氟、磷含量为低磷－高磷、低氯、一级含砷煤，适宜于动力用煤、气化用煤。普查报告经宁夏矿产资源储量评审中心认定，已在宁夏国土资源厅备案。查明（333+334）资源量 2.46 亿吨，其中 1/2 中粘煤－弱粘煤资源量为 1.49 亿吨，炼焦用配煤资源量为 0.97 亿吨。另有高硫煤 0.21 亿吨。

195. 新疆维吾尔自治区准东煤田奇台县大井—将军庙煤矿区普查

（1）概况

工区位于奇台县城北 140 千米处，属奇台县管辖，面积为 670.52 平方千米。

勘查单位为新疆地矿局第九地质大队，勘查矿种为煤炭，工作程度为普查。勘查资金 447.86 万元。

（2）成果简述

中侏罗统西山窑组为普查区内主要含煤岩组，区内外预、普查阶段有 21 个钻孔穿透了该组地层，其余钻孔均控制到 B1 煤层底板以下 10～20 米，控制的地层总厚 18.86～174.34 米，平均 94.47 米。依据钻探及地震资料，西山窑组含煤 1～2 层，其中可采煤层 1 层，按与邻近煤矿区煤层对比，命名为 B1 煤层。煤层全层总厚 0.42～96.44 米，平均 46.89 米，纯煤总厚在 1.12～73.91 米，平均 39.84 米，按控制的煤系地层平均厚度 94.47 米计算，含煤系数达 52.29%。普查区 B1 煤层煤种为不粘煤 31 号，即 31BN，是良好的动力用煤，也可作为气化和炼油用煤。普查区内本勘查区共求得 B1 煤层（333）资源量 284.73 亿吨，（334）资源量 50.10 亿吨，总计（333+334）资源量 334.83 亿吨。

196. 新疆维吾尔自治区哈密市—鄯善县沙尔湖煤矿区调查

（1）项目概况

沙尔湖煤矿区地处鄯善县和哈密市交界处，位于鄯善县东南 130 千米，哈密市西偏南 160 千米，属鄯善县和哈密市管辖。矿区距最近居民点七克台镇 104 千米，有简易公路通往北部 312 国道和兰新铁路了墩火车站，交通较为方便。矿区为低山丘陵戈壁地貌，海拔在 500～800 米，最高 961 米，相对高差一般小于 50 米。气候为典型的大陆性气候，夏季酷热，冬季严寒，年、日昼夜温差大，干燥少雨，年降雨量为 6～10 毫米，冷热多变。年平均气温 12℃，最低气温－31℃，最高 50℃，日温差 25℃。区内风季长，风向以北风为主。风沙和寒流是本区常见的自然灾害，多发生在 4～5 月间。2006 年至 2007 年，新疆地质调查院开展了勘查，勘查矿种为煤炭，经费来源于国土资源大调查，勘查资金为 196 万元，完成钻探工作量 973.53 千米。

（2）成果简述

煤矿区位于吐鲁番盆地中段南缘，南邻觉罗塔格复背斜，北依沙尔湖隆起，为近东西向的宽缓向斜。

含煤岩系为中侏罗统西山窑组（J_2x），可见最大厚度为 508.46 米，煤层主要集中在该组下部。矿区含煤 6～43 层，其中可采煤层 4～19 层。单孔见可采煤最大厚度 174.79 米（ZK1）。单煤层最大厚度 145.63 米，可采煤层平均厚度 66.45 米。煤为低硫、低磷煤，属中高热值煤，焦油产率一般 3.5%～6.6%，为含油煤。根据中国煤炭分类标准中各种指标相互衡量，该矿区以长焰煤（CY41）为主。部分煤层为不粘结煤（BN31），局部可见褐煤二号（HM2）。通过中国地质调查局对成果报告评审，以中地调（西）审字〔2009〕15 号文对新增资源量进行了认定。提交（333+334）煤资源量 524.81 亿吨，其中（333）资源量 40.37 亿吨，（334）资源量 484.44 亿吨。新增稀有金属元素镓 68 万吨。

197. 新疆维吾尔自治区准东煤田奇台县南黄草湖煤矿普查

（1）概况

勘查区位于新疆奇台县城东北 80 千米处，隶属奇台县管辖，交通便利。

2007 年 8 月至 2008 年 12 月，新疆地矿局第九地质大队开展了勘查，工作程度为普查。勘查资金 7000 万元。

（2）成果简述

通过普查，确定了勘查区地层层序，初步查明区内西山窑组含煤地层共 33 层，纯煤总厚 57.75 米。控制的可采－局部可采煤层有 10 层，煤以低灰、特低硫、低磷、具有高热值、含油、大多气化指标较好的 31 不粘煤为主，个别煤层局部为 41 长焰煤。完成钻探工作量 102 个孔，共 65393.72 米。通过对 10 层煤进行资源量估算，共查明（332+333+334）不粘煤资源总量 147.32 亿吨。其中，332 资源量 40.43 亿吨，（333）资源量 63.19 亿吨，（334）资源量 43.70 亿吨。该报告未经过评审。

198. 新疆维吾尔自治区准东煤田奇台县西黑山勘查区普查

（1）概况

勘查区位于奇台县城北东 70 千米处，行政区划隶属奇台县管辖，面积约 201.14 平方千米。

新疆地矿局第九地质大队开展了勘查，工作程度为普查，勘查资金 1683.81 万元。

（2）成果简述

西山窑组含煤层 24 层（钻探工程控制 0.30 米以上的煤层或煤线），其中可采煤层 6 层，编号从上至下为 B6、B5、B4、B3、B2、B1，可采煤层平均总厚 45.97 米。其中 B5、B3、B1 煤层为勘查区主要可采煤层。勘查区煤类为不粘煤为主、长焰煤次之。主要用作动力用煤，也可作为气化用煤和化工用煤。勘查区内查明的资源量，（333）资源量 43.21 亿吨，（334）资源量 83.14 亿吨。

199. 新疆维吾尔自治区准东煤田吉木萨尔县芦草沟勘查区详查

（1）概况

勘查区位于吉木萨尔县城 346° 方位约 100 千米处，地处吉木萨尔县辖区。

2008 年 5 月至 2009 年 4 月，新疆地质矿产资源勘查开发局第九地质大队开展了勘查，工作程度为详查，勘查资金 1642.08 万元。

（2）成果简述

区内西山窑组含 0.3 米以上的煤层 7 层，其中可采煤层 3 层，可采厚 34.98 米。煤类不粘煤和长焰煤，主要可作为动力发电用煤、民用煤、化工用煤。通过评审备案的勘查区内查明煤炭资源量总量 75.17 亿吨（不粘煤 60.08 亿吨，长焰煤 15.09 亿吨），其中，（332）资源量 37.78 亿吨（不粘煤 31.46 亿吨，长焰煤 6.32

亿吨），（333）资源量 37.39 亿吨（不粘煤 28.62 亿吨，长焰煤 8.77 亿吨）。（334）资源量 30.04 亿吨（不粘煤 9.31 亿吨，长焰煤 20.72 亿吨）。

200. 新疆维吾尔自治区准东煤田奇台县大井二井田勘探

（1）概况

井田位于奇台县城北 140 千米处，行政区划属奇台县。

2006 年 9 月至 2008 年 9 月，新疆地质矿产资源勘查开发局第九地质大队开展了勘查，工作程度为勘探，勘查资金 2970.61 万元。

（2）成果简述

井田内仅有的一层可采煤层赋存在西山窑组，煤层平均厚 53.59 米。勘查区可采煤层煤类以不粘煤为主，含少量的长焰煤。可作为动力和民用煤，也可作为气化用煤和化工用煤。通过评审备案勘查区查明资源量总量为 103.03 亿吨（均为不粘煤），其中，（331）资源量 20.40 亿吨，（332）资源量 8.10 亿吨，（333）资源量 74.53 亿吨。储量已评审，备案文号为新国土资储备字〔2010〕B06 号。

201. 新疆维吾尔自治区准东煤田奇台县红沙泉煤矿普查

（1）概况

勘查区距奇台县城北东（直线）70 千米处，行政区划属奇台县管辖。2005 年 5 月至 12 月，新疆地矿局第九地质大队开展了勘查，工作程度为普查，勘查资金 913.19 万元。

（2）成果简述

煤层主要产于中侏罗统西山窑组内，有可采煤层 10 层，平均纯煤总厚 55.53 米。煤是低－低中灰、特低硫、低－中磷 31 号不粘煤为主体的煤种，也有少量 41 号长焰煤。具有高热值特点，是良好的工业动力发电、民用煤。勘查区内通过评审备案的总资源量 52.90 亿吨。其中，（333）资源量 20.12 亿吨，（334）资源量 32.78 亿吨（国土资储备字〔2009〕081 号）。

202. 新疆维吾尔自治区准东煤田奇台县将军戈壁勘查区详查

（1）概况

勘查区位于奇台县城北东 90 千米处，行政区划隶属奇台县。

2007 年 8 月至 2008 年 11 月，新疆地质矿产资源勘查开发局第九地质大队开展了勘查，工作程度详查，勘查资金 2045.64 万元。

（2）成果简述

勘查区西山窑组地层中，钻探工程控制该组大于 0.30 米以上的煤层 25 层，纯煤总厚 52.77 米，可采煤层 4 层。西山窑组煤类为不粘煤，个别点为长焰煤。主要用作动力和民用煤，也可作为气化用煤和化工用煤。将军戈壁勘查区内查明资源量总量 88.02 亿吨，其中，（332）资源量 31.65 亿吨，（333）资源量 56.36 亿吨。另有，（334）资源量 2.42 亿吨（不粘煤）。已通过评审备案，备案文号：新国土资储备字〔2010〕B12 号。

203. 新疆维吾尔自治区准东煤田奇台县大井南煤矿详查

（1）概况

勘查区位于奇台县城北 70 千米处，行政区划属奇台县。

2008年9月至2009年6月，新疆地质矿产资源勘查开发局第九地质大队开展了勘查，工作程度为详查，勘查资金4553.22万元。

（2）成果简述

区内西山窑组平均厚89.26米，含煤1～10层，全区可采3层煤，可采厚度28.53米。勘查区内B组煤层以不粘煤为主，长焰煤零星分布，可作为动力用煤、民用煤、气化用煤和化工用煤。通过评审备案勘查区内查明资源总量为66.30亿吨（不粘煤65.81亿吨，长焰煤0.50亿吨），其中，（332）资源量17.88亿吨（均为不粘煤），（333）资源量48.42亿吨（不粘煤47.93亿吨，长焰煤0.50亿吨）。（334）资源量18.92亿吨（不粘煤17.62亿吨，长焰煤1.30亿吨）。另有C1煤层高硫煤（333）资源量0.43亿吨。备案文号：新国土资储备字〔2010〕B17号。

204. 新疆维吾尔自治区准东煤田奇台县大井南东煤矿区普查

（1）概况

勘查区位于奇台县城北70千米处，由奇台县城沿228国道北行110千米到达将军庙，继续北行约20千米到达228国道259千米路碑，向西30千米有简易公路达勘查区，交通十分便利。

2007年，新疆地矿局第九地质大队开展了勘查，工作程度为普查，勘查资金2745万元。

（2）成果简述

全区可采煤层B1厚度0.72～48.80米，平均26.28米。以31号不粘煤为主，夹有41号长焰煤和21号不粘煤。煤层具有特低－中灰分煤、特低硫煤－低硫分煤、特低－高磷、含油－富油、发热量属低热值－高热值煤，易磨－极易磨煤、较低热稳定性煤－中等热稳定性煤等特点。可作为工业动力发电及民用煤，也可作为气化用煤和化工用煤。查明煤炭(333+334)资源量81.6亿吨。其中(333)资源量23.1亿吨，(334)资源量58.5亿吨。

（3）成果取得的简要过程

第九地质大队2007年6月开始进行普查。由于区内大面积第四系覆盖，基岩出露极少，为验证及初步查明本区煤层赋存变化情况，在勘查区先开展2千米×4千米的二维地震控制，在与北部已有地质资料进行综合对比后，先按8千米×8千米网度实施了钻孔控制，见煤情况较好，接着开展2千米×4千米二维地震控制，初步查明构造形态和煤层分布范围及埋深后，于2007年7月初，全面开始以1千米×2千米二维地震和4千米×4千米的钻探工程控制，8月初对西部3～7线南部增加钻孔加密到2千米×2千米网度控制，最终取得很好的勘查效果。

205. 新疆维吾尔自治区准东煤田吉木萨尔县大庆沟勘查区详查

（1）概况

勘查区位于吉木萨尔县城北100千米处，地处吉木萨尔县辖区。

2008年10月至2009年6月，新疆地质矿产资源勘查开发局第九地质大队开展了勘查，工作程度为普查，勘查资金为2343.87万元。

（2）成果简述

西山窑组含煤1～23层，可采煤层4层，55.57米。煤类以不粘煤为主，长焰煤少量，主要可作为动力用煤、民用煤，B煤组煤也可作为气化用煤和化工用煤。勘查区内查明煤炭资源量总量62.04亿吨（均为不粘煤），其中（332）资源量12.68亿吨，（333）资源量49.36亿吨。另有煤炭（334）资源量1.31

亿吨（均为长焰煤）。另有 C1 煤层高硫煤（St,d > 3%）（333）资源量 1.16 亿吨。通过评审备案，备案文号为新国土资储备字〔2010〕B22 号。

206. 新疆维吾尔自治区沙尔湖煤田鄯善县沙西煤矿详查

（1）概况

勘查区位于鄯善县东偏南，直线距离约 104 千米处。由鄯善县经 312 国道至潞安煤矿，均为柏油公路和简易公路，交通方便。矿区地处荒漠戈壁区，夏季炎热，冬季寒冷，气候干燥，降水量极少，蒸发量极大。4 ～ 6 月多风，最高风力可达 8 级以上。

新疆第一地质大队于 2008 年对其所属的勘查区进行预查工作，并于 2009 年在矿区开展详查工作，勘查资金 1907.80 万元。

（2）成果简述

含煤地层为中侏罗统西山窑组。矿区内共见可采煤层 15 层，他们的共同特征是：东西方向相对较稳定，南北方向自北向南除 C8 煤层分布全区外，其他煤层延至矿区中部尖灭。C8 煤层为矿区主煤层，全区可采。他的资源量占全区的 93%，该煤层亦是从北向南变薄，为巨厚煤层，单工程厚度极值为 7.09 ～ 214.29 米，含 0 ～ 33 层夹矸；北部（DL5 线以北）平均可采厚度 117.21 米，南部平均可采厚度为 53.97 米。主煤层 C8 为低灰、低硫、低磷、高氟、高热值的长焰煤，为优质的动力和民用煤。经国土资源部矿产资源储量评审中心和新疆维吾尔自治区矿产资源储量评审中心评审（新国土资储联评〔2010〕006 号）。查明煤炭资源量总量 48.21 亿吨（长焰煤 46.94 亿吨，褐煤 1.27 亿吨），其中（332）资源量 23.35 亿吨（长焰煤 22.87 亿吨，褐煤 0.48 亿吨），（333）资源量 24.86 亿吨（长焰煤 24.07 亿吨，褐煤 0.79 亿吨）。另有（334）资源量 7.89 亿吨（长焰煤）。另有高硫煤（333）资源量 2.24 亿吨（长焰煤 0.74 亿吨，褐煤 1.49 亿吨）。

207. 新疆维吾尔自治区准东煤田奇台县菱菱湖西井田勘探

（1）概况

勘查区位于奇台县城北东（直线）60 千米处，行政区划属奇台县管辖。2008 年 6 月至 12 月，新疆地矿局第九地质大队开始勘查，并于 2007 年开展普查工作，勘查资金 3736.85 万元。

（2）成果简述

煤层主要产于中侏罗统西山窑组内，有可采煤层 10 层，平均纯煤总厚 61.43 米。煤是特低 - 低灰、特低硫、特低 - 中磷、31 号不粘煤为主体的煤类，有零星 41 号长焰煤。具有高热值，是良好的工业动力发电、民用煤。勘查区内通过评审备案的总资源量 55.43 亿吨；其中（331）资源量 5.51 亿吨，（332）资源量 15.51 亿吨，（333）资源量 34.41 亿吨（国土资储备字〔2009〕132 号文）。

208. 新疆维吾尔自治区准东煤田奇台县将军庙勘查区详查

（1）概况

将军庙勘查区位于奇台县城北东 18° 方位 100 千米处，行政区划隶属奇台县。

2008 年 5 月至 2010 年 2 月，新疆地质矿产资源勘查开发局第九地质大队开展了勘查，工作程度为详查，勘查资金 2143.21 万元。

（2）成果简述

西山窑组含 0.3 米以上煤层 17 层，其中可采煤层 5 层，自上而下编号为 B4、B3、B2 上、B2、B1 煤层，可采煤层全层平均总厚 41.61 米。煤类为不粘煤，B1 煤层以不粘煤为主，局部为长焰煤。可用作动力用煤和民用煤，也可作为气化用煤和化工用煤。勘查区查明煤炭（不粘煤和长焰煤）资源量总量 43.24 亿吨（不粘煤 42.46 亿吨、长焰煤 0.78 亿吨），其中，（332）资源量 14.14 亿吨（不粘煤 14.08 亿吨、长焰煤 0.06 亿吨），（333）资源量 29.10 亿吨（不粘煤 28.38 亿吨、长焰煤 0.72 亿吨）。另有，（334）资源量 11.32 万吨（不粘煤）。评审备案文件：新国土资储联备字〔2010〕联 012 号。

209. 新疆维吾尔自治区准东煤田吉木萨尔县帐南东北勘查区详查

（1）概况

勘查区位于吉木萨尔县城北 75 千米处，行政区划隶属吉木萨尔县。

2009 年 5 月至 11 月，新疆地质矿产资源勘查开发局第九地质大队开展了详查。勘查资金 3257.04 万元。

（2）成果简述

本区含煤地层为中侏罗统西山窑组和中－上侏罗统石树沟群下压群，分别赋存有 B、C 煤组。西山窑组为区内主要含煤地层，其中编号煤层有 6 层，纯煤厚 42.47 米。B 煤组各煤层以不粘煤为主，少量长焰煤（连不成片）。C 区内煤可作为动力、民用煤，也可作为化工用煤。勘查区内通过评审备案帐南东北勘查区煤炭（不粘煤）查明资源量总量 42.18 亿吨，其中（332）资源量 14.02 亿吨，（333）资源量 28.16 亿吨。另有，（334）资源量 12.36 万吨（不粘煤）。评审备案文件：新国土资储联备字〔2010〕联 011 号。

210. 新疆维吾尔自治区准东煤田吉木萨尔县帐南西勘查区勘探

（1）概况

井田位于吉木萨尔县城北 100 千米处，地处吉木萨尔县辖区。

2009 年 7 月至 2009 年 9 月，新疆地质矿产资源勘查开发局第九地质大队开展了勘查，工作程度为勘探，勘查资金 713.39 万元。

（2）成果简述

西山窑组含 0.30 米以上的煤层（线）7 层，平均纯煤总厚 26.72 米，其中可采煤层 3 层。西山窑组煤类以不粘煤为主，个别点为长焰煤。主要可作为动力用煤和民用煤。通过评审备案井田内查明煤炭（不粘煤和长焰煤）资源量总量 39.71 亿吨（不粘煤 35.31 亿吨，长焰煤 4.39 亿吨），其中（331）资源量 10.27 亿吨（不粘煤 10.17 亿吨，长焰煤 0.10 亿吨），（332）资源量 12.53 亿吨（不粘煤 12.36 亿吨，长焰煤 0.17 亿吨），（333）资源量 16.91 亿吨（不粘煤 12.78 亿吨，长焰煤 4.13 亿吨）。另有（334）资源量 5.71 亿吨（均为长焰煤）。备案文件为新国土资储备字〔2010〕B13 号。

211. 新疆维吾尔自治区准东煤田吉木萨尔县帐蓬沟勘查区详查

（1）概况

勘查区位于吉木萨尔县城北 100 千米处，属吉木萨尔县管辖。

2007 年 7 月至 2009 年 5 月，新疆地质矿产资源勘查开发局第九地质大队开展了勘查，工作程度为详查，勘查资金 1001.17 万元。

（2）成果简述

西山窑组含编号煤层有 7 层，纯煤平均总厚 59.07 米，可采煤层 5 层。勘查区内 B 组煤层以不粘煤为主，次为长焰煤，可作为动力用煤、民用煤，也可作为化工用煤。通过评审备案勘查区内查明资源总量为区内 B 煤组共求得查明和潜在资源量 37.45 亿吨，其中查明矿产资源资源总量 32.32 亿吨，其中（332）资源量 24.19 亿吨，（333）资源量 8.13 亿吨，（334）资源量 5.13 亿吨。备案文件为新国土资储备字〔2010〕B16 号。

212. 新疆维吾尔自治区沙尔湖煤田鄯善县西南湖戈壁露天矿勘探

（1）概况

矿区位于鄯善县东南约 110 千米，七克台镇东南 80 千米处，行政区划属鄯善县管辖。

2007 年 6 月至 2009 年 6 月，新疆煤田地质局一五六煤田地质勘探队开展了勘查，工作程度为勘探，2009 年 9 月完成报告编制。

（2）成果简述

矿区煤层属低变质煤。煤质特征总体为低灰、高挥发分、特低硫－低硫、特低磷、高氯、中热值、低－高熔灰分、含油煤。可作气化用煤、液化用煤，是较好的火力发电用煤，也是良好的工业锅炉和民用燃料。完成钻探工作量 61 孔、25438.30 米。截至 2009 年 6 月 30 日，露天煤矿范围（480～－50 米标高）内煤炭查明资源总量 36.08 亿吨（长焰煤 35.48 亿吨，褐煤 0.60 亿吨）。其中（331）资源量 11.27 亿吨（长焰煤 11.10 亿吨，褐煤 0.17 亿吨），（332）资源量 20.53 亿吨（长焰煤 20.41 亿吨，褐煤 0.12 亿吨），（333）资源量 4.28 亿吨（长焰煤 3.97 亿吨，褐煤 0.31 亿吨）。

213. 新疆维吾尔自治区伊南煤田察布查尔县伊昭井田勘探

（1）概况

井田位于新疆察布查尔县南部，交通发达，北距伊宁市 40 千米，距乌鲁木齐市约 510 千米。井田海拔 997～1665 米，为北温带干旱－半干旱大陆性气候，光照充足，四季分明。所在的察布查尔锡伯自治县是全国唯一的以锡伯族为主体的多民族居住的自治县，经济不很发达，以农牧业为主，工业次之。

2008 年 8 月至 2009 年 10 月，山东省第一地质矿产资源勘查院开展了勘查，工作程度为勘探，勘查资金 3245.26 万元。

（2）成果简述

井田煤层资源量估算面积 87.15 平方千米，可采煤层总厚 33.36 米，属特大型煤矿床。均为低变质烟煤。煤中有害组分低，为低灰－中灰，中高－高挥发分，低硫－中硫，中热－高热值发热量，是良好的动力、气化和煤化工用煤。通过国土资源部矿产资源储量评审中心评审，提交各可采煤层资源量为 35.74 亿吨。其中（331）资源量 9.37 亿吨，（332）资源量 10.84 亿吨，（333）资源量 15.53 亿吨。

214. 新疆维吾尔自治区准东煤田奇台县奥塔乌克日什南井田勘探

（1）概况

奥塔克日什南井田位于新疆奇台县北 110 千米处，属奇台县管辖，面积 106 平方千米。新疆地矿局九大队开展了勘查，工作程度为勘探，完成钻探工作量 18885.43 米。

（2）成果简述

井田内发育的地层为中生界侏罗系八道湾组、三工河组、西山窑组、石树沟群、白垩系及第四系。含煤地层为八道湾组、西山窑组和石树沟群。井田内西山窑组含可采煤层 4 层，从上至下编号为 B22、

B21、B12、B11。B22 煤层层厚 0.45～26.53 米，平均 8.79 米，煤层结构简单－复杂，属于全区可采的较稳定偏稳定的特厚煤层。B21 煤层层厚 0.39～12.77 米，平均 4.10 米，煤层结构简单，属大部可采的稳定－较稳定煤层。B12 煤层层厚 0.32～12.07 米，平均 4.32 米，煤层结构简单－复杂，属全区可采的较稳定煤层。B11 煤层层厚 0.45～30.66 米，平均 9.48 米，煤层结构以简单为主，局部中等－复杂，属于全区可采的较稳定煤层。井田内煤层宏观煤岩组分以暗煤为主，丝炭、亮煤次之。勘探区内共查明总资源量（331+332+333）资源量 30.79 亿吨。其中，（331）资源量 4.33 亿吨，（332）资源量 3.31 亿吨，（333）资源量 23.15 亿吨。

（3）成果取得的简要过程

在与中联润世（北京）投资有限公司签订普查合同之前，由第九地质大队在勘查区内进行了 1：5 万煤炭资源远景调查工作，并施工了 ZK1401 钻孔见煤较好。其后，于 2008 年对勘查区开展了普查－详查－勘探三个阶段工作。

215. 新疆维吾尔自治区准东煤田奇台县石钱滩一井田勘探

（1）项目概况

井田位于奇台县城北 110 千米处，行政区划隶属奇台县管辖。

2009 年 4 月至 2010 年 5 月，新疆地质矿产资源勘查开发局第九地质大队开展了勘查，工作程度为勘探，勘查资金 885.83 万元。

（2）成果简述

八道湾组见煤 1 层，石树沟群下亚群见煤 1～2 层，均为不可采煤层。西山窑组平均地层总厚 68.60 米，3 层可采煤层，纯煤平均总厚 21.80 米。煤层主要为不粘煤，个别点有长焰煤。可作动力发电用煤、民用煤，也可作为气化用煤和化工用煤。通过评审备案，石钱滩一井田（煤层赋存标高 350～－180 米）范围内煤炭（不粘煤）查明资源量总量 29.57 亿吨，其中（331）资源量 5.29 亿吨，（332）资源量 4.59 亿吨，（333）资源量 19.69 亿吨。备案文件：新国土资储联备字〔2010〕联 007 号。

216. 新疆维吾尔自治区哈密市大南湖煤田二井田勘探

勘查矿种为煤矿，工作程度为勘探。全井田共完成勘探钻孔 43 个，工程量 18666.25 米。本区西山窑组为主要含煤层段，煤层较为集中。地层赋存厚度 122.34～466.96 米，平均 305.76 米，含定名煤层 29 层，煤层总厚 0～121.21 米，平均厚度 74.57，含煤系数 23.78%。所含煤层自上而下编为 2～30 煤层，可采及局部可采煤层共 22 层（褐煤为 1.50 米可采，长焰煤、不粘煤为 0.80 米可采）。根据煤层在垂向上的组合，可将其分为三个煤层群。第一煤层群包括 2～12 煤层，第二煤层群包括 13～19 煤层，第三煤层群包括 20～30 煤层。全井田－200 米水平以浅共查明煤炭资源储量总计 26 亿吨（褐煤 8.2 亿吨，长焰煤 16 亿吨，不粘煤 2.2 亿吨）。其中，（331）资源量 3.85 亿吨（褐煤 0.99 亿吨，长焰煤 2.86 亿吨），（332）资源量 4.55 亿吨（褐煤 1.10 亿吨，长焰煤 2.83 亿吨，不粘煤 6137 万吨），（333）资源量 17.9 亿吨（褐煤 6.1 亿吨，长烟煤 10.27 万吨，不粘煤 1.6 亿吨）。

217. 新疆维吾尔自治区吐哈煤田哈密市大南湖煤产地东二 B 勘查区勘探

（1）概况

勘查区位于哈密市 190° 方向 40 千米处，行政区划属哈密市。

2010 年 3 月至 2010 年 6 月，新疆地矿局第九地质大队开展了勘查，工作程度为勘探，勘查资金

5523.86 万元。

（2）成果简述

勘探区内控制 0.3 米以上煤层 32 层，共含 29 层编号煤层，其中可采煤层为 18 层，煤层平均总厚 95.81 米，可采平均总厚 68.40 米。勘查区各可采煤层煤类以长焰煤为主，不粘煤零星分布，连不成片，3、5、6 煤层中个别钻孔见褐煤点。煤的工业用途主要为动力用煤，也可用作气化煤。勘查区煤炭（长焰煤）查明的矿产资源总量 25.02 亿吨，其中（331）资源量 5.28 亿吨，（332）资源量 7.75 亿吨，（333）资源量 11.99 亿吨。备案文号为新国土资储联备字〔2010〕联 009 号。

218. 新疆维吾尔自治区木垒县二道沙梁一带煤矿详查

（1）概况

勘查区位于奇台县城北 60 千米处，行政区划隶属昌吉回族自治州木垒哈萨克自治县。

2009 年 3 月至 2009 年 6 月，新疆地质矿产资源勘查开发局第九地质大队开展了勘查，工作程度为详查。勘查资金 1352.60 万元。

（2）成果简述

勘查区控制西山窑可采煤层 14 层，主要可采煤层 3 层，煤层平均总厚 20.82 米。煤层以不粘煤为主，局部为长焰煤。可作为动力用煤和民用煤，也可作为气化用煤和化工用煤。通过评审备案，勘查区（700～-200 米）查明煤炭资源量总量 9.05 亿吨。(333)资源量中不粘煤 7.15 亿吨，长焰煤 1.90 亿吨。(334)资源量 15.94 亿吨（不粘煤 13.41 亿吨，长焰煤 2.53 亿吨）。备案文号为新国土资储备字〔2010〕B05 号。

219. 新疆维吾尔自治区准东煤田吉木萨尔县火烧山露天煤矿勘探

（1）概况

勘查区位于吉木萨尔县城 354° 方向约 94 千米处，行政区划隶属吉木萨尔县。

2009 年 10 月至 2010 年 5 月，新疆地质矿产资源勘查开发局第九地质大队开展了勘查，勘查资金 2172.52 万元。

（2）成果简述

主要煤层赋存于西山窑组中，有可采煤层 3 层，平均纯煤厚 44.41 米，规模为大型。煤层以不粘煤为主，个别点为长焰煤。区内煤可作为动力、气化、炼油和民用煤。勘查区内资源量已通过评审备案（新国土资储联备字〔2010〕联 008 号），共查明资源总量 22.24 亿吨（不粘煤 21.83 亿吨，长焰煤 0.41 亿吨），其中（331）资源量 2.66 亿吨（均为不粘煤），（332）资源量 11.50 亿吨（不粘煤 111901 亿吨，长焰煤 0.31 亿吨），（333）资源量 8.08 亿吨（不粘煤 7.99 亿吨，长焰煤 0.10 亿吨）。另有（334）资源量 2.75 亿吨（均为长焰煤）。

220. 新疆维吾尔自治区伊北煤田伊宁县苏勒萨依井田勘探

（1）概况

勘查区距乌鲁木齐市 700 千米，东距伊宁县城 25 千米，距潘津乡 8.5 千米，西距霍城县城 18 千米，南距伊宁市 22 千米。向南 15 千米可达 218 国道，东北距亚欧大陆桥北疆铁路精河站 300 千米，井田内有简易公路四通八达，交通较方便。

2007 年 1 月至 2008 年 12 月，山东省第一地质矿产资源勘查院开展了勘查，工作程度为勘探，2008 年度勘查资金为 2200 万元，2009 年度开展井筒检查钻施工，勘查资金 292 万元。

（2）成果简述

原煤分析基水分在1.16%～13.43%之间，平均值为6.00%～9.55%、原煤干燥基灰分在3.07%～37.48%之间，平均值为9.16%～20.76%、浮煤挥发分在21.87%～46.77%之间、原煤硫分在0.07%～1.57%之间，平均值为0.27%～0.79%。各可采煤层18.04～30.34MJ/kg，平均值24.03～27.72MJ/kg、各可采煤层粘结指数均为0、井田内煤层属含油煤和富油煤、各可采煤层属易磨煤－较难磨煤。选冶性能为易选。通过国土资源部矿产资源储量评审备案的资源总量20亿吨。其中，（331）资源量5亿吨，（332）资源量2亿吨，（333）资源量13亿吨（国土资矿评储字〔2009〕88号）。

（3）成果取得的简要过程

2005年5月至2006年，山东省第一地质矿产资源勘查院在本井田进行煤炭详查时，通过地质填图、二维地震，发现井田内存在含煤地层。

221. 新疆维吾尔自治区准东煤田吉木萨尔县五彩湾（神东）勘探

（1）概况

井田位于吉木萨尔县城北100千米处，行政区划隶属吉木萨尔县管辖，面积22.71平方千米。

新疆地矿局第九地质大队开展了勘查，工作程度为普查，勘查资金1261.07万元。

（2）成果简述

井田内煤层分为A、B、C三个煤组，分别赋存于八道湾组、西山窑组、石树沟群下亚群中。勘查区B2、B1、Bm煤层均为不粘煤，Am煤层为长焰煤。区内煤层可作为良好的动力、气化及民用煤。五彩湾（天隆）井田Bm、B2、B1煤层查明煤炭（不粘煤）资源总量18.08亿吨。其中（331）资源量8.89亿吨，（332）资源量5.63亿吨，（333）资源量3.56亿吨。另有（334）资源量0.64亿吨。

222. 新疆维吾尔自治区和什托洛盖煤田陶和勘查区普查

（1）概况

勘查区位于新疆和布克赛尔蒙古自治县和什托洛盖镇东北约20千米处，勘查区有简易公路，交通较为便利。本区属典型的大陆性干旱气候。

2006年至2009年，山东省第一地质矿产资源勘查院开展了勘查，工作程度为普查，勘查资金3036.74万元。

（2）成果简述

勘查区属沉积型矿床，勘探类型为二类二型。主要含煤地层为侏罗纪西山窑组，共含煤35层，可采及局部可采煤层17层，均为低变质烟煤，煤中有害组分低，为中－高全水分，特低灰分－低灰分，高挥发分，特低硫－低硫，中－高热值发热量。2010年11月12日，经国土资源部矿产储量评审中心评审通过（国土资矿评咨〔2010〕31号）。勘查区内各可采煤层查明资源量18.37亿吨，其中（333）资源量为5.92亿吨，（334）资源量12.45亿吨。

223. 新疆维吾尔自治区伊吾县淖毛湖煤田白石湖勘查区详查

（1）概况

勘查区位于伊吾县城北109千米处，行政区划隶属哈密地区伊吾县淖毛湖镇管辖。勘查区内有淖毛湖镇通往巴里坤县三塘湖乡的简易公路，勘查区中部61线向东约40千米可达淖毛湖镇，淖毛湖镇向南

75 千米可达伊吾县城，有柏油公路相通，区内属强烈的风蚀残丘地貌，海拔高程 287.8 ~ 377.0 米，相对高差 89.2 米，地势呈南北高，中部低，形成近东西走向洼地，西高东低。区内除有一泉水外无地表径流分布。区内属大陆性干旱气候，降水稀少，风沙大，夏季炎热，冬季寒冷，温差较大，最高气温 43.5℃，最低气温 −40℃，年平均气温 7.5 ~ 9.8℃。年降水量 11.5 ~ 200 毫米，年蒸发量 2000 ~ 4378 毫米。

2007 年，新疆煤田地质局 161 煤田地质勘探队开展了勘查，工作程度为详查，勘查资金 2000 万元。

（2）成果简述

勘查区可采煤层少，但主采煤层较厚，且赋存稳定，资源量可观，适合规模化开采。煤层具有低中灰 − 低灰分，高 − 特高挥发分，特低硫，特低磷，中 − 高热值等特点，属洁净煤，环境污染小。勘查区总体为一南倾的单斜构造。构造类型为中等。水文地质条件定为一、二类二型，即孔隙、裂隙类简单型。煤层瓦斯含量较低，瓦斯分带以二氧化碳 − 氮气带为主，局部瓦斯分带为氮气 − 沼气带；煤层均具有爆炸性，易自燃。勘查区矿产为 42 号长焰煤，煤层具有低中灰 − 低灰分，高 − 特高挥发分，特低硫，特低磷，中 − 高热值等特点，是良好的工业用煤及民用煤，共查明（332+333）资源量 16.59 亿吨，其中（332）资源量 5.96 亿吨，（333）资源量 10.63 亿吨。

（3）成果取得的简要过程

2005 年至 2006 年新疆煤田地质局 161 煤田地质勘探队，在本区进行了预、普查地质工作。2007 年 5 月又进驻现场，开始详查野外施工。2007 年 10 月 8 日野外勘查工作结束，2007 年 12 月提交详查报告。

224. 新疆维吾尔自治区后峡煤田黑山矿区托克逊县硝尔布拉克—梯匈沟露天矿勘探

（1）概况

矿区距托克逊县西北约 90 千米，行政区划隶属托克逊县和乌鲁木齐县。该项目包括 4 个探矿权，分别是新疆托克逊县硝尔布拉克煤矿勘探、新疆托克逊县梯匈沟煤矿勘探、新疆托克逊县库什鲁克煤矿勘探和新疆托克逊县哈吉布拉克煤矿勘探。

2007 年 12 月至 2009 年 3 月，新疆煤田地质局一五六煤田地质勘探队开展了勘查，工作程度为勘探。

（2）成果简述

矿区内除个别点受火烧烘烤影响出现无烟煤、贫煤和气煤外，煤类以长焰煤为主，不粘煤次之，个别点为弱粘煤。煤的主要工业用途为动力用煤、气化用煤，也可用于制造活性炭。完成钻孔 181 个、53219.30 米。硝尔布拉克 − 梯匈沟露天矿（2850 ~ 1600 米水平）查明煤炭资源量 16.35 亿吨（长焰 15.38 亿吨，不粘煤 0.05 亿吨，弱粘煤 0.42 亿吨）。其中资源量（331）4.10 亿吨（长焰煤 3.98 亿吨，不粘煤 0.12 亿吨），资源量（332）3.09 亿吨（长焰煤 2.83 亿吨，不粘煤 0.16 亿吨，弱粘煤 0.09 亿吨），资源量（333）9.16 亿吨（长焰煤 8.56 亿吨，不粘煤 0.27 亿吨，弱粘煤 0.33 亿吨）。

225. 新疆维吾尔自治区伊南煤田察布查尔锡伯自治县梧桐沟勘查区普查

（1）概况

勘查区位于伊犁哈萨克自治州察布查尔锡伯自治县县城的东南方 45 千米处，交通尚属方便，西部有伊昭公路南北向通行，区内地形较平坦，可通行汽车。本区属大陆性气候，年平均温度为 7.20 ~ 10.8℃。

2009 年 3 月至 2009 年 12 月，新疆煤田地质局 161 煤田地质勘探队开展了勘查，工作程度为普查，勘查资金 1400 万元。

（2）成果简述

本区含煤地层为侏罗系中统西山窑组，含可采煤层 4 层，统一编号为 2、3、4、5 号，东西走向展布，厚度大，且稳定，是本次工作主要控制煤层。勘查区内其煤质为中水分、特低灰分、高挥发分、低热值及中热值，不具粘结性。各煤层均为不粘煤（31BN）。勘查区查明（333+334）资源量 13.00 亿吨，（333）资源量 4.67 亿吨。

226. 新疆维吾尔自治区沙尔湖煤田鄯善县金水沙西井田勘探

（1）概况

井田位于鄯善县城东南 95 千米、七克台镇东南 80 千米处，位于三道岭矿区南西 60° 方向 125 千米处。

2007 年 9 月至 2009 年 9 月，新疆煤田地质局 161 煤田地质勘探队开展了勘查，工作程度为勘探，勘查资金 1300 万元。

（2）成果简述

在勘探区内，地层总体为一向南倾斜的单斜构造，但沿走向发育有次一级波状起伏。构造类型确定为中等型。总体来看本区煤层均属较稳定煤层。煤类为 41 号长焰煤，具有低中－低灰分，高挥发分，特低硫，特低磷，低熔－高熔灰分，中－高热值等特点，是良好的化工、动力、民用煤。通过对区内 7、6-2、6-1、6 煤层资源量估算，查明总资源量 12.86 亿吨，其中褐煤 1.12 亿吨，长焰煤 11.75 亿吨。（331）资源量 3.83 亿吨，（332）资源量 3.70 亿吨，（331+332）资源量 7.52 亿吨，（333）资源量 5.34 亿吨，另求得风氧化带煤资源量 105.64 万吨。

227. 新疆维吾尔自治区准东煤田奇台县奥塔乌克日什北煤矿普查

（1）概况

勘查区位于奇台县城北 110 千米处，行政区划隶属奇台县。

2008 年 3 月至 11 月，新疆地矿局第九地质大队开展了勘查，工作程度为普查，勘查资金 738 万元。

（2）成果简述

普查发现勘查区主体位于奥塔乌克日什向斜北翼。其中，北翼边部露头地层产状 12°～23°，向斜轴东部地层平缓，一般 3°～6°。勘查区东北角发现一条落差约为 95 米断层，解释断点 4 个。区内含煤地层含可采煤层 4 层，从上至下为 $B2^1$、$B1^3$、$B1^2$、$B1^1$，均为大部可采的较稳定煤层。确定勘查区可采煤层煤类为不粘煤，可作为动力和民用煤。查明勘查区煤炭（不粘煤）（333）资源量 115624 万吨。

（3）成果取得的简要过程

2007 年，国电新疆电力有限公司依法取得新疆维吾尔自治区国土资源厅颁发的新疆奇台县奥塔乌克日什煤矿（北区）一勘查区、二勘查区、三勘查区普查项目的勘查许可证。新疆地矿局第九地质大队与国电新疆电力有限公司签订勘查合同，采用 1∶25000 地质填图、二维地震、钻探、地球物理测井和采样测试等勘查手段，投入 1∶25000 地形地质测量 84.33 平方千米；勘探线剖面测量 83.59 千米；机械岩心钻探 5238.51 米；地球物理测井 5216.6 米；二维地震剖面 100.77 千米；槽探 1746.20 立方米，各类样品 241 件等主要实物工作量，开展普查工作，获得找矿突破。资源量备案文号：新国土资储备字〔2010〕B04 号。

228. 新疆维吾尔自治区奇台县奥塔乌克日什煤矿（北区）普查

（1）项目概况

勘查区位于奇台县城北 110 千米处，行政区划隶属昌吉回族自治州木垒哈萨克自治县。

2008 年 7 月至 2008 年 11 月,新疆地质矿产资源勘查开发局第九地质大队开展了勘查,工作程度为普查,勘查资金 523.85 万元。

（2）成果简述

勘查区控制西山窑组可采煤层 4 层,煤层平均总厚 12.24 米。勘查区可采煤层煤类为不粘煤,可作为动力和民用煤。通过评审备案勘查区煤炭（不粘煤）查明（333）资源量总量 11.56 亿吨。备案文号为新国土资储备字〔2010〕B04 号。

（3）成果取得的简要过程

2007 年 5 月 24 日,国电新疆电力有限公司依法取得由新疆维吾尔自治区国土资源厅颁发的新疆奇台县奥塔乌克日什煤矿（北区）一勘查区、二勘查区、三勘查区普查项目的勘查许可证。勘查单位为新疆地矿局第九地质大队。新疆地矿局第九地质大队与国电新疆电力有限公司签订了勘查合同,开展了普查工作。

首先,对已有地质资料进行综合研究和分析,结合区域资料,从地层、构造、煤层沉积特征、沉积环境等方面分析研究该区的成煤规律和特征,从理论上指导找矿。由于该工区西边缘有地表煤层露头,对已有地质资进行综合研究后,在勘查区内先开展了二维地震、地质测量、钻探等工作,从而寻找煤赋存区。在勘查区普查工作基本结束后,随即在整个勘查区开展了全面野外施工,为了更好地查清地质构造、煤分布形态,还增作了二维地震勘查工作。工作期限为 2008 年 3 月 26 日至 2008 年 11 月底。完成余下的所有野外地质工作及报告编写,为下一步工作提供了依据。

229. 新疆维吾尔自治区准南煤田昌吉市三屯河东勘查区详查

（1）概况

勘查区位于乌鲁木齐市西偏南 60 千米处的三屯河与头屯河之间的天山北麓地带,地处昌吉市辖区。

2008 年 3 月至 2008 年 11 月,新疆地质矿产资源勘查开发局第九地质大队开展了勘查,工作程度为详查,勘查资金 1242.24 万元。

（2）成果简述

区内含煤地层西山窑组含 0.3 米以上的煤层 13 层,煤层平均总厚 48.94 米,其中可采煤层 9 层。本区煤类以不粘煤为主,其次为长焰煤,可作为动力用煤及民用煤,还可作为炼油用煤。勘查区内（赋存标高 1700～0 米）查明资源储量总量 8.35 亿吨（不粘煤 7.17 亿吨,长焰煤 1.18 亿吨）,其中（332）资源量 2.85 亿吨（不粘煤 2.1814 亿吨,长焰煤 0.67 亿吨）,（333）资源量 5.50 亿吨（不粘煤 4.99 亿吨,长焰煤 0.51 亿吨）。另有（334）资源量 2.43 亿吨（不粘煤 2.11 亿吨,长焰煤 0.32 亿吨）。备案文件:新国土资储备字〔2010〕B03 号。

230. 新疆维吾尔自治区昌吉市硫磺沟煤矿四号井田勘探

（1）概况

新疆昌吉市硫磺沟煤矿四号井田位于昌吉市南 55 千米处,交通十分方便,属大陆性干旱－半干旱性气候。

2008 年 5 月至 2009 年 12 月,新疆煤田地质局 161 煤田地质勘探队开展了勘查,工作程度为勘探,勘查资金 2136.46 万元。

（2）成果简述

本区各煤层属低水、低中灰、高挥发分、低有害元素、高发热量富油－含油、无粘结性的低变质煤层,主要可采煤层煤类为 41 号长焰煤及 31 号不粘煤。是良好的民用煤及工业用煤，也可作为低温干馏用煤之原料。井田内共获得总资源储量 9.99 亿吨。其中（331+332）资源量 4.92 亿吨，（333）资源量 5.07 亿吨。

（3）成果取得的简要过程

2008 年 5 月神华新疆能源有限责任公司委托新疆煤田地质局 161 队对新疆昌吉市硫磺沟四号井田进行勘探，2008 年 6 月 161 队组织了相关的技术人员及施工钻机 6 台，进行了野外施工工作，至 2009 年 11 月底基本完成了野外工作，2010 年 3 月提交了《新疆昌吉市硫磺沟煤矿区四井田勘探报告》。

231. 新疆维吾尔自治区沙尔湖煤田鄯善县康古尔塔格北勘查区勘探

（1）概况

新疆沙尔湖煤田鄯善县康古尔塔格北勘查区位于鄯善县城东南 100 千米、七克台镇东南 80 千米处，位于三道岭矿区南西 60°方向 125 千米处。

2008 年 4 月至 2009 年 10 月，新疆煤田地质局 161 煤田地质勘探队开展了勘查，工作程度为勘探，勘查资金 1750 万元。

（2）成果简述

勘查区位于沙尔湖向斜南翼部位，通过本次勘探工作发现，区内地层总体为一向东倾斜的单斜构造，但沿走向发育有次一级波状起伏，构造类型确定为中等型。勘查区含煤地层为中侏罗统西山窑组下段（J_2x_1），含煤 0～4 层，自上而下编号为 3、4、5、6 号煤层。其中 6 号煤为全区可采煤层，其他为大部可采或局部可采煤层。区内可采煤层平均总厚度 59.77 米。煤类除 3 号煤为褐煤，其他 4、5、6 号煤层为 41 号长焰煤，煤层具有低中－低灰分，高挥发分，特低硫，特低磷，低熔－高熔灰分，中－高热值等特点，是良好的化工、动力、民用煤。勘探类型为二类二型。通过对区内 3、4、5、6 煤层资源量估算，查明总资源量 8.76 亿吨。其中，（331+332）资源量 7.16 亿吨，（333）资源量 1.6 亿吨。

232. 新疆维吾尔自治区三塘湖煤田巴里坤县石头梅南勘查区详查

（1）概况

勘查区位于巴里坤县城北 89 千米处，行政区划属巴里坤县三塘湖乡。

2008 年 3 月至 2009 年 4 月，新疆地矿局第九地质大队开展了勘查，工作程度为详查，勘查资金 238.09 万元。

（2）成果简述

侏罗系中统西山窑组含厚度大于 0.30 米的煤层 3 层，平均纯煤总厚 17.32 米。可采煤层 2 层。B3 煤层总体为长焰煤，B2 煤层总体为不粘煤。主要可作为动力用煤、化工用煤和炼油用煤。储量中心同意以下矿产资源储量通过评审。查明煤炭资源量总量为 7.05 亿吨（不粘煤 5.21 亿吨，长焰煤 1.84 亿吨），其中（332）资源量 3.47 亿吨（不粘煤 2.53 亿吨，长焰煤 0.94 亿吨），（333）资源量 3.58 亿吨（不粘煤 2.67 亿吨，长焰煤 0.91 亿吨）。备案文号为新国土资储备字〔2010〕B08 号。

233. 新疆维吾尔自治区伊吾县淖毛湖煤田英格库勒二井田勘探

（1）概况

勘查区位于伊吾县城北 109 千米处，区内交通方便，属大陆性干旱气候，降水稀少，风沙大，夏季炎热，冬季寒冷，温差较大。

2008年8月至2009年4月，新疆煤田地质局161煤田地质勘探队开展了勘查，工作程度为勘探。

（2）成果简述

二井田含煤地层为下侏罗统八道湾组(J_1b)，据区内已竣工的81个钻孔揭露，八道湾组共含煤1～6层，自上而下编号为1～6号。其中1、2号煤为全区可采或局部可采煤层，也是本次工作的重点煤层，其他煤层均为不可采煤层。二井田其煤质为中水分为主，灰分产率为低灰，高发热量，不具粘结性。各煤层均为长焰煤（41CY）。二井田在国土资源部资源储量评审中心备案的（331+332+333）资源量6.94亿吨，其中（331+332）资源量4.07亿吨。

234. 新疆维吾尔自治区和布克赛尔蒙古自治县布腊图煤矿详查

（1）概况

勘查区位于和什托洛盖镇东30千米处，行政区划隶属和布克赛尔蒙古自治县管辖。勘查区交通便利，由217国道上的重镇——和什托洛盖镇沿新修的和什托洛盖至沙吉海公路东行30千米可直达勘查区。区内地势平坦，绝大部分地区可通行越野汽车。

2008年3月至2009年2月，新疆煤田地质局161煤田地质勘探队开展了勘查，工作程度为详查，勘查资金为1000万元。

（2）成果简述

完成钻探工作量35个孔，共计12491.20米。区内含煤地层为中侏罗统西山窑组下段，共含煤18层，煤层平均总厚度20.82米，含煤系数为7%。煤层浮煤粘结指数为0，浮煤干燥无灰基挥发分产率在30.81%～50.80%之间，煤层煤类主要以31号不粘煤为主，41号长焰煤、不粘煤次之。通过评审备案的查明资源量为6.14亿吨，其中（332）资源量1.40亿吨，（333）资源量2.90亿吨。

235. 新疆维吾尔自治区奇台县阔尔甫托浪格煤矿详查

（1）概况

勘查区位于奇台县城北东160千米处，行政区划属奇台县。

2008年7月至2009年3月，新疆地质矿产资源勘查开发局第九地质大队开展了勘查，工作程度为详查，勘查资金359.41万元。

（2）成果简述

西山窑组为勘查区主要含煤层位，可采煤层6层，平均煤层总厚28.05米。西山窑组煤类以不粘煤为主，长焰煤零星分布。主要可作为动力用煤和民用煤，也可作为气化用煤和化工用煤。通过评审备案勘查区内查明的和潜在的煤炭资源量总量为4.37亿吨。查明资源量共计4.15亿吨（均为不粘煤），其中（332）资源量2.84亿吨，（333）资源量1.30亿吨。（334）资源量0.23亿吨（不粘煤）。备案文号为新国土资储备字〔2010〕B14号。

236. 新疆维吾尔自治区呼图壁县铁列克西煤矿勘探

（1）概况

井田位于呼图壁县城西南70千米处，行政区划属新疆维吾尔自治区昌吉回族自治州呼图壁县雀尔沟镇管辖。呈东西向不规则状，东西长约4.9千米，南北宽0.5～4.7千米，面积10.27平方千米。

2009年5月至2009年11月，新疆地质矿产资源勘查开发局第九地质大队开展了勘查，工作程度为勘探，勘查资金 661.30 万元。

（2）成果简述

勘探区内控制西山窑组地层中 0.30 米以上可对比的编号煤层 10 层，9 层可采煤层。煤层全层厚度 28.36 ~ 51.85 米，平均 42.12 米，可采煤层平均可采厚 38.29 米。本区煤类主要为不粘煤，个别点为长焰煤和弱粘煤，可作为动力用煤及民用煤，还可作为炼油用煤。井田内垂深 1200 米以浅（赋存标高 1890 ~ 600 米）。查明煤炭（不粘煤）资源储量总量 4.26 亿吨，其中资源量 2.48 亿吨，（332）资源量 0.09 亿吨，（333）资源量 1.68 亿吨。另有，垂深 1200 米以深（赋存标高 600 ~ 50 米）查明煤炭（不粘煤）（333）资源量 1.37 亿吨（新国土资储备字〔2010〕B20 号）。

237. 新疆维吾尔自治区呼图壁县苇子沟煤矿普查

（1）概况

勘查区位于呼图壁县城西南 55 千米处的天山北麓苇子沟，行政区划属呼图壁县石梯子乡和南山牧场管辖。地貌属侵蚀剥蚀中低山地貌。该区属北中温带大陆性干旱 - 半干旱气候。交通便利，与 312 国道、北疆铁路及 S101 省道相连。

2009 年至 2010 年，核工业二一六大队开展了勘查，工作程度为普查，勘查资金 2621 万元。

（2）成果简述

勘查区内控制全区可采、大部可采、局部可采煤层 6 层，自上而下依次编号为 B5、B6、B6 下、B7、B8 上、B8，全层平均总厚 22.85 米，纯煤可采平均总厚 21.95 米。其煤质属特低灰煤，特低硫、特低磷分 - 低磷分煤、高热值，气化指标较好的富油的不粘煤。评审查明资源量总量 4.00 亿吨，其中（331）资源量 2.66 亿吨，（332）资源量 0.43 亿吨，（333）资源量 0.91 亿吨。

（3）成果取得的简要过程

2007 年 5 月 24 日，新疆鸿新建设集团有限公司取得了新疆呼图壁县苇子沟煤矿普查项目的勘查许可证，证号 6500000613903，发证机关为新疆维吾尔自治区国土资源厅，有效期自 2007 年 5 月 24 日至 2009 年 5 月 24 日。2007 年 8 月开始至 2009 年 12 月结束野外勘探工作，施工钻孔 26 个，工程量 18537.28 米；采集测试各类样品 313 件（组）。2010 年 1 月编制了普查报告并于 2010 年 7 月 10 日通过了新疆维吾尔自治区矿产资源储量评审中心的评审，报告评审后转让给中煤能源新疆鸿新煤业有限公司。

238. 新疆维吾尔自治区准南煤田玛纳斯县车路沟煤矿普查

（1）概况

普查区位于玛纳斯县城南 71 千米处的车路沟一带，行政区划属玛纳斯县清水河乡管辖。勘查区南北长 1.48 ~ 2.78 千米，东西宽 1.30 ~ 3.00 千米，面积 6.05 平方千米。勘查区位于省道 S101 线以南，由矿区北行 13 千米简易公路至国防公路（S101），外部通行条件尚可。

2008 年 4 月至 10 月，新疆地矿局第九地质大队开展了勘查，勘查矿种为煤矿，工作程度为普查。2006 年度自治区预算内地质勘查专项资金投入 96 万元。

（2）成果简述

勘查区煤层赋存于中侏罗统西山窑组地层中，17 层煤可采和局部可采累计平均厚度 45.83 米。各煤层为较低 - 较高软化温度灰、特低 - 低硫、特低 - 高磷、高 - 特高热值发热量的 34 号气煤、33 号 1/2 中粘煤和 32 号弱粘煤，具含油 - 高油等特征的煤，可满足动力用煤和民用煤的需要，还可作为炼油用煤及炼焦用煤的配煤使用。勘查区内通过评审备案的（333+334）资源量 3.40 亿吨，其中（333）资源量 0.65 亿吨，（334）资源量 2.75 亿吨（新国土资函〔2009〕752 号）。

239. 新疆维吾尔自治区准南煤田昌吉市阿苏萨依勘查区普查

（1）概况

勘查区行政区划属昌吉市管辖，面积约 10.90 平方千米，交通便利。普查区属中温带大陆性气候区，年平均气温 6.3℃，水系发育，区内动植物资源丰富。区内经济不发达，以游牧业为主，生产和生活物资需由外地供应。

2007 年 5 月至 2008 年 11 月，新疆地矿局第九地质大队开展了勘查，工作程度为普查，勘查资金 280.80 万元。

（2）成果简述

煤层赋存于西山窑组地层中，编号煤层 5 层，煤层平均总厚 34.68 米，含煤系数为 9.27%，可采平均总厚 29.14 米。煤类以不粘煤为主，局部为长焰煤，是具有特低灰－中灰、特低硫－低硫分、中磷分的高热值性质的煤，可作为良好的工业动力用煤及民用煤。本次工作完成钻探 2160.06 米（4 孔）。通过评审备案的（333+334）资源总量 3.36 亿吨，其中（333）资源量 1.03 亿吨，全部分布于背斜南翼。背斜南翼（333+334）资源总量 1.64 亿吨，背斜北翼（334）资源总量 1.72 亿吨（新国土资储备字〔2009〕050 号）。

240. 新疆维吾尔自治区伊宁市南台子北部煤矿普查

（1）概况

勘查区位于伊宁市巴彦岱镇北 4 千米处，距伊宁市 10 千米，交通便利，勘查区属大陆性气候，经济以农牧业为主，工业次之。

2008 年至 2009 年，核工业二一六大队开展了勘查，工作程度为普查，勘查资金 466 万元。

（2）成果简述

主要技术指标：本区煤层结构简单－较简单。主要可采煤层为特低灰分、高挥发分，特低有害元素，高发热量，低、中熔灰、不具粘结性煤、高焦油产率煤。其煤类为不粘煤（31BN）和长焰煤（41CY），是良好的民用、工业动力及炼焦油用煤。项目共施工钻孔 4 个，完成钻探工作量 4375.43 米。查明煤炭（333+334）资源量 3.06 亿吨，其中（333）资源量 1.00 亿吨，（334）资源量 2.06 亿吨。

241. 新疆维吾尔自治区哈密煤田哈密市砂墩子井田勘探

（1）概况

井田位于新疆哈密市三道岭矿区后窑井田西部。井田面积约 41.54 平方千米。

新疆煤田地质局一五六煤田地质勘探队开展了勘查，工作程度为勘探，勘查资金 1075 万元，其中中央补助资金 538 万元，地方财政和企业自筹资金 537 万元。

（2）成果简述

哈密位于新疆东部，被国家新一轮资源大调查列为重点的具有找矿前景的东天山成矿带。大南湖煤田具有有害成分低、埋藏浅、易开采的优势。煤层赋存于中侏罗统西山窑组，含煤 5 层，其中 4 号煤层为区内较稳定的主要可采煤层，平均总厚度为 8.97 米。4 号煤层低水分，低灰分，中高挥发分，特低硫，低磷，较低熔灰分，中等－中高发热量，不具粘结性的（21BN－31BN）不粘煤。本次共查明（331+332+333）

资源量 2.84 亿吨。

242. 新疆维吾尔自治区后峡煤田黑山矿区托克逊县通盖井田勘探

（1）概况

勘查区距托克逊县西北约 90 千米，行政区划隶属托克逊县，面积 29.72 平方千米。

2008 年 3 月至 8 月，新疆维吾尔自治区煤田地质局一五六煤田地质勘探队开展了勘查，工作程度为勘探。

（2）成果简述

完成钻孔工作量 51 个（含水文孔 4 个），工程量 20502.25 米。煤层气勘探试验井 1 个（ZK29 - 4 孔），测试了煤层气含量。共采集化验各类样品 493 个（组）。本区以往未提交地质报告，本次提交（332）资源量 1.05 亿吨，（333）资源量 1.77 亿吨。

243. 新疆维吾尔自治区和什托洛盖煤田和布克赛尔蒙古自治县图拉南井田勘探

（1）概况

井田位于和布克赛尔县以南直线距离约 60 千米的白杨河山间盆地北部图拉村西南一带，行政区划属塔城地区和布克赛尔县管辖，面积 22.21 平方千米。井田为地势较平坦的戈壁滩，属大陆性干旱气候，处于地震活动较弱地带，无常年性河流和其他常年性地表水体。该区属经济欠发达地区，以牧业为主，但区内矿产资源较为丰富，矿业发展潜力巨大。

2009 年 8 月至 2010 年 8 月，新疆地矿局第七地质大队开展了勘查，工作程度为勘探，勘查资金 655 万元。

（2）成果简述

井田有全区可采或局部可采煤层 7 层。平均可采厚度 0.96 ~ 3.31 米。各煤层煤质特征属低灰 - 中灰、特低硫 - 低硫、高磷、含砷低、中 - 高热值、浮煤回收率级别为低等 - 中等、煤的可选性属中等 - 易选。各煤层的煤类以长焰煤（CY41）为主，含少量不粘煤（BN31），是良好的工业动力和居民生活用煤。井田共探求（331+332+333）煤炭资源量 2.63 亿吨，其中（331）资源量 0.26 亿吨，（332）资源量 0.95 亿吨，（333）资源量 1.42 亿吨。另估算风化煤（333）资源量 0.04 亿吨。备案文号为新国土资储联备字〔2010〕联 014 号。

（3）成果取得的简要过程

该项目为新疆地矿局第七地质大队在 2008 年至 2009 年度普 - 详查成果基础上继续投入工作量进行勘探而获得的成果。

244. 新疆维吾尔自治区准东煤田木垒县老君庙井田勘探

（1）概况

井田位于新疆木垒县北约 85 千米处，面积约 5.82 平方千米。省道 303 穿过木垒县城与 312 国道相接，井田与县城有简易公路相通，交通便利。

2008 年 4 月至 2009 年 8 月，新疆煤田地质局综合地质勘查队开展勘查，工作程度为勘探，勘查资金 571 万元。

（2）成果简述

煤层赋存在西山窑组地层之中，共含煤 7 层，平均总厚 44.04 米，含煤系数 10.37%。煤质牌号属不粘煤。

各煤层总体具有低灰、特低硫、低磷、低－特高热值等煤质特征，属动力用煤与民用煤。水文地质条件简单，瓦斯分带为氮气－氮气带。煤尘具爆炸性。煤的自燃倾向为Ⅱ级（自燃）。完成钻探工作量 16 孔，7800.92 米。通过评审备案的煤炭资源量 2.30 亿吨，其中（331）资源量 1.30 亿吨、（332）资源量 0.62 亿吨、（333）资源量 0.38 亿吨（新国土资储备字〔2009〕082 号）。

245. 新疆维吾尔自治区库拜煤田库车县伯勒博克孜勘查区详查

（1）概况

井田位于库车县北北东 50 千米处，行政区划属阿克苏地区库车县管辖，井田区地形为低中山区，属温带大陆干旱性气候，面积 29.77 平方千米。

2009 年 4 月至 2010 年 4 月，新疆地矿局第八地质大队开展了勘查，工作程度为详查，勘探资金 98.96 万元，出资单位和成果归属均为新疆阿克苏鑫发矿业有限责任公司。

（2）成果简述

井田有全区共有的 A、B、C 三个含煤岩组计 31 层煤，可采煤层 16 层。平均可采厚度 3.95～14.83 米。区内煤层主要为中灰、局部低灰和富灰，低硫－特低硫，总体属特低磷煤，B、C 组煤部分为中磷、高磷煤，低熔灰分－高熔灰分，高发热量－特高发热量，其中 A1、A4 煤层具有富油的特点，A 组煤可采煤层的主要煤类为良好的炼焦、配焦用煤及炼油用煤，B、C 组煤局部煤层还可做为良好的工业动力及民用煤。

评审获批的总资源量 2.18 亿吨，其中：（332）资源量 0.5 亿吨，（333）资源量 1.1 亿吨，（334）资源量 0.58 亿吨。另探求风氧化带资源量 0.05 亿吨（新国土资储联备字〔2010〕联 003 号）。

该项目探求资源储量规模已达大型，开发利用条件优越，必将对拉动当地经济发展、促进就业产生积极的作用。

246. 新疆维吾尔自治区库尔勒市塔什店北向斜北翼煤矿勘探

（1）概况

勘查区位于焉耆盆地西南缘，塔什店煤矿区东北角，属低中山丘陵地带，处于大陆性干旱气候区内，南距库尔勒市 18 千米，东北距焉耆县城约 43 千米，行政区划属库尔勒市管辖。

2009 年 5 月至 10 月，新疆煤田地质局一五六煤田地质勘探队开展了勘查，煤类以气煤为主，有少量长焰煤。工作程度为勘探。

（2）成果简述

完成地质和水文地质钻探工程量 14384.44 米，测井钻探工程量 14323.4 米，矿床类型为大型。经国土资源部矿产资源储量评审中心委托评审，获批井田内煤炭（气煤、长焰煤）查明资源量 2.01 亿吨（气煤 1.81 亿吨，长焰煤 0.18 亿吨），其中：探明的内蕴经济（331）资源量 0.31 亿吨（气煤 0.29 亿吨，长焰煤 0.02 亿吨）；（332）资源量 0.45 万吨（气煤 0.39 亿吨，长焰煤 0.056 亿吨）；（333）资源量 1.25 亿吨（气煤 1.14 亿吨，长焰煤 0.11 亿吨）。未来矿井规划能力 90 万吨／年，煤炭资源开发经济可行。

247. 新疆维吾尔自治区准南煤田乌鲁木齐县松树头东井田勘探

（1）概况

勘查区位于乌鲁木齐市南部山区，距乌鲁木齐市约 50 千米，属乌鲁木齐县水西沟镇管辖。乌鲁木齐市－鱼尔沟的 103 省道从井田的东部通过，由 103 省道羊圈沟处有简易公路直达井田，井田交通较为便利。

2008年6月至8月,新疆煤田地质局综合地质勘查队开展了勘查,工作程度为勘探,勘查资金360万元。

（2）成果简述

主要技术指标：水分（Mad）5.00%～9.88%,灰分（Ad）5.02%～6.39%,挥发分（Vdaf）34.43%～37%,全硫（St,d）0.28%～0.37%。煤类为不粘煤,可作为动力和民用煤。

通过评审备案的资源量1.63亿吨,其中：（331）资源量0.45亿吨、（332）资源量0.74亿吨、（333）资源量0.44亿吨（新国土资储备字〔2009〕B01号和国土资矿评储字〔2008〕201号）。

248. 新疆维吾尔自治区准南煤田阜康矿区阜康市西黄草沟勘查区详查

（1）概况

勘查区位于阜康市东南上户沟乡,面积5.56平方千米。距离乌鲁木齐市东北方向64千米,阜康市东南22千米,阜康市甘河子镇西南7千米的天山北麓、准噶尔盆地南缘山前地带,交通较便利。

2005年5月至2009年5月,新疆煤田地质局综合地质勘查队开展了勘查,工作程度为详查,勘查资金571万元,完成钻探工作量9130.82米。

（2）成果简述

煤层赋存在侏罗系下统八道湾组（J_1b）地层之中,共含煤14层,可采11层,平均总厚83.21米,含煤系数11.8%。煤质为中等变质程度的气煤、1/3焦煤、焦煤,构造形态为向南倾斜的单斜构造及断层的分布和性质,确定勘查类型为"二类二型"。

通过评审的资源总量1.6亿吨,其中：（332）0.23亿吨、（333）0.86亿吨。（334）0.51亿吨；另外,还估算了煤层风化带储量0.0037亿吨,氧化带储量0.0013亿吨,各煤层各级资源量的比例分布基本合理。区内鸿基焦化、明基焦化、松迪焦化、晋泰焦化已建成投产,气煤、焦煤是煤焦化基地理想的原料。

249. 新疆维吾尔自治区伊北煤田霍城县克西肯萨依煤矿区详查

（1）概况

霍城县克西肯萨依煤矿区位于伊宁煤田北部,伊宁市西32千米,距霍城县8千米,行政区划隶属伊犁哈萨依克自治州霍城县管辖。交通以公路为主,交通方便。

2006年10月至12月,新疆煤田地质局161煤田地质勘探队开展了勘查,工作程度为详查,勘查资金700万元。

（2）成果简述

本区含煤地层为中下侏罗统地层,煤层自上而下赋存于西山窑组、三工河组和八道湾组地层之中,共含煤28层,自上而下为：6～33号煤层。西山窑组含煤6～12号煤层,零星可采煤层5层；三工河组含煤1～4层,局部可采煤层1层；八道湾组含煤4～13层,可采煤层5层,大部可采煤层1层。煤质为中水分、中灰分、高挥发分、中热值,不具粘结性。各煤层均为长焰煤（41CY）。

国土资源部资源储量评审中心备案的（332+333）资源量1.57亿吨,其中：（332）资源量0.52亿吨、（333）资源量1.05亿吨。

（3）成果取得的简要过程

2006年8月,新疆紫田矿业有限公司委托新疆煤田地质局161队对新疆霍城县克西肯萨依煤矿区进行详查,至2006年12月底基本完成了野外工作,次年3月提交了《新疆霍城县克西肯萨依煤矿区详查报告》。

250. 新疆维吾尔自治区伊北煤田霍城县—伊宁县窄梁子井田勘探

（1）概况

井田位于霍城县和伊宁县的交界处，行政区划隶属霍城县和伊宁县。西距霍城县约 15 千米，东距伊宁市 30 千米，井田内地形平坦，大部分区域可通行车辆，交通条件较好，面积 4.09 平方千米。

2007 年 10 月至 2008 年 10 月，新疆煤田地质局一五六煤田地质勘探队开展了勘查，工作程度为勘探。

（2）成果简述

完成钻探工作量 6232.84 米。井田（-100 ～ 1000 米标高）范围内查明新增煤炭（长焰煤）资源总量 1.55 亿吨，其中：（331）资源量 0.33 亿吨；（332）资源量 0.48 亿吨；（333）资源量 0.74 亿吨。

区内煤炭资源开发经济意义概略评价结果表明，本区煤炭资源煤质较好，煤炭开发具有潜在经济效益。

251. 新疆维吾尔自治区托克逊县克尔碱煤矿区雨田井田勘探

（1）概况

勘探区位于托克逊县克尔碱矿区向斜南翼的中西部，距托克逊县城约 70 千米。

新疆煤田地质局一五六煤田地质勘探队开展了勘查，工作程度为勘探，勘查资金 735.60 万元。

（2）成果简述

本次工作共获得资源量总量 1.42 亿吨。

详细查明了井田处于克尔碱向斜南翼。井田内见煤 5 层，其中全区可采煤层为 4-2、3-3，可采平均总厚 16.29 米。各煤层属低水分、特低灰，特低硫，特低磷 - 低磷，低熔灰分，富油 - 高油，高 - 特高热值煤，可作动力用煤、民用煤及化工用煤。煤层煤类为长焰煤。

全县已发现煤矿多处，利用矿点 10 多处，保有储量 17.2 亿吨，占全疆的 8.3%，地质储量 22 亿吨，预计储量为 50 亿吨（其包括最近发现的黑山煤矿 10 亿吨以上）。煤体分布广，结构简单。最多可达 20 层。层位比较稳定，厚度大，总厚度 15 米以上，煤质以长焰煤和气煤为主。煤层风化壳普遍含有腐殖酸，可制作农肥、农药，具有很大的开发前景。

252. 新疆维吾尔自治区准南煤田乌苏市红山西井田勘探

（1）概况

井田位于新疆乌苏市东南 50 千米处，行政区划属乌苏市，南距 S312 省道 40 千米、北疆铁路 45 千米，西邻 S101 省道，交通较便利。

2008 年 9 月至 2009 年 9 月，新疆煤田地质局一五六煤田地质勘探队开展了勘查，工作程度为勘探。

（2）成果简述

完成钻探工作量 9020.62 米，可作为动力用煤和民用煤。共估算煤炭查明资源量总量为 1.42 亿吨（均为不粘煤，孤立的长焰煤点未估算资源量）。其中：（331）资源量 0.54 亿吨，（332）资源量 0.51 亿吨，（333）资源量 0.37 亿吨。

勘查区内煤炭资源开发经济意义概略评价结果表明，本区煤炭开发经济效益前景良好。

253. 新疆维吾尔自治区库车县阿艾煤矿区明矾沟井田勘探

（1）概况

勘查区位于库车县东北 50 千米，库车河东 5 千米处，区内地形切割强烈，起伏不平，高差大。本区属北温带大陆性干旱气候，降水稀少，夏季炎热，冬季寒冷，年最高气温25.8℃，年最低气温－8.0℃，灾害天气为冰雹，洪水及大风引起的沙尘暴。

2007年，新疆煤田地质局161煤田地质勘探队开展了勘查，工作程度为勘探，勘查资金100万元。

（2）成果简述

井田内矿产以焦煤为主，少量不粘煤，煤质为低水分，特低－中高灰分，中高挥发分，低有害元素，中高－特高发热量，具有好粘结性及结焦性的焦煤，属易选煤层。可采煤层6层，获得总资源量1.42亿吨，其中：（331）资源量0.16亿吨，（332）资源量0.15亿吨，（333）资源量1.11亿吨。首采区资源量0.16亿吨，其中：（331）资源量0.06亿吨，（332）资源量347.10万吨，（333）资源量697.35万吨。

本区水文地质条件简单，瓦斯含量高，煤层顶板稳定性以中等偏差为主。煤层埋藏浅，地压较小，地温较低，构造简单－中等：为一向南倾伏的单斜构造。可采煤层多、煤层厚、煤质优、资源量丰富、煤层赋存稳定。本区焦煤是生产一级冶金焦的上好原料，可以用来冶炼优质特殊钒钛合金钢和优质钢，工业用途十分广阔。

（3）成果取得的简要过程

1972年新疆煤田地质局161煤田地质勘探队，提交《库－拜煤田阿艾矿区阿艾、夏库坦、明矾沟、黄羊泉煤矿区普查勘探报告》，涵盖了本井田，在本井田内施工了6个钻孔，了解了本区煤层层数，煤质及煤层赋存状况，2005年至2006年在充分收集资料的基础上，进行了详查地质工作，并获国土资源部审查备案。2007年转入勘探工作，报告已获区国资源厅评审中心评审。

254. 新疆维吾尔自治区富蕴县喀木斯特煤田喀拉萨依西区煤炭勘探

（1）概况

勘查区位于富蕴县南部，北距富蕴县城210千米，南距乌鲁木齐市300千米，行政区划属富蕴县管辖。勘查面积为21.39平方千米。勘查区地处准噶尔盆地东北缘，地势总体上南高北低、东高西低，沙丘和沙垅较为发育，属戈壁及冲洪积平台地貌，海拔+996～+1136米。区内无地表水系及泉流分布，地下水亦不丰富。属典型大陆型干旱气候，冬季严寒风沙大，夏季干燥酷热，降水稀少，春旱多风，春秋两季短暂。干旱少雨，植被稀少。

2007年5月至2009年9月，中国煤炭地质总局一二九勘探队开展了勘查，工作程度为勘探，勘查资金4440.44万元。

（2）成果简述

该区构造类型简单，煤层稳定，勘探类型为一类二型。完成钻探工程量39817.53米。含煤地层为侏罗系中统西山窑组和下统八道湾组，共含煤15层，其中可采煤层1层，编号为B1，位于西山窑组，全层厚度0.30～19.02米，平均厚度6.05米；可采厚度1.25～19.02米，平均厚度6.99米；煤厚变化趋势为南部较薄、北部普遍较厚。B1煤层为低灰、高挥发分、低硫、高热值、低磷、低氯的不粘煤。

共获资源量1.30亿吨，其中：（331）资源量0.39亿吨，（332）资源量0.34亿吨，（334）资源量0.57亿吨。储量评审文号：国土资矿评储字〔2010〕165号。

255. 新疆维吾尔自治区巴里坤煤田巴里坤县黑眼泉井田勘探

（1）概况

2006年至2007年开展了勘查，工作程度为勘探，勘查资金1100万元，完成钻探工作量6808.35米。

（2）成果简述

矿床类型为沉积型煤矿床。报告通过国土资源部的评审，获得总资源量 1.26 亿吨，其中：（331）资源量 0.61 亿吨，（332）资源量 0.18 亿吨，（333）资源量 0.47 亿吨。

（3）成果取得的简要过程

2006 年 11 月进行《新疆巴里坤煤田巴里坤县黑眼泉煤矿设计》的编制工作，2007 年 4 月进入勘查区开展地质勘查工作，最终提交了《新疆巴里坤煤田巴里坤县黑眼泉勘探报告》。

第二章 油页岩

256. 吉林省扶余县长春岭油页岩矿详查

（1）概况

矿区距松原市 4 千米，面积为 1437.62 平方千米。

2006 年开展了勘查，勘查矿种为油页岩，工作程度为详查，勘查资金 3649 万元，共计施工 94 个钻孔，完成钻探工作量 5.26 万米。

（2）成果简述

矿区泉头组中分布油砂矿层 7 层，青山口组分布油页岩矿层 19 层，嫩江组分布油页岩矿层 6 层，共计油页岩（油砂）矿层 32 层。其中青山口组①、②号矿层规模大、品位高、分布稳定，资源储量占全区 52.14%。⑥、⑦号矿层规模较大，但厚度薄、品位低。

探明矿石量 450.25 亿吨。其中，含油率 3.5% 至 5%（332+333）的为 210.33 亿吨，含油率大于 5%（332+333）为 239.92 亿吨。已通过储量评审。

257. 吉林省三井子—大林子油页岩矿详查

（1）概况

吉林省地质调查院开展了勘查，勘查矿种为油页岩，工作程度为详查，勘查资金 2551 万元，完成钻探工作量近 4 万米。

（2）成果简述

估算含油率大于 5% 的油页岩矿石量为 94.65 亿吨，含油率为 3.5%～5% 的油页岩矿石量 93.10 亿吨，合计 187.75 亿吨。当前可供开发利用的资源量（332）31.16 亿吨，平均品位为 5.2%。按采矿回采率 75%、页岩油收率 80% 计算，可获得页岩油 0.97 亿吨。

258. 吉林省前郭—农安油页岩矿详查

（1）概况

吉林省地质调查院开展了勘查，勘查矿种为油页岩，工作程度为详查，勘查资金 2012 万元，来源于吉林省地质勘查基金。

（2）成果简述

查明矿床油页岩资源量（332+333）309.17 亿吨，平均品位 4.62%，折合页岩油 14 亿多吨。在现有条件下可供开发利用的资源储量（332）86.04 亿吨，平均品位 5.28%。按采矿回采率 75%、页岩油收率 80% 计算，可获得页岩油 2.7 亿吨。

第三章 地热

259. 黑龙江省林甸县地热资源勘探

（1）概况

勘探区包含林甸镇勘查区（90.67平方千米）和花园镇勘查区（91.96平方千米），勘查范围为林甸县林甸镇地热资源勘查区和花园镇地热资源勘查区。

2007年10月至2009年10月，黑龙江省第二水文地质工程地质勘查院开展了勘查，勘查矿种为地下热水，勘查资金810万元。

（2）成果简述

地下热水属中低温（Ⅱ）类Ⅱ-1型层状热储地热田勘查类型。按服务100年计算，林甸镇和花园镇勘查区可采热能分别为97.35兆瓦、65.64兆瓦，资源储量规模均属大型地热区。已经通过储量评审。

（3）成果取得的简要过程

该项目成果是在先后完成1：5万水文地质测绘、探采结合孔施工、地热流体分析7套、地热流体同位素测定、地热流体放射性分析、气体成分分析、抽水试验、动态监测等实物工作量后，对所搜集的18个钻孔的地质资料综合研究得出的。

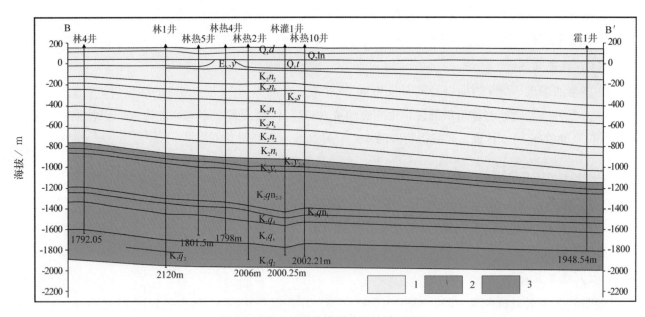

黑龙江省林甸县地热资源矿区地质剖面图

1—盖层；2—热储发育地层；3—热传导层

第四章 铁 矿

260. 河北省滦南县马城铁矿详查

（1）概况

2008年，中国冶金地质总局第一地质勘查院开展了勘查，勘查矿种为铁矿，工作程度为详查，勘查资金2433万元，完成钻探工作量47125.13米。

（2）成果简述

马城铁矿位于冀东司马长铁矿带中部，产于太古宇单塔子群白庙子组，成因属沉积变质型鞍山式铁矿床。

矿带北北西向带状产出，南西或北西倾，倾角20°～56°，共有14个矿体，Ⅰ、Ⅱ、Ⅴ号矿体为主矿体。Ⅴ号矿体最大，走向长1000米，最大倾斜延伸1700米，最厚151.81米，平均厚87.55米，TFe平均品位35.21%，矿体厚7.60～108.81米，由单层或多层矿层组成。

新增资源量（333以上）6.2亿吨。矿区（332+333）总资源量达到10.45亿吨，TFe平均品位

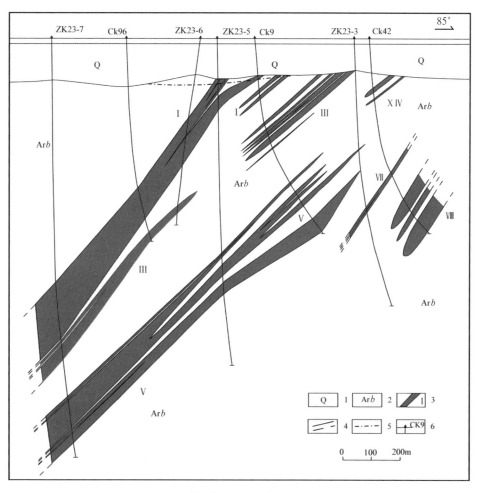

马城铁矿23线地质剖面图

1—第四系；2—太古界单塔子群白庙子组变质岩；3—矿体及编号；4—实测、推测地质界线；5—氧化带底界；6—钻孔位置及编号

34.98%，其中（332）资源量 2.23 亿吨，（333）资源量 8.22 亿吨。

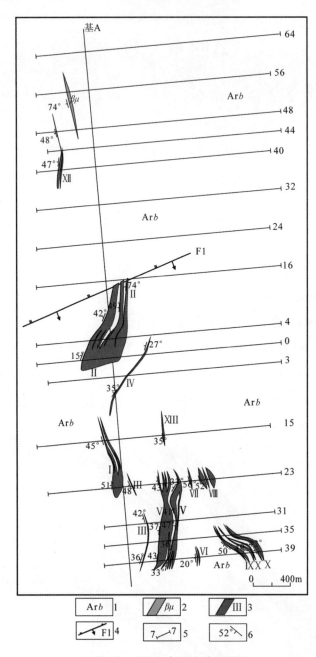

马城铁矿 -500 米中段地质平面图

1—太古宇单塔子群白庙子组变质岩；2—辉绿岩脉；3—铁矿体及编号；4—逆断层位置及编号；5—勘探线位置及编号；6—矿体产状

261. 河北省滦县司家营铁矿南区深部补充勘探

（1）概况

2008 年至 2009 年，河北省地矿局第二地质大队开展了勘查，勘查矿种为铁矿，工作程度为勘探，勘查资金 1810 万元，完成钻探工作量 2.02 万米。

（2）成果简述

勘探区由南矿段和大贾庄矿段组成。南北长 8.5 千米，东西宽 1～2 千米。南矿段共有 2 个矿体，大贾庄矿段共有 3 个矿体。南矿段 I 矿体和大贾庄矿段（I+II）矿体为主矿体。南矿段 I 矿体长 6200 米，走向近南北，倾向西，倾角40°～50°。大贾庄矿段（Ⅰ+Ⅱ）矿体长6550米。矿石主要为磁铁石英岩，少量赤铁石英岩，磁铁矿含量一般40%左右。TFe含量25%～35%，平均30.82%。

补勘新增（332+333）资源量铁矿石2.6亿吨。

262. 河北省滦县常峪铁矿详查

（1）概况

2007年开展了勘查，勘查矿种为铁矿，工作程度为详查，勘查资金1000万元。

（2）成果简述

全区共有14个矿体，埋深70～810米。矿体Ⅰ$_{-1}$、Ⅱ、Ⅲ$_{-1}$为主矿体。Ⅱ号矿体规模最大，长747米，埋深76米，平均厚度41.69米。TFe平均品位29.25%。矿石类型为磁性铁矿石。

经评审，提交铁矿（121b+122b+332+333）资源储量1.2亿吨。

263. 河北省沙河市白涧铁矿详查

（1）概况

矿区面积10.486平方千米，2009年至2010年，河北省地矿局第十一地质大队开展了详查，勘查矿种为铁矿，工作程度为详查，勘查资金2230万元，完成钻探工作量1.12万米。

（2）成果简述

矿体埋藏较深，规模较大，品位较高，属接触交代型成因，主要赋存于岩浆岩与灰岩接触带以及接触带附近灰岩层间。Ⅰ矿体赋存于灰岩层间，长轴NW—SE向，长约1450米，宽500米，沿倾向延伸800米，最大垂厚138.39米，平均垂厚18.57米，平均品位48.54%。Ⅱ矿体赋存于接触带，长轴呈近南北向，长1200米，宽600米。矿体东西向延展近1400米，最大垂厚61.1米，平均垂厚8.95米，平均品位47.79%。

估算Ⅰ、Ⅱ矿体（333+334）资源量0.93亿吨，TFe平均品位47.84%。矿山达到大型规模。

264. 河北省隆化县大乌苏南沟（M24）铁矿普查

（1）概况

矿区位于承德市北部，矿区面积3.23平方千米。2007年至2010年，河北省地质矿产资源勘查开发局第四地质大队开展了勘查，勘查矿种为铁矿，工作程度为普查，勘查资金4730万元。

（2）成果简述

主矿体产于斜长岩中，埋深758～1285米，透镜体状或似层状。

共查明矿体数十个，划分为Fe$_①$、Fe$_②$、Fe$_③$等矿群。Fe$_①$、Fe$_②$矿体均为苏长岩型岩浆分凝式矿床。Fe$_①$为主矿体，见矿厚度134.68～564.07米，平均厚度308.83米。Fe$_②$矿体位于地表或近地表。Fe$_③$位于Fe$_①$之下，属辉石角闪石岩型矿床。金属矿物主要为含钒钛磁铁矿、含钒磁铁矿、钛铁矿。矿体长800米，延深400米，平均厚度172米。走向北15°东，倾向南15°东，倾角20°。厚度稳定，矿化连续，品位均匀。

估算Fe$_①$矿体矿石（333+334）资源量约6亿吨，Fe$_②$约1.5亿吨，Fe$_③$约2亿吨，共计9.5亿吨。

265. 河北省迁安县首钢迁安铁矿接替资源勘查

（1）概况

勘查工作区位于河北省迁安市，隶属木厂口镇管辖，交通较便利。2006年2月至2009年10月，首钢地质勘查院地质研究所开展了勘查，勘查矿种为铁矿，工作程度为普查，勘查资金3803万元。

（2）成果简述

矿床类型为火山沉积变质铁矿床，赋存于太古宇三屯营组地层中，呈层状、似层状。二马区有二马矿体和牛山矿体，二马矿体单斜板状，NE 走向延长 3 千米以上，倾向 NW 延伸 320～1190 米，最大延深到 –775 米标高，平均厚度 20 米左右（见图）。杏山区矿体向斜形态，走向延长 1200 米以上，以 F9 为界分大杏山、小杏山两个矿体，大杏山矿体偏东陡倾，最大垂直延伸长度 500 米，延深到 –600 米以下，最大厚度 100 米左右；小杏山矿体倾向 SWW，延伸长度 500~850 米，最大延深到 –1150 米标高，自浅到深有加厚趋势，平均厚度 54.31 米（见图）。

两矿区估算新增 333 资源量 2.43 亿吨。其中二马 1.12 亿吨，杏山 1.31 亿吨。

（3）成果取得的简要过程

2006 年 2 月，根据全国危机矿山接替资源找矿项目管理办公室下达的任务书，编制总体设计，初定工作周期为两年，到 2007 年底完成，后又经续作，野外工作时间延长至 2009 年 6 月结束，共历时 3 年半。在实施过程中，根据实际情况和新的地质认识，并经监审专家同意并签认，曾对设计进行几次调整，主要完成地表钻探 42 个孔 37292 米及相应地表地质、采加化等工作，验收结论为优秀。

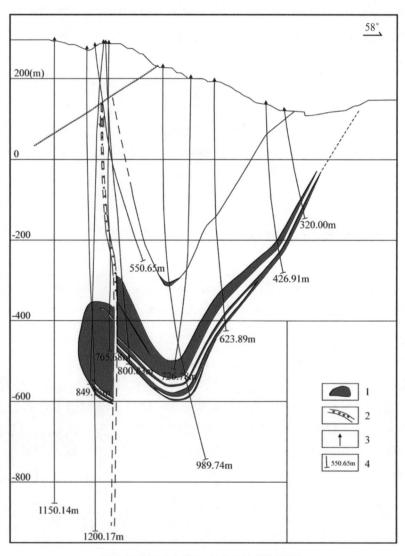

迁安铁矿区杏山矿床 C18 线地质剖面图

1—铁矿体；2—断层；3—钻孔；4—钻孔终孔深度

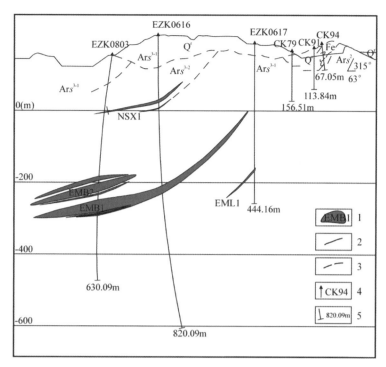

迁安铁矿区二马矿床 N600 线地质剖面图

1—铁矿体（mFe ≥ 15%）；2—实测地质界线；3—推测地质界线；4—钻孔及编号；5—终孔深度

266. 河北省承德市黑山铁矿接替资源勘查

（1）概况

2007 年 4 月至 2009 年 2 月，河北省地勘局第四地质大队开展了勘查，勘查矿种为铁矿，工作程度为普查，勘查资金 1855 万元。

（2）成果简述

矿床类型为大庙式含钒钛磁铁矿，矿石主要为含钒钛的磁铁矿矿石，属易选矿石。平面上矿体具有左行排列特征，垂向上具有叠瓦斜列式分布规律。勘查证实，黑山铁矿产出部位较深，现已控制近 2000 米，矿体最大延深可达 3 千米。施工 18 个钻孔均见矿，在①号矿体下部新发现① -5、① -6 矿体群，它是新增资源量的主要部分，占新增资源量的一半。

全区探明新增铁矿石资源量（333）4357.02 万吨。根据黑山铁矿矿体分布规律，在① -6 号矿下还可能出现新的矿体群，远景资源量至少有 3000 万吨以上。

（3）成果取得的简要过程

黑山铁矿Ⅰ号采区，通过磁法测量圈定 14 个异常。C1、C2 低缓异常向南延至图外，反映①、②号矿体群向南延深较大。C3 异常由 ZK3101 钻孔验证是由多层铁矿引起。其余异常规模很小，由地表或近地表的小矿体引起。黑山铁矿Ⅱ号采区，通过磁法测量圈定 12 个异常，其中Ⅱ－ C1 异常由③、⑥、⑧号矿体引起，铁矿体向南东倾，并有一定延深。其余异常由地表小铁矿体引起。黑山铁矿施工钻孔除 44线边孔（ZK4401）见矿不好外，其余钻孔均见矿。

267. 河北省承德市大庙—黑山一带 M24 低缓磁异常

（1）概况

矿区位于承德市隆化县韩麻营镇大乌苏村—双滦区大庙镇一带。面积 3.23 平方千米，距承德市 25 千米，交通便利。

2006年6月至2008年6月，河北省地勘局第四地质大队开展了勘查，勘查矿种为铁矿，工作程度为普查，勘查资金4519万元。

（2）成果简述

该矿床属"攻深找盲"发现的新的超大型钒钛磁铁矿床，按照矿床成因、空间位置，划分为3个矿体群，其中Fe_1矿体为主矿体，Fe_2矿体位于地表和近地表，Fe_1、Fe_2均为苏长岩型岩浆分凝式矿床；Fe_3矿体位于Fe_1之下，属辉石角闪石岩型矿床。

2009年度对M24进行普查续作后，初步估算该矿区3个矿体群333+334资源量如下：Fe_1号矿体群工业矿体矿石量约6亿吨，Fe_2号矿体群约1.5亿吨，Fe_3号矿体群约2亿吨，共计9亿吨以上。Fe_1号主矿体见矿厚度134.68～564.07米，平均厚度308.83米。

（3）成果取得的简要过程

地表地质和钻探工作后，确定本区铁矿体呈透镜体状和似层状，厚度稳定、品位均匀。主要矿层产状：走向北东20°±，倾向南东，倾角45°±。

钻探验证M24异常均为隐伏盲矿体。在ZK2401和ZK2402两孔深度120～220米均见第一层铁矿，产出深度标高一致，厚60～100米，为苏长岩型铁矿。矿区主要铁矿层（编号21层）在ZK2401孔中产出深度1074.20～1245.00米，真厚度121米，ZK2402孔中产出深度1094.97～1251.54米，共有三层，真厚度115.5米，矿体相连。另外，ZK2402孔深度1391.76～1905.80米还见角闪辉石岩型铁矿层。

268. 河北省承德县高寺台镇黑山铁矿东大洼矿段普查—详查

（1）概况

勘查区位于承德市北31千米处，高寺台镇王营与龙潭沟两村辖区。矿段西侧与黑山铁矿①、②号矿体相接，东与③号矿体毗邻，面积0.97平方千米。

2005年8月至2010年4月，河北省地勘局第四地质大队开展了勘查，勘查矿种为铁矿，工作程度为普查-详查，勘查资金6206万元（普查4519万元，详查1687万元），属老矿区深边部找矿项目。

（2）成果简述

黑山铁矿东大洼矿段属钒钛磁铁矿矿床。勘查区位于承德市北31千米处，高寺台镇王营与龙潭沟两村辖区。矿段西侧与黑山铁矿①、②号矿体相接，东与③号矿体毗邻，面积0.97平方千米。矿石矿物主要为含钒钛磁铁矿、钛铁矿、含钒磁铁矿，次有少量含钴黄铁矿、黄铜矿、磁黄铁矿。脉石矿物主要为绿泥石，次有斜长石等。

普查工作查明东大洼矿段的铁矿新增资源量（333）0.5388亿吨，全区累计探明铁矿石资源量达1.1381亿吨。

（3）成果取得的简要过程

该矿床是河北省地矿局第四地质大队在1981年验证磁异常发现的。勘探查明，除ZK0701孔见矿一般（边缘孔）外，其余5个钻孔均见矿，单孔累计最大见矿厚度429.75米，最小见矿厚度76.53米。平均品位TFe 33.88%、mFe 21.27%、TiO_2 9.39%、V_2O_5 0.301%。

承德县高寺台镇黑山铁矿东大洼矿段在2010年又进行地质详查工作，最终提交大型铁矿床详查产地1处。

269. 河北省滦南县长凝铁矿普查

（1）概况

2008年4月至2009年6月，中国冶金地质总局第一地质勘查院开展了勘查，勘查矿种为铁矿，工作程度为普查，勘查资金870万元。属新产地评价项目，2010年12月通过省国土资源厅评审。

（2）成果简述

共圈定矿体10个，矿体走向0°～21°，西倾，倾角39°～61°。沿走向长200～1442米，倾斜延伸113～759米，平均厚度5.62～59.69米。矿石矿物主要为磁铁矿，次为赤铁矿、假象赤铁矿。矿石工业类型为高硅低硫、低磷需选磁性贫铁矿石。

估算（333+334）资源量2.59亿吨，TFe平均品位为31.34%。其中（333）资源量为0.44亿吨，TFe平均品位为31.43%；（334）资源量为2.15亿吨，TFe平均品位为31.32%。

（3）成果取得的简要过程

在20世纪70年代工作的基础上已累计施工有效钻孔15个，但未提交成果。此次勘查工作累计完成控制测量21点，1：2000地形地质测量30平方千米，磁法剖面测量21千米，井中磁测588点，钻探8474.3米，基本分析683件，组合分析59件，实验室选矿试验1件，工程点测量9点。

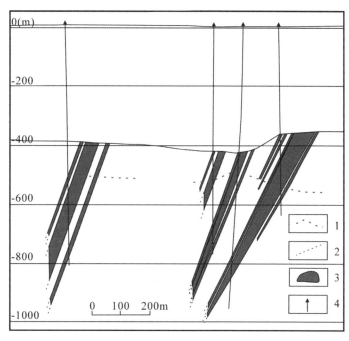

长凝铁矿16线资源量估算地质剖面图

1—氧化带；2—推测矿体界线；3—矿体；4—钻孔

270. 辽宁省本溪市桥头大台沟铁矿15-4线详查

（1）概况

大台沟铁矿距本溪市15千米，交通便利。矿区属低山丘陵区，水、电及人力资源丰富。温带大陆季风气候，年平均气温5℃～8℃。

2006年至2010年，辽宁省地质矿产调查院开展了勘查，勘查矿种为铁矿，工作程度为详查，勘查资金1.45亿。2009年完成钻探工作量1.67万米，2010年完成钻探工作量1.3万米，累计完成钻探工作量5.38万米。

（2）成果简述

大台沟铁矿为太古宙沉积变质型鞍山式铁矿床。已控制的矿体延长2000米，埋深1100～1200米，最宽1036米，平均780米。单孔最深控制深度2022.38米。目前最大穿矿厚度835米，但未穿透矿体。矿石主要成分为磁铁矿、赤铁矿等。主要矿石矿物为赤铁矿、磁铁矿。TFe 25%～62.41%，平均32.59%。

2010年6月，探获铁矿石（332+333）资源量34.74亿吨。其中，2010年新增资源储量4.74亿吨。

（3）成果取得的简要过程

大台沟铁矿是辽宁省地质矿产调查院根据2006年至2007年国土资源大调查项目《辽宁鞍山市吴家台－辽阳市孙家营一带铁矿普查》成果，以及1:200000航磁异常查证发现铁矿体后，引入民营资本进行详查取得的。

271. 辽宁省本溪市徐家堡子铁矿床补充勘探

（1）概况

2005年至2010年，辽宁省冶金地质勘查局地质勘查研究院开展了勘查，勘查矿种为铁矿。其中，2005年至2006年，工作程度为详查，勘查资金346万元。2007年至2010年，工作程度为勘探和补充勘探，勘查资金1000万元。

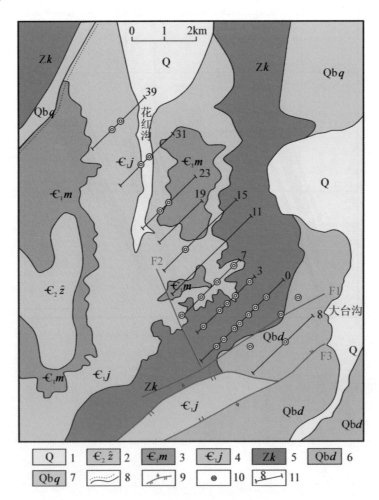

大台沟铁矿区地质图

1—第四系；2—张夏组；3—馒头组；4—碱厂组；5—康家组；6—钓鱼台组；7—桥头组；8—推测或实测不整合岩层界线；9—断层；10—钻孔；11—勘探线及编号

（2）成果简述

矿区共有五个隐伏矿体。Fe₁ 是主矿体，埋深 300 ~ 650 米，延深 200 ~ 467 米，平均厚度为 65.78 米，延长 1200 米，推测达 1600 米，其资源量占矿床总量的 84.71%。矿床成因类型属沉积变质型鞍山式铁矿床。矿石 TFe 平均品位 29.91%，mFe 平均品位 25.49%。矿石属粗粒不均匀型铁矿，磁性较强。

共获得贫铁矿＋低品位矿（331+332+333）2.1 亿吨。其中，（331）资源量 0.62 亿吨，（332）资源量 0.25 亿吨。

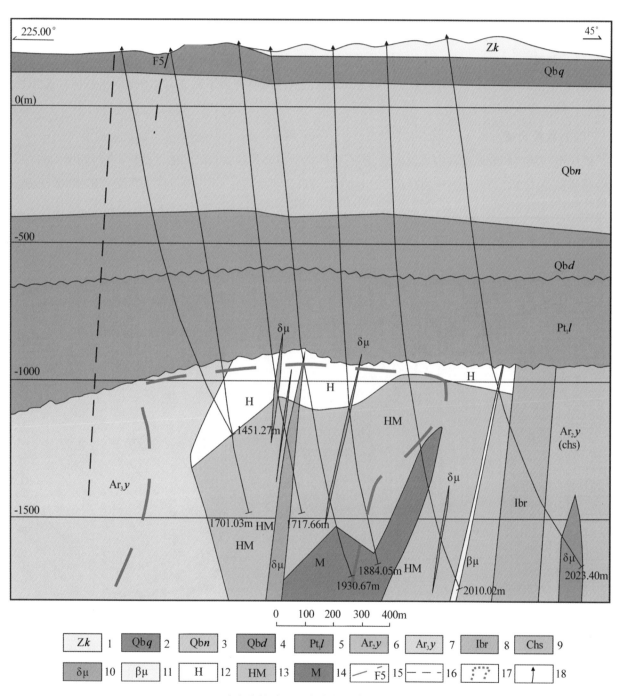

大台沟铁矿区 0 线综合地质剖面图

1—康家组：泥灰岩；2—桥头组：石英砂岩夹页岩；3—南芬组：泥灰岩、页岩；4—钓鱼台组：石英砂岩；5—辽河群：硅化大理岩、绢云石英片岩；6—鞍山群樱桃园组：条带状磁铁赤铁石英岩、绿泥片岩、花岗质片麻岩；7—花岗质片麻岩；8—条带状磁铁石英岩；9—绿泥片岩；10—闪长玢岩；11—辉绿岩；12—赤铁矿体；13—混和矿体；14—磁铁矿体；15—推测断层及编号；16—推测地质界线；17—EH4 推断矿体边界；18—钻孔

272.辽宁省抚顺市罗卜坎矿区铁矿勘查

（1）概况

辽宁省第十地质大队开展了勘查，勘查矿种为铁矿，工作程度为详查，勘查资金为 860 万元。

（2）成果简述

矿床类型属沉积变质型鞍山式铁矿床。主要矿石矿物为磁铁矿。矿石品位 mFe 15% ～ 22.70%。共提交铁矿石（333 及以上）资源量 1.25 亿吨。其中已提交评审备案的为 0.88 亿吨，已控制的为 0.37 亿吨。

273.辽宁省辽阳市弓长岭铁矿接替资源勘查

（1）概况

2006 年至 2007 年，辽宁省冶金地质勘查局地质勘查研究院开展了勘查，勘查矿种为铁矿，工作程度为普查，勘查资金 1473 万元。

（2）成果简述

矿床类型属沉积变质型鞍山式铁矿床。矿石自然类型主要为磁铁富矿和磁铁贫矿。获得新增加的(333) 类铁矿资源量 13867 万吨，其中富铁矿 7214 万吨，TFe 平均品位：67.01%（磁铁平炉富矿 6082.7 万吨，

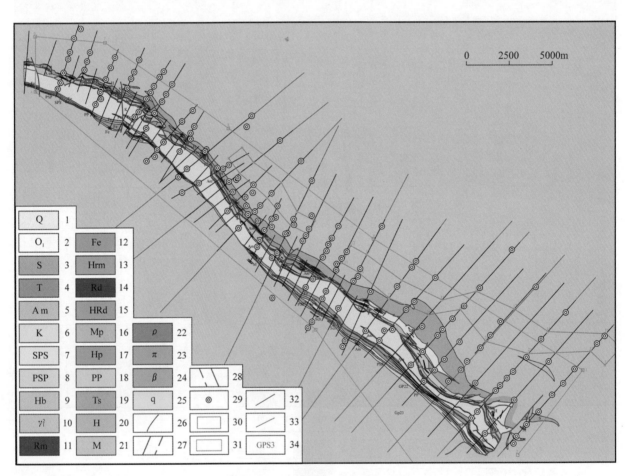

辽宁省辽阳市弓长岭铁矿二矿区地质图

1—第四系山坡堆积物；2—下奥陶系石灰岩；3—石英片岩；4—滑石绢云母片岩；5—角闪片岩；6—石英黑云钠长片岩；7—钠长角闪片岩；8—绿泥云母片岩；9—钠长角闪片岩；10—混合花岗岩；11—磁铁平炉富矿；12—含铁层；13—赤铁平炉富矿；14—磁铁高炉富矿；15—赤铁高炉富矿；16—磁铁石英岩；17—假象赤铁石英岩；18—极贫矿；19—透闪石英片岩；20—蚀变岩；21—混合岩；22—伟晶花岗岩脉；23—长英岩脉；24—基性岩脉；25—石英脉；26—地质界线；27—实测、推测横断层及其编号；28—实测、推测走向断层；29—钻孔位置；30—资源量估算范围；31—矿权范围；32—勘查线；33—磁法剖面线；34—测量控制点及编号

磁铁高炉富矿 1131.4 万吨，赤铁平炉富矿 559 万吨），磁铁贫矿 6094.1 万吨，TFe 平均品位：33.99%。

（3）成果取得的简要过程

该项目为 2005 年度、2006 年度全国危机矿山接替资源勘查项目，经过 2006、2007 这两年的勘查工作，成果显著。通过认真研究铁矿特别是富铁矿的成矿条件和矿体赋存规律，部署了深部钻探，钻探总进尺 13959.99 米。共施工 12 个钻孔，钻孔最大孔深 1452.88 米，控制矿体最大深度－880 米，在深部找矿方面取得了显著成果。

274. 辽宁省鞍山市陈台沟铁矿普查

（1）概况

勘查矿种为铁矿，工作程度为普查，勘查资金 4750 万元，资金来源为辽宁省财政及鞍山市财政，完成钻探工作量 2.4 万米，其中 2010 年完成钻探工作量 1.28 万米。

（2）成果简述

矿床类型属沉积变质型鞍山式铁矿床。矿石自然类型主要为磁铁贫矿，主要矿物成分为磁铁矿。矿石 TFe 品位为 30.2%～32.2%。矿体延长 2400 米，见矿深度为地下 500～900 米，穿矿厚度大于 377 米，矿层延深大于 2100 米。矿层走向 330°～335°，倾向北东，倾角 78°～80°。属中粗粒不均匀型铁矿，具有较强磁性，适宜磁选。估算铁矿石（333）资源量 2 亿吨。

275. 吉林省敦化市塔东铁矿勘探

（1）概况

吉林省地质矿产资源勘查开发研究院和吉林省第六地质调查所开展了勘查，勘查矿种为铁矿，工作程度为勘探，勘查资金 1300 万元。

（2）成果简述

矿床成因类型属海底火山喷发沉积变质矿床。主要矿种为铁，伴生硫、磷、钒、钴。

查明铁矿石资源量 1.32 亿吨，TFe 品位 25.34%。其中（111b）储量 0.15 亿吨，（122b）储量 0.49 亿吨，（333）资源量 0.68 亿吨。伴生 P_2O_5 总量 212.6 万吨，V_2O_5 25.3 万吨，S 404.6 万吨，Co 1.1 万吨。

276. 安徽省庐江县泥河铁矿详查

（1）概况

矿区位于安徽省庐江县，属畈圩相间地形，平均气温 15.9℃。面积 12.89 平方千米。交通便利。

2007 年至 2008 年开展了勘查，勘查矿种为磁铁矿，工作程度为详查，勘查资金 1.12 亿元，累计完成钻探工作量 8.33 万米。

（2）成果简述

详查发现矿体厚数十米至百余米，甚至 200 米至 300 多米。矿区可圈为 4 个磁铁矿矿体和 4 个硫铁矿矿体。矿体走向北东向，倾向北西，倾角 15°～30°。磁铁矿矿体从下往上命名为 Fe_1、Fe_2、Fe_3、Fe_4 号矿体，硫铁矿矿体分布在 Fe_2、Fe_1 之间、Fe_3、Fe_2 之间、Fe_4、Fe_3 之间和 Fe_4 的顶板，分别命名为 S_1、S_2、S_3、S_4。

估算铁矿石（331+332+333）资源量 1.84 亿吨，平均品位：TFe 29.69%、mFe 20.97%。硫铁矿石（332+333）资源量 1.4 亿吨，平均品位：S 17.06%、Ss 13.91%。硬石膏矿石（333）资源量 1374 万吨，平均品位 $CaSO_4 \cdot 2H_2O + CaSO_4$ 88.86%。

（3）成果取得的简要过程

2007年，安徽省地质调查院依托国土资源大调查项目"安徽省庐江盛桥－枞阳横埠地区铁铜矿勘查"，在地面大比例尺地质测量、矿产调查和物、化探工作基础上，结合$\triangle T$化极磁异常，钻探发现了泥河铁矿。2008年，中国地质调查局、安徽省地勘基金、安徽省地矿局、中国五矿集团对泥河铁矿进行联合勘查。

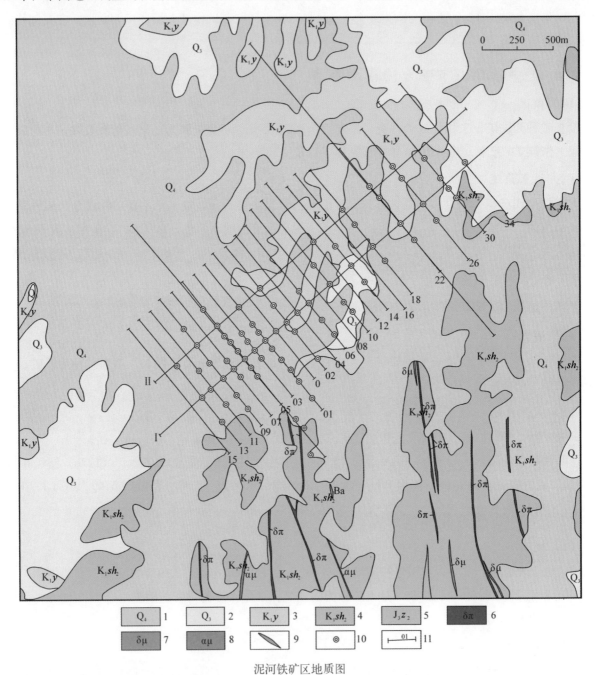

泥河铁矿区地质图

1—全新统芜湖组；2—更新统下蜀组；3—白垩系下统杨湾组；4—白垩系下统双庙组；5—侏罗系砖桥组上段；6—正长玢岩；7—安山玢岩；8—闪长玢岩；9—重晶石脉；10—钻孔；11—勘探线位置及编号

277. 安徽省当涂县杨庄铁矿普查

（1）概况

2006年开展了勘查，勘查矿种为铁矿，工作程度为普查，勘查资金980万元。

（2）成果简述

探获铁矿石（333+334）资源量 1.76 亿吨，平均品位 TFe 35.71%。其中（333）资源量 0.9 亿吨，平均品位 TFe 36.72%。

278. 安徽省霍邱县周油坊铁矿深部及外围详查

（1）概况

2010 年 1 月至 9 月，安徽省地质矿产资源勘查局 313 地质队开展了勘查，勘查矿种为铁矿，工作程度为详查，勘查资金 500 万元。

（2）成果简述

详查发现 8 个矿体。其中，主矿体为 V、VI 号。矿体长 3800 米，宽 105～540 米。深部（-1500 米以上）新增铁矿石资源量 1.12 亿吨。

279. 山东省兖州市颜店矿区洪福寺铁矿详查

（1）概况

2007 年 11 月至 2009 年 9 月，山东省物化探勘查院开展了勘查，勘查矿种为铁矿，工作程度为详查，

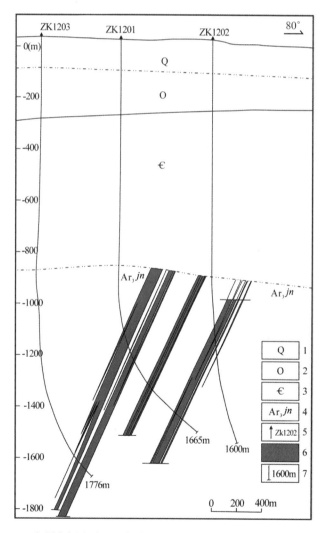

兖州市颜店矿区洪福寺铁矿第 12 勘探线地质剖面图

1—第四系；2—奥陶系；3—寒武系；4—新太古界；5—钻孔及编号；6—铁矿体；7—终孔深度

勘查资金5823.69万元。

（2）成果简述

矿床成因类型为变质沉积型铁矿床。矿体呈层状赋存于济宁群浅变质岩中，具条带状构造，埋深899～1377米。矿石工业类型为需选弱磁性铁矿石。

共圈定矿体11个，层状、似层状产出，走向333°～355°，倾向南西西，倾角56°～65°。估算铁矿石（333+334）资源量6.22亿吨，平均品位TFe 28.42%，mFe 20.96%。其中（332+333）资源量5.2亿吨，平均品位TFe 28.99%，mFe 21.90%；低品位矿石（332+333）资源量1.02亿吨，平均品位TFe 25.55%，mFe 16.15%。

280. 山东省兖州市瞿村矿地区铁矿详查

（1）概况

勘查区位于兖州市西约15千米处，面积24.12平方千米，交通便利，属于暖温带半湿润季风气候。

2008年至2010年，山东省物化探勘查院开展了勘查，勘查矿种为铁矿，工作程度为详查，勘查资金1.04亿元。

（2）成果简述

矿床成因类型为变质沉积型铁矿床。矿体赋存于新太古代济宁群变质岩中，埋深1042～1776米。走向326°～359°，倾向南西西，倾角54°～70°。矿石工业类型为需选弱磁性铁矿石。

共圈定矿体44个。新增铁矿石资源量13.09亿吨，平均品位TFe 30.12%，mFe 21.61%。其中，（332）资源量1.92亿吨，平均品位TFe 32.14%，mFe 23.12%；（333）资源量9.35亿吨，平均品位TFe 30.61%，mFe 22.27%；低品位矿石（332+333）1.83亿吨，平均品位TFe 25.51%，mFe 16.65%。

281. 山东省汶上—东平铁矿区张宝庄矿段铁矿详查

（1）概况

2007年开展了勘查，勘查矿种为铁矿，工作程度为详查。

（2）成果简述

矿床成因类型为沉积变质成因。赋矿岩性主要为条带、条纹状磁铁角闪石英岩，次为磁铁石英岩。

发现矿体25个，求得铁矿石（332+333）资源量1.63亿吨。其中，（332）资源量1.15亿吨，（333）资源量0.48亿吨。

282. 山东省汶上—东平铁矿彭集矿区详查

（1）概况

勘查区北距东平县城约8千米，南距汶上县城约12千米。交通便利，属温带大陆性季风气候。

2009年至2010年，中国冶金地质总局山东正元地质勘查院开展了勘查，勘查矿种为铁矿，工作程度为详查，勘查资金1030万元。

（2）成果简述

共圈定28个矿体，其中7个矿体长度逾1000米，倾斜延深均逾600米。矿体厚2.7～9.9米，单孔控制最大厚度53.2米。产状走向大致340°，倾向SW，倾角57°～85°。平均品位20.24%～47.76%，mFe平均品位13.01%～43.46%。矿石矿物主要为磁铁矿，次为赤铁矿、黄铁矿等。矿石条带状构造。

矿物组合较简单，主要为磁铁矿。矿床成因类型属大型沉积变质型（鞍山式）贫矿。

共求得铁矿石（332+333）资源量3.31亿吨，TFe平均品位29.92%，mFe平均品位20.34%。其中，（332）资源量1.23亿吨。

283. 山东省苍山县凤凰山矿区铁矿勘探

（1）概况

山东省地质科学实验研究院开展了勘查，勘查矿种为铁矿，工作程度为勘探，勘查资金1383万元。

（2）成果简述

矿区分布南、北两个矿带。两者平行展布，相向而倾。其中，矿层 $N_①$、$N_②$ 组成北矿带，$S_①$、$S_②$、$S_③$ 组成南矿带。

矿石自然类型为石英－闪石型条纹条带状磁铁矿石，矿床工业类型为需选铁矿石，成因类型为沉积变质型铁矿。矿物成分主要为磁铁矿、角闪石、石英等。矿石中主要有益组分为 Fe，磁性铁占全铁含量的64.44%。

勘查新增铁矿石资源量0.61亿吨，平均品位 TFe 31.24%，mFe 19.72%。其中，（331）资源量0.09亿吨，平均品位 TFe 30.93%，mFe 19.77%；（332）资源量0.15亿吨，平均品位 TFe 30.98%，mFe 19.74%；（333）资源量0.37亿吨，平均品位 TFe 31.42%，mFe 19.69%。

284. 海南省昌江县石碌铁矿接替资源补充勘查

（1）概况

矿区毗连昌江县石碌镇，距海口191千米，区内交通便利，属于热带海洋季风气候。

2007年至2009年，海南省地质勘查局资源环境调查院开展了勘查，勘查矿种为铁矿，勘查资金11679万元。

（2）成果简述

2007年1月开展危机矿山接替资源勘查，2009年1月转入详查。新增铁矿石资源量0.66亿吨，累计探获铁矿石资源量4.71亿吨，平均 TFe 品位43.73%；探获钴3075.35吨，平均品位0.21%；铜1.7万吨，平均品位0.96%；伴生镍793.1吨、银14.62吨、硫22万吨。

285. 四川省攀枝花市攀枝花钒钛磁铁矿区兰家火山矿段勘查

（1）概况

四川省地矿局106地质队开展了勘查，勘查矿种为磁铁矿，工作程度为预查，勘查资金220.5万元。

（2）成果简述

矿体赋存于康滇地轴中段攀枝花断裂带华力西期攀枝花层状辉长岩体中。IX、VIII、VI、V 等矿体长2000米，厚5～70米。矿床类型为晚期岩浆分异型。矿石主要成分为钒钛磁铁矿—钛磁铁矿、钛铁矿、钛铁晶石、尖晶石。品位为 TFe 26.09%、TiO_2 10.15%、V_2O_5 0.25%。

估算（334）铁矿石资源量1.26亿吨；伴生 TiO_2 1223.93万吨，伴生 V_2O_5 27.20万吨。

286. 四川省盐边县新九乡白沙坡—新桥钒钛磁铁矿勘查

（1）概况

2009年至2010年，四川省地矿局106地质队开展了勘查，勘查矿种为磁铁矿，勘查资金1475万元。

（2）成果简述

矿体隐伏于花岗岩体之下，被花岗岩侵蚀分为两段（地母庙段和白沙坡段）。其中，地母庙段矿体长约 250 米，厚约 60 米；白沙坡段矿体长约 300 米，厚约 130 米。矿床类型为晚期岩浆分异型。主要成分有钒钛磁铁矿－钛磁铁矿、钛铁矿、钛铁晶石、尖晶石。平均品位 TFe 22.70% ～ 23.36%。

估算（333+334）铁矿石资源量 1.15 亿吨。

287. 西藏自治区措勤县尼雄矿区铁矿普查

（1）概况

2002 年至 2007 年开展了勘查，勘查矿种为铁矿，工作程度为普查。

（2）成果简述

普查发现矿床类型为矽卡岩型铁矿。共有矿体 24 个。矿体长 500 ～ 2300 米，厚 1.30 ～ 13.74 米，最厚可达 66.54 米。

估算其中 8 个矿体的铁矿石（334）资源量为 1.38 亿吨。

288. 甘肃省肃北县德勒诺尔铁矿普查

（1）概况

2010 年，甘肃省地矿局第二勘查院开展了勘查，勘查矿种为铁矿，工作程度为普查，勘查资金 6881.81 万元。

（2）成果简述

矿床成因为沉积变质型铁矿床。矿体赋存于蓟县系花儿地组中岩组（Jxh^b），总长度大于 7 千米。I 号矿体长 916 米，平均厚度 3.81 米，TFe 平均品位 23.12% ～ 27.87%；II 号矿体长 3516 米，厚 2.76 ～ 10 米，TFe 平均品位 27.78%；V 号矿体长 4590 米，地表厚度 2 ～ 10 米，TFe 平均品位 25.48%。

累计探明铁矿石（332+333+334）资源量 1.71 亿吨。其中，（332）资源量 0.16 亿吨，（333）资源量 0.83 亿吨，（334）资源量 0.72 亿吨。矿山达到大型规模。

289. 青海省格尔木市尕林格铁矿普查

（1）概况

2005 年至 2008 年，青海省有色地质勘查局地质矿产资源勘查院开展了勘查，勘查矿种为铁矿，工作程度为普查，勘查资金 921 万元。

（2）成果简述

矿区共有 7 个矿群，总体北西西方向展布，东西长约 15 千米，南北宽 1.5 ～ 3.5 千米。

矿床成因为喷流－沉积后期改造型矿床。共圈定铁矿体 50 个，组成 7 个矿群。矿体长 100 ～ 1350 米，厚 1.64 ～ 91.66 米，最大倾斜延深 560 米。主要成分为磁铁矿，共（伴）生钴、铅锌、金。

估算铁矿石总资源量 1.5 亿吨。其中，I 矿群（333+334）铁矿石资源量 0.46 亿吨，II 矿群（333）资源量 0.32 亿吨，III 矿群资源量 0.11 亿吨，IV 矿群资源量 0.05 亿吨；V 矿群（333 以上）资源量 0.23 亿吨，VI 矿群资源量 0.05 亿吨，VII 矿群资源量 0.05 亿吨。仅 V 矿群资源量已通过评审。

290. 新疆维吾尔自治区且末县迪木那里克铁矿普查

（1）概况

新疆地质矿产资源勘查开发局第三地质大队开展了勘查，勘查矿种为铁矿，工作程度为普查，勘查资金784万元。

（2）成果简述

迪木那里克铁矿为大型沉积变质型铁矿。矿山共计50个矿体，可分为三个含矿层。矿体走向125°～155°，倾向北东，倾角30°～60°。主矿体为Fe_{36}、Fe_{37}矿体。TFe平均含量27.08%，最高54.19%；mFe平均含量17.89%，最高43.29%。矿石主要为条带状石英－磁铁矿。

共探求（332+333+334）资源量1.02亿吨。其中（332）资源量0.49亿吨，（333）资源量0.38亿吨，（334）资源量0.15亿吨。

291. 新疆维吾尔自治区和静县查岗诺尔铁矿区详查

（1）概况

新疆地质矿产资源勘查开发局第三地质大队开展了勘查，勘查矿种为铁矿，工作程度为详查，勘查资金143万元。

（2）成果简述

Fe_I矿体为全区最大矿体，长2130米，平均厚度63.72米，TFe平均36.95%。Fe_{II}矿体平均厚度30.08米，TFe平均36.75%，mFe平均27.96%。其他矿体长12～350米，平均厚度6.57米，TFe平均34.16%，mFe平均24.86%。矿石主要为浸染状构造，其次角砾状构造。

共探求铁矿石（332+333+334）资源量1.26亿吨。其中，（332）资源量0.2亿吨，（333）资源量0.9亿吨，（334）资源量0.16亿吨。规模达到大型。

第五章　铜矿

292. 河北省涞源县杨家庄镇木吉村铜矿详查

（1）概况

2003 至 2010 年，河北省保定地质工程勘查院开展了勘查，勘查矿种为铜矿，工作程度为详查，勘查资金 3551.62 万元，完成钻探工作量 27087 米。

（2）成果简述

矿床类型为斑岩－矽卡岩型矿床，以铜钼为主，共伴生硫、铁、锌等。矿体分为斑岩型和矽卡岩型两大类。矿床受蚀变带控制，矿化呈独特的空心式，分带性明显。矿体分为上下两个矿带，共圈定矿体 36 个（斑岩型矿体 23 个，矽卡岩型矿体 13 个）。上部矿带代号 I，有 31 个矿体；下部矿带代号 II，有 5 个矿体。矿床长 1000 余米，最大宽度近 800 米，分布面积 0.48 平方千米。隐伏于木吉村古河床下，北西浅，南东深。

求得（332+333）资源量 98.11 万吨。新增（332+333）资源量 54.50 万吨，其中，（332）资源量 Cu 金属量 14.79 万吨；共生钼（333）金属量 3.14 万吨。新增（333）资源量钼 2.13 万吨。新增（333）铁矿石 33.38 万吨。新增（333）锌 0.18 万吨。新增（333）硫 0.61 万吨。初步估算全矿床伴生（332+333）金 6.13 吨，远景资源量 19.54 吨；伴生银 243.08 吨，远景资源量 447.91 吨；伴生硫 645.21 万吨，远景资源量 1164.07 万吨。

（3）成果取得的简要过程

2003 年以来累计完成主要实物工作量：地质钻探 27086.8 米，水文钻探 889.35 米。

293. 福建省上杭紫金山矿区罗卜岭矿段铜（钼）矿详查

（1）概况

矿区位于上杭县北 15 千米处，归才溪镇、旧县乡管辖，距紫金山特大型金铜矿北东约 2 千米，面积 3.04 平方千米，属紫金山矿田的一部分，是以铜为主、伴生钼的斑岩型铜钼矿床。

2008 年至 2010 年开展了详查，勘查矿种为铜矿，工作程度为详查，勘查资金 1900 万元，钻探工作量 28580 米。

（2）成果简述

矿段内共圈定铜钼矿体 4 个，其中 II 号主矿体占资源量的 85% 以上，矿体在平面上呈半环状，剖面上呈马鞍形，呈向北北东拱起的弧形展布，环状矿体北西翼倾角 50°～70°，向深部延伸至 -300 米，矿体北东翼倾角 20°～30°，宽 900 米，延伸超过 1500 米，矿体厚度 20～250 米，平均铜品位 0.31%，钼品位 0.033%。矿体连续性好，仅局部有分枝或脉岩穿插，II 号矿体向深部延伸至浸铜湖矿段和石槽－南山坪矿段，具有很好找矿远景。

共探得（332+333）资源量：矿石量 31854.71 万吨（其中 332 占 37.5%），铜金属量 100.31 万吨，钼金属量 10.41 万吨。

其中 2010 年勘查取得重大突破，新增资源量（332+333）：矿石量 20877.44 万吨，铜金属量 67.15 万吨、钼金属量 6.5 万吨；新增（332）矿石量 5460.19 万吨，铜金属量 17.82 万吨、钼金属量 1.58 万吨。此外，2010 年计算新增低品位矿石量 11449.43 万吨，铜金属量 18.76 万吨、钼金属量 2.56 万吨。

（3）成果取得的简要过程

罗卜岭铜矿由福建省第八地质队 1990 年开展紫金山外围铜异常查证时发现，随后开展普查工作，2007 年 5 月提交了《福建省上杭县罗卜岭矿区铜（钼）矿普查地质报告》。

2008 年紫金矿业与福建省第八地质队合作成立了上杭金山矿业有限公司，委托紫金矿业集团股分有限公司开展罗卜岭详查工作。通过综合评价，采用当量工业指示重新评价矿床和开展详查工作，并按详查要求开展选矿试验及其他工作。

294. 广东省封开县园珠顶矿区铜钼矿勘探

（1）概况

矿区位于广东省封开县县城（江口镇）北东 42 千米处，隶属封开县南丰镇沙冲管理区管辖。

2006 年至 2008 年，广东省地质局七一九地质大队开展了勘查，勘查矿种为铜、钼矿，工作程度为勘探，勘查资金 2533.8 万元，钻探工作量 13464 米。

（2）成果简述

该矿为斑岩型铜钼矿，矿石量 57079.58 万吨，金属量铜 97.98 万吨、钼 25.89 万吨；平均品位 Cu 0.17%、Mo 0.045%；伴生银 478 吨、硫 250 万吨。其中（331）资源量：铜 10.67 万吨，钼 1.25 万吨；（332）资源量：铜 40.7 万吨，钼 12.89 万吨；（333）资源量：铜 46.61 万吨，钼 11.75 万吨。选矿试验表明矿石有用组分简单、易磨易选，推荐选矿流程：铜钼硫混合浮选—抑硫浮铜钼—铜钼分离。选矿回收率：铜90.54%，钼 86.67%。

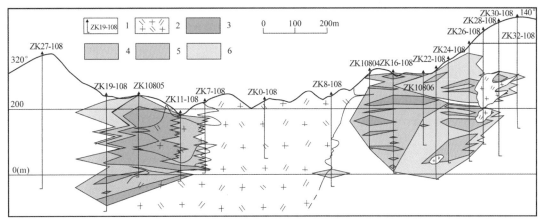

封开县园珠顶矿区铜钼矿勘探线剖面图

1—钻孔位置及编号；2—二长花岗斑岩；3—钼工业矿体；4—钼矿低品位矿体；5—铜矿工业矿体；6—铜矿低品位矿体

295. 西藏自治区多龙铜多金属矿普查

（1）概况

2008 年开展了多龙铜多金属矿包括多布杂铜矿和波龙铜金矿勘查，勘查矿种为铜多金属矿，工作程度为普查。

（2）成果简述

波龙铜金矿成果：2008 年度共施工 14 个钻孔，见矿孔为 9 个。矿体平均品位 0.53%，矿石体重为 2.64

吨／立方米，矿床规模为大型，铜金属（333+334）资源量383.73万吨，其中（333）资源量268.9万吨、（334）资源量114.8万吨、伴生金（333）资源量91.8吨。

多不杂铜金矿成果：2008年施工钻孔12个，均见矿。控制矿体东西长1400米，南北宽100～500米，钻孔控制最大深度425米。矿体平均品位0.74%，伴生金平均品位0.12×10^{-6}。铜金属（333+334）资源量321万吨，伴生金金属量70.7吨。

296. 西藏自治区拉萨市墨竹工卡县甲玛铜多金属矿详查

（1）概况

勘查矿种为铜多金属矿，工作程度为详查，勘查资金8000万元。

（2）成果简述

矿床规模为大型。估算（332+333+334）铜资源量50万吨。

297. 西藏自治区班公湖—怒江成矿带西段铜多金属资源调查

（1）概况

2005年至2011年，西藏地勘局第五地质大队开展了勘查，勘查矿种为铜多金属矿，勘查资金1000万元。

（2）成果简述

2009年成果：在波龙铜矿区施工ZK166711、ZK17103、ZK17106、ZK15502、ZK18707、ZK17907、ZK16303均见矿见矿，较好：ZK15502孔136～476米Cu品位在0.2%～2.28%（占60%的样品在0.5%～0.9%之间），伴生金在0.1～0.5克／吨之间；ZK17106自202米开始铜矿化连续，铜品位0.2%～0.6%，最高为1.31%；ZK16303在105.29～215.01米，目估铜品位大于0.5%；ZK17907自125.46米以下，目估铜品位大于0.3%；ZK18707自189.20米以下，目估铜品位大于0.3%。地堡那木岗矿化蚀变强烈，见较大范围（6万平方米）的强褐铁矿化赤铁矿化角砾岩带二处，较小范围几十至百余平方米10余处，见较多的铜的氧化物及锈色，而磁异常显示在强磁偏弱磁之间，分析深部可能有硫化物存在，有进一步工作价值。现控制矿体东西长1100米，南北宽1000米，平均厚307.4米，估算铜资源量383.7万吨、金98吨，铜平均品位0.65%，金平均品位0.26克／吨。

该矿床为大型铜多金属矿产。

298. 西藏自治区双湖特别区火箭山铜矿普查

（1）概况

2009年至2010年，西藏地勘局第五地质大队开展了勘查，勘查矿种为铜矿，工作程度为普查，勘查资金688万元。

（2）成果简述

初步圈定斑岩型铜矿（化）体两个，部分分析结果及目估品位在0.3%～0.5%左右。估计控制（333+334）铜资源量约50万吨。矿区褐铁矿化（火烧皮）蚀变强烈范围大。圈定物化探异常三个，异常面积0.12～0.225平方千米，套合性好。与地表蚀变强烈地段相吻合。结合见矿工程分析，具进一步工作价值。

I号铜矿化岩体位于矿区北西角，呈近东西向岩株状产出，东西长约2300米，南北宽100～500米，出露面积约1.15平方千米。施工TC5301、TC4901、TC3101探槽主要为褐铁矿化角岩，围岩和岩体中见少量黄铁矿，裂隙中见少量孔雀石。施工的ZK4717孔138.20～301.50米为黄铜矿化、黄铁矿化砂板岩，岩石具黄铜矿化、黄铁矿化，黄铜矿呈星点状赋存于岩石的裂隙面上，一般与黄铁矿共生；目估Cu品位

0.2%～0.5%左右；视极化率JD3和弱磁异常和矿化蚀变特征吻合。Ⅱ号铜矿化出露在Ⅰ号岩体东偏南，距Ⅰ号岩体1千米左右，呈不规则状小岩株产出，东西约1300米，南北宽100～400米。施工10个钻孔，4条探槽。TC6001、TC4801、TC3801、TC3201探槽主要为褐铁矿化角岩，围岩和岩体中见少量黄铁矿，裂隙中见少量孔雀石。有5个钻孔见矿，主要为花岗闪长斑岩和蚀变岩。

299.西藏自治区墨竹工卡县荣木错拉矿区铜矿勘探

（1）概况

矿区位于西藏拉萨市东67千米处，隶属墨竹工卡县甲马乡和达孜县章多乡管辖。

2008年至2010年，西藏地勘局第六地质大队开展了勘查，勘查矿种为铜矿，工作程度为勘探，勘查资金1526万元，完成钻探工作量17310.64米。

（2）成果简述

该矿床为典型斑岩型铜矿，矿权整合后，2008年至2010年对该矿区开展了详查工作，主要以100～200米×100～200米网度采用钻探工程控制矿体，荣木错拉矿段完成钻探工作量17310.64米，采集各类样品9411件。荣木错拉矿段获铜金属（331+333）资源量214万吨，伴生钼14万吨。加上驱龙矿区719万吨铜金属资源量及浪母家果矿段资源量，驱龙矿区探获的铜金属资源量将超过千万吨。

300.西藏自治区谢通门县雄村铜矿勘探

（1）概况

矿区位于西藏自治区谢通门县荣玛乡境内，西距谢通门县35千米，东距日喀则市53千米。成都理

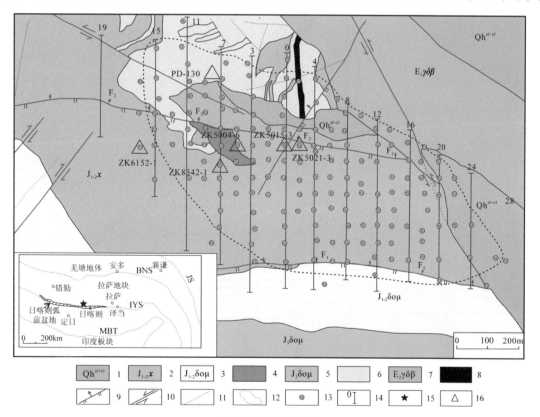

雄村铜矿区地质简图

1—全新统冲积物－崩积物；2—中－下侏罗统雄村组；3—早－中侏罗世角闪石英闪长玢岩；4—中－晚侏罗世含眼球状石英斑晶的角闪石英闪长玢岩；5—晚侏罗世石英闪长玢岩；6—斜长闪长玢岩；7—始新世黑云母花岗细晶岩；8—始新世花岗细晶岩脉；9—逆冲断层；10—平移断层；11—性质不明断层；12—雄村斑岩型铜金矿集区Ⅰ号铜金矿体范围；13—钻孔位置；14—勘探线及编号；15—采样位置；16—雄村矿区位置；JS－金沙江缝合带；BNS－班公湖－怒江缝合带；IYS－印度河－雅鲁藏布江缝合带；MBT－主边界逆冲断裂

工大学开展了勘查，历时18个月，勘查矿种为铜矿，工作程度为勘探，勘查资金11082万元。

（2）成果简述

雄村铜矿铜（331+332+333）资源量87.91万吨、伴生金资源量120.6吨、伴生银资源量778.4吨。矿床类型属于与中－晚侏罗世侵位的含眼球状石英斑晶的角闪石英闪长玢岩有关的斑岩型铜矿床。雄村矿体在平面上为一巨型透镜体，在剖面上呈似层状、厚板状，主要成矿元素是Cu，伴生有用元素是Au、Ag、Zn等，矿体（边界品位Cu 0.15%）平均品位Cu 0.3858%、Au 0.5079×10^{-6}、Ag 3.1792×10^{-6}。

雄村铜矿床的水文地质类型属于干旱区裂隙充水矿床类型。工程地质属于Ⅱ-2类型，工程地质环境条件复杂程度"中等"。境界内矿岩总量3.27亿吨，其中矿石量1.34亿吨，废石量1.93亿吨。雄村铜矿具有较好可选性，原生矿和次生矿采用浮选，氧化矿采用氰化浸金。

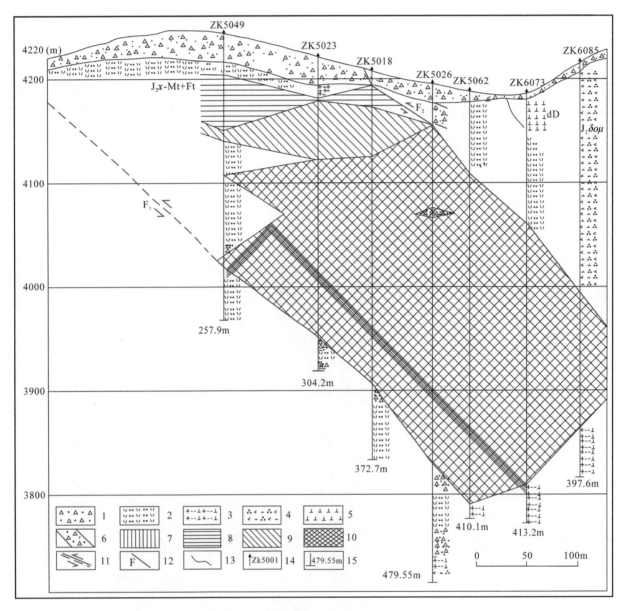

07号勘探线地质剖面图

1—Qh^{al+cl}全新统冲积物—崩积物；2—J$_2$x-Mt+Ft中侏罗统中细粒凝灰岩；3—E$_2$γδβ黑云母花岗闪长岩；4—J$_2$δoμ角闪石英闪长玢岩；5—dD闪长岩岩脉；6—Z断层破碎带；7—O次生氧化富集型矿体；8—S次生硫化富集型矿体；9—T过渡型矿体；10—原生硫化矿体；11—实测逆断层；12—性质未明断层；13—地质界线；14—钻孔及其编号；15—终孔深度

301. 西藏自治区墨竹工卡县驱龙铜多金属矿勘探

（1）概况

矿区位于西藏墨竹工卡县西南约 20 千米处。

西藏地质二队开展了勘查，勘查主矿种为铜多金属矿，伴生有益元素钼，工作程度为勘探，勘查资金 14805.07 万元。

（2）成果简述

矿床类型属斑岩型铜多金属矿，共探获（331+332+333）资源量：矿石量 77989.89 万吨，铜金属量 370.25 万吨，铜平均品位 0.475%，伴生组分钼金属量 19.23 万吨，钼平均品位 0.026%；低品位矿石量 109930.87 万吨，铜金属量 348.79 万吨，铜平均品位 0.317%，伴生组分钼金属量 16.41 万吨，钼平均品位

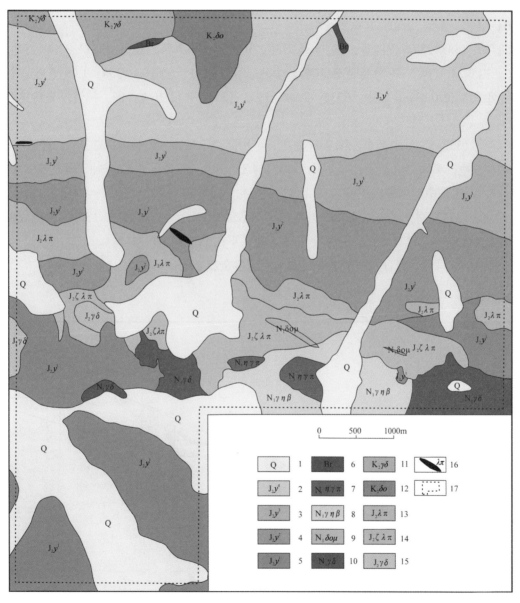

驱龙铜多金属矿区地质简图

1—残坡积物；2—叶巴组四段；3—叶巴组三段；4—叶巴组二段；5—叶巴组一段；6—隐爆角砾岩；7—二长花岗岩；8—黑云母二长花岗岩；9—石英闪长玢岩；10—花岗闪长岩；11—花岗闪长岩；12—石英闪长岩；13—流纹斑岩 14—英安流纹斑岩；15—花岗闪长岩；16—石英斑岩脉；17—矿区范围

0.020%。根据矿床地质特征分析，驱龙铜多金属矿区及其外围（荣木错拉、浪母家果）有较大的成矿潜力，其资源远景可能达世界级规模（铜金属资源量大于1000万吨）。

经选矿试验，采用铜钼混合粗选—铜钼混合精矿再磨精选工艺流程，可获得铜精矿品位20.41%，回收率87.34%；钼精矿品位43.24%，回收率75.20%，试验结果良好。

302. 西藏自治区山南地区泽当矿田铜多金属矿普查

（1）概况

矿田区位于西藏山南地区乃东县结巴乡及桑日县绒布乡。中国冶金地质总局第二地质勘查院开展了勘查，勘查矿种为铜、钨、钼矿，工作程度为普查，勘查资金3500万元。

（2）成果简述

泽当矿田（4个矿区）合计估算（333+334）资源量：铜63.59万吨、钼9.62万吨、钨（WO₃）20.0万吨，伴生Cu 8.04万吨，伴生Ag 608.20吨。其中：

努日矿区获（333+334）资源量：铜55.38万吨，平均品位0.70%，其中（333）37.48万吨，（334）17.90万吨。钼3.24万吨，平均品位0.067%，其中（333）2.15万吨，（334）1.09万吨。钨（WO₃）19.72万吨，平均品位0.22%，其中（333）12.30万吨，（334）7.42万吨。铜、钨资源量均达到大型矿床规模。

明则矿区获（333+334）资源量：铜7.04万吨，平均品位1.12%，其中（333）3.65万吨，（334）3.39万吨。钼6.23万吨，平均品位0.098%，其中（333）4.81万吨，（334）1.42万吨。伴生铜8.04万吨（平均品位0.13%）。达到中型钼矿床规模。

车门矿区获（334）铜金属资源量1.17万吨，平均品位1.53%。帕南矿区获（334）钼金属资源量0.15万吨，平均品位0.066%；钨（WO₃）资源量0.28万吨，平均品位0.20%。

矿床类型：夕卡岩型（努日）和斑岩型（明则）铜多金属矿床。

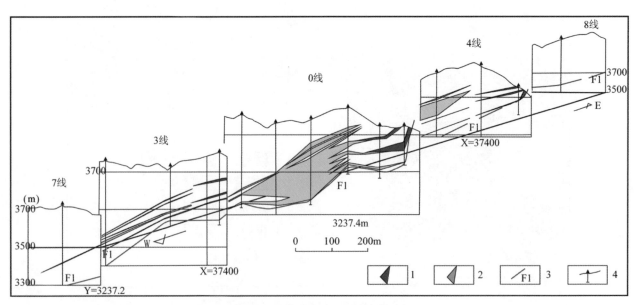

西藏泽当矿田明则矿区钼（铜）矿体透视图

1—铜矿体；2—钼矿体；3—断层；4—钻孔

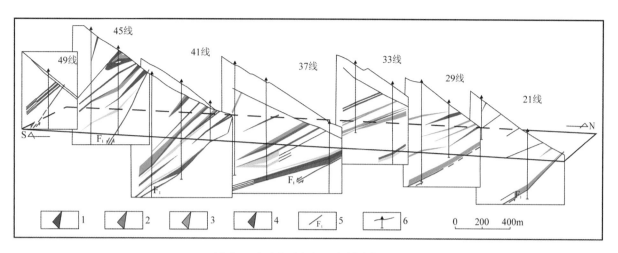

西藏努日矿区主矿段铜多金属矿体透视图

1—铜矿体；2—钨矿体；3—钼矿体；4—铜多金属矿体；5—断层；6—钻孔

第六章　铝土矿

303. 山西省交口—汾西地区铝土矿普查

（1）概况

山西交口—汾西地区铝土矿普查重点工作区分为山西省交口县庞家庄重点工作区和山西省交口县王润重点工作区，位于山西省交口县。山西省地质调查院开展了勘查，勘查矿种为铝土矿，工作程度为普查，勘查资金 392 万元。

（2）成果简述

本区铝土矿属碳酸盐岩古风化壳钙红土化－沉积矿床。其中，庞家庄铝土矿 I 号矿体为主矿体，矿体东西长约 5000 米，南北宽 3000 米；II 号矿体北西长 700 米，南东宽 400 米；平均品位 Al_2O_3 60.03%，SiO_2 15.45%，Fe_2O_3 5.69%，A/S 3.9；共计估算（333）资源量 6918 万吨。王润铝土矿 I 号矿体长约 6000 米，宽约 3000 米；II 号矿体长约 4000 米，宽约 2000 米；平均品位 Al_2O_3 58.94%，SiO_2 16.16%，Fe_2O_3 6.03%，A/S 3.6；共计查明（333）资源量 7445 万吨。两个矿床合计查明（333）资源量 1.44 亿吨。已评审。

（3）成果取得的简要过程

本区铝土矿普查 2006 年开始工作，到 2007 年底野外工作结束，通过 1：10000 地质测量（草测）、地表槽探（1972 立方米）、浅井（1881 米）、山地工程和深部钻探（2802.01 米）工程施工控制，达到了地质普查的目的。

304. 山西省交口县北故乡矿区铝土矿详查

（1）概况

矿区位于交口县城 120° 方向直线距离 34 千米一带。山西省第三地质工程勘察院开展了勘查，勘查矿种为铝土矿，工作程度为详查，勘查资金 392 万元。

（2）成果简述

本区铝土矿属沉积型铝土矿床。可分为两个矿体，矿体长 2250～3900 米，宽 350～1300 米，矿体平均厚度 2.90 米。矿石平均品位 Al_2O_3 63.67%，SiO_2 12.24%，Fe_2O_3 5.20%，A/S 5.20。矿石主要矿物成分为一水硬铝石，矿石类型可分为碎屑状、粗糙状、致密状铝土矿。本矿区矿石经初步可溶性试验，采用串联法处理铝土矿，氧化铝溶出率为 96.89%。本矿区共查明铝土矿（332）资源量 704.2 万吨，（333）资源量 2178.4 万吨，（332+333）资源量 2875.6 万吨。

（3）成果取得的简要过程

本次详查是在普查工作的基础上进行的，2006 年 3 月出队，经过地质填图、钻探及探槽施工、采样分析等技术手段取得了第一手资料，2006 年 9 月结束野外工作，并通过室内综合整理、报告编制等工作，基本查明了矿体的形态、产状、规模及分布情况，2006 年 11 月完成《山西省交口县北故乡矿区铝土矿详查地质报告》送审稿，2007 年 11 月山西省地质矿产科技评审中心评审通过，2008 年 5 月山西省国土资源厅备案。

305. 山西省兴县范家疃矿区铝土矿详查

（1）概况

范家疃矿区位于山西省兴县城5°方向，直线距离21千米处。山西省第三地质工程勘察院开展了勘查，勘查矿种为铝土矿，工作程度为详查，勘查资金468万元。

（2）成果简述

矿体长约1.3~2.5千米，宽约为0.1~1.5千米。全区矿石平均品位Al_2O_3 59.30%，SiO_2 6.15%，Fe_2O_3 14.74%，A/S 9.64。矿石主要矿物成分为一水硬铝石，其他矿物有高岭石、绢云母及褐铁矿等，矿石类型可分为碎屑状、粗糙状、致密状铝土矿。本矿区共估算铝土矿（332+333+334）资源量2863.7万吨，其中（332）资源量403.5万吨，（333）资源量1190.5万吨，（334）资源量1269.7万吨。

（3）成果取得的简要过程

本次详查是在兴县魏家滩、黄辉头矿区普查工作的基础上进行的，矿区向北扩大了范围，投入的主要工作量：1∶5000地质填图11.1平方千米，钻探9833.28米，浅井33.96米。

本次详查工作于2007年3月出队，经过地质填图、钻探及探槽施工、采样分析等技术手段取得了第一手资料，于2008年1月结束野外工作，并通过室内综合整理、报告编制等工作，基本查明了矿体的形态、产状、规模及分布情况。

306. 山西省保德县石且河矿区铝土矿详查

（1）概况

石且河矿区位于山西省保德县城168°方向，直线距离25千米处，其行政区划隶属保德县化树塔乡、南河沟乡管辖。山西省第三地质工程勘察院开展了勘查，勘查矿种为铝土矿，工作程度为详查，勘查资金508万元。

（2）成果简述

矿体南北长10.65千米，东西宽0.4~2.1千米，分布面积13.6平方千米。全区矿石平均品位Al_2O_3 58.37%，SiO_2 7.34%，Fe_2O_3 15.52%，A/S 7.95。矿石主要矿物成分为一水硬铝石，其他矿物有高岭石、绢云母及褐铁矿等，矿石类型可分为碎屑状、粗糙状、致密状铝土矿。采用拜耳－烧结串联法生产氧化铝的实际总回收率为92.37%~93.37%。本矿区共查明铝土矿（332+333）资源量10323.7万吨，其中（332）资源量2186.3万吨，（333）资源量8137.4万吨；2009年新增资源量（333以上）2219.6万吨。

（3）成果取得的简要过程

2005年至2008年又对该区东南部（面积10.21平方千米）进行了续作。通过近五年工作，共计完成1∶5000地形、地质测量20.21平方千米，1∶5000水文工程地质测量26平方千米；钻孔110个，总进尺12670.59米；测井884.38米，各类样品1172个。

307. 山西省沁源县旋风窝铝土矿普查

（1）概况

矿区位于山西省沁源县城310°方向，直线距离20千米处的泽山村，行政隶属韩洪乡管辖。中国冶金地质总局第三地质勘查院开展了勘查，勘查矿种为铝土矿，工作程度为普查。

（2）成果简述

山西省沁源县旋风窝铝土矿为潟湖－浅海相沉积型铝土矿。矿石属一水硬铝石型含铁低硫铝土矿。矿体长 1000～3600 米、宽 300～1600 米、平均厚度 1.36 米。矿区主矿产为铝土矿，平均品位 Al_2O_3 64.94%、SiO_2 13.80%、TiO_2 2.73%、Fe_2O_3 3.18%、A/S 4.70。本次普查共探获铝土矿（333+334）资源量 2012.23 万吨，其中（333）资源量 633.88 万吨，占资源量的 31.50%，硬质耐火粘土矿（334）资源量 192.98 万吨，镓（334）资源量 1851.25 吨，稀土元素合量（334）资源量 16130.04 吨。

本矿床矿体埋藏浅，边部剥采比小于 15，向矿体中心剥采比大于 15。A/S 4.70，适合用拜尔法、烧结法生产氧化铝。

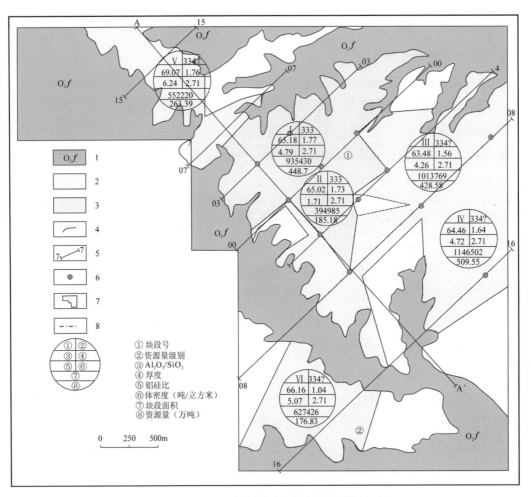

山西省沁源县旋风窝矿区铝土矿资源量估算平面图

1—奥陶系中统峰峰组；2—334？资源量分布区；3—333资源量分布区；4—矿层；5—勘探线位置及编号；6—见矿钻孔位置；7—矿区范围；8—块段分界线

308. 山西省交口县蒲侬铝土矿普查

（1）概况

矿区位于山西省交口县南，直线距离 6 千米，行政隶属交口县石口镇管辖。勘查矿种为铝土矿，工作程度为普查，勘查资金 100 万元。

（2）成果简述

蒲侬铝土矿属潟湖－浅海相沉积型铝土矿床，矿石属一水硬铝石型含铁低硫铝土矿。共圈出①～⑤

号五个铝土矿体，①、②号为主矿体。①号矿体长 2600 米、宽 75～3400 米、平均厚度 1.86 米，②号矿体长 2000 米、宽 2200 米、平均厚度 2.36 米。全区平均品位 Al_2O_3 64.58%、SiO_2 13.50%、TiO_2 2.5%、Fe_2O_3 4.14%、A/S 4.78。

本次普查共探获铝土矿（333+334）资源量 3424.49 万吨，硬质粘土矿（334）资源量 3564.91 万吨，山西式铁矿（334）资源量 99.54 万吨，镓（334）资源量 1369.80 吨，稀土元素（334）资源量 35580.45 万吨。

经类比相邻矿区同类型矿床矿石的选冶试验结果，认为本区矿石比较适合于烧结法生产氧化铝，其加工技术性能良好。

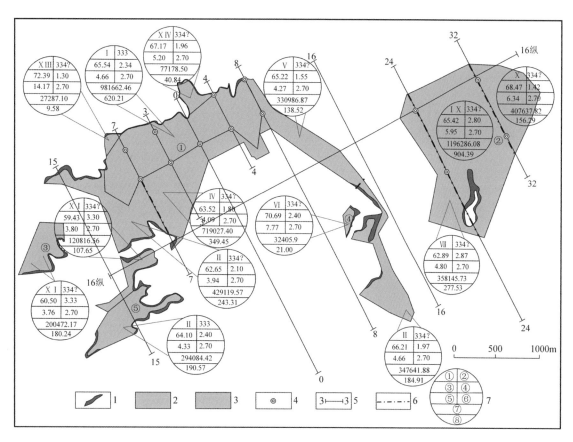

山西省交口县蒲依矿区铝土矿资源量估算平面图

1—铝土矿层；2—334？资源量分布区；3—333 资源量分布区；4—见矿钻孔位置；5—勘探线及编号；6—块段划分边界；7—①块段号；②资源量级别；③ Al_2O_3/SiO_2；④厚度（米）；⑤铝硅比；⑥体密度（吨／立方米）；⑦块段面积（平方米）；⑧资源量（万吨）

309. 山西省静乐县前文猛铝土矿详查

（1）概况

矿区位于静乐县北东约 28 千米处，行政区划属山西省静乐县杜家村镇管辖。中国冶金地质总局第三地质勘查院开展了勘查，勘查矿种为铝土矿，工作程度为详查，勘查资金 177.2 万元。

（2）成果简述

前文猛铝土矿属潟湖－浅海相沉积型铝土矿床。矿体长 4200 米，宽 180～500 米，平均品位：Al_2O_3 68.81%，SiO_2 8.47%；TiO_2 2.84%；Fe_2O_3 4.42%；A/S 8.12。本次详查共获得铝土矿（332+333+334）资源量 1994.44 万吨；硬质耐火粘土矿（333+334）资源量 578.23 万吨、山西式铁矿（334）资源量 49.07 万吨、镓（334）资源量 0.2593 万吨、稀土元素合量 2.05 万吨。

矿石属于高铝、低硅、含铁低硫低磷型矿石，适于拜尔法生产。

310. 河南省渑池县曹窑煤矿深部铝土矿详查

（1）概况

曹窑煤矿深部铝土矿区位于河南省三门峡市渑池县境内，行政隶属张村乡、陈村乡管辖。

郑州豫源地矿勘查技术服务有限公司开展了勘查，普查工作起止年限为 2005 年 6 月至 2006 年 2 月；详查工作起止年限为 2006 年 3 月至 2007 年 12 月，勘查矿种为铝土矿，勘查资金 1913 万元。

（2）成果简述

矿区属一水硬铝石型沉积矿床，全区矿石平均品位：Al_2O_3 62.78%；SiO_2 13.16%；Fe_2O_3 3.92%；TiO_2 2.76%；S 1.03%；Loss 14.31%；A/S 4.8。全区查明（332）资源量 1154.63 万吨；（333）资源量 4968.58 万吨，两者合计 6123.21 万吨；预测矿区深部还有（334）资源量 6100 万吨。全区（332+333）资源量中伴生镓资源量 3674 吨。

311. 河南省新安县郁山铝土矿详查

（1）概况

矿区位于新安县城西南约 5 千米处，行政区划归新安县铁门镇管辖。2008 年 6 月至 2009 年 6 月，河南省地质调查院开展了勘查，勘查矿种为铝土矿，工作程度为详查，勘查资金 946 万元。

（2）成果简述

矿体平均厚度 3.06 米。Al_2O_3 平均为 61.75%，A/S 平均为 5.96。经初步估算，西郁山和南庄两矿段已探获铝土矿（333+332+334）资源量 3125 万吨。

312. 河南省豫西陕县—新安—济源铝土矿评价

（1）概况

工作区位于河南省西部的陕县—新安—济源一带。河南省地质调查院开展了勘查，勘查矿种为铝土矿，地质工作程度为评价。

（2）成果简述

①铝土矿：提交大型矿产地 2 处，渑池礼庄寨、济源下冶大型矿产地，新安郁山中型矿产地 1 处。初步查明铝土矿（333+334）资源量 11186.43 万吨。（333）资源量 1696.66 万吨。（334）资源量 9489.77 万吨。2008 年新增（333+334）资源量 3186 万吨。

②粘土矿：初步估算粘土矿资源量 2706.39 万吨。

③煤：在渑池礼庄寨矿区发现煤矿产地 1 处，二 1 煤层厚度 1.15 ～ 13.11 米，平均厚度 5.53 米。初步估算二 1 煤资源量 10042 万吨。

④其他伴生矿产：铝土矿中达到综合回收利用的伴生有益组分主要为镓和锂，估算镓资源量 5304.05 吨。

313. 广西壮族自治区靖西县三合铝土矿详查—勘探

（1）概况

矿区位于百色市西南部靖西县三合乡。广西第四地质队和广西 272 地质队开展了勘查，勘查矿种为铝土矿，工作程度为详查－勘探，勘查资金 1900 万元。

（2）成果简述

矿体赋存于岩溶洼地的第四系岩溶堆积红土层中，属堆积型铝土矿床。经勘探共圈定117个矿体。矿区平均矿厚6.91m，矿区平均含矿率748千克/立方米。矿石矿物组分主要为一水硬铝石，平均品位：Al_2O_3 50.90%，SiO_2 8.93%，Fe_2O_3 22.95%，A/S 5.70。矿石自然类型属一水硬铝石铝土矿，工业类型为拜尔法生产铝氧的铝土矿。

经资源储量估算，共获净矿石资源储量5344万吨，其中（121b）746万吨，（122b）2920万吨，（331）92万吨，（332）163万吨，（333）1143万吨。

314. 广西壮族自治区扶绥—崇左铝土矿普查

（1）概况

勘查区由"扶绥—崇左地区1:5万铝土矿区域地质矿产调查区"和广西地质第六队开展的"扶绥县岜羊铝土矿普查区"组成。

2007年至2008年，广西地质调查总院开展了勘查，勘查矿种为铝土矿，工作程度为普查，勘查资金420万元。

（2）成果简述

矿床类型属为红土型含铁一水铝土矿，部分为三水铝土矿。矿体长3～10千米，宽1.4～4千米。矿石品位 Al_2O_3 26.06%～42.54%，最高55.85%，平均34.58%；Fe_2O_3 20.66%～33.10%，最高58.62%，平均27.18%；SiO_2 17.39%～28.80%，平均19.94%；灼失量11.29%～12.52%，平均11.91%；A/S 1.07～4.91。2008年提交堆积型一水铝土矿净矿石（333）资源量3000万吨，（334）资源量2000万吨。

（3）成果取得的简要过程

项目2007年完成1:5万矿产地质测量1250平方千米，2008年开展1:1万地质简测90平方千米；钻探206米；浅井3763米；槽探60立方米。

315. 广西壮族自治区横县校椅三水铝土矿普查

（1）概况

广西第六地质队开展了勘查，勘查矿种为铝土矿，工作程度为普查，勘查资金217.48万元。

（2）成果简述

矿区矿种为高铁钙红土型三水铝土矿。大致查明三水铝土矿矿体2个，矿体长6～6.5千米，宽1～3千米。平均品位：Al_2O_3 25.37%，Fe_2O_3 44.48%，SiO_2 10.94%，灼失量14.58%，A/S 2.32。矿石主要由三水铝石、针铁矿、赤铁矿组成，含量占86%左右。

初步查明的三水铝土矿净矿石（333）资源量为5257万吨。

（3）成果取得的简要过程

为2007年度中央财政补助地方地质勘查项目，2008年续作，勘查时间为2008年3月至7月及2008年底。完成井探1611.5米。

316. 广西壮族自治区靖西县新圩铝土矿Ⅶ号矿体群及外围勘探

（1）概况

勘查区包括靖西县渠洋古立铝土矿详查区和靖西县大品铝土矿详查区，勘查矿种为铝土矿，工作程度为勘探，勘查资金 1672.67 万元。

（2）成果简述

矿床成因类型为岩溶堆积型铝土矿床。矿体长 100～3575 米，一般为 200～2000 米；矿体宽 10～2675 米，一般为 50～700 米，平均厚度 6.74 米，平均品位 Al_2O_3 53.56%，SiO_2 7.35%，Fe_2O_3 22.41%，灼失量 12.20%，A/S7.29。资源储量估算结果：铝土矿净矿石量 5606.71 万吨，其中，（121b）储量 813.24 万吨，（122b）储量 3706.31 万吨，（331）资源量 9.73 万吨，（331）资源量（低品位）2.96 万吨，（332）资源量 69.27 万吨，（332）资源量（低品位）87.93 万吨，（333）资源量 600.38 万吨，（333）资源量 198.62 万吨，（333）资源量（低品位）118.27 万吨。矿石中伴生镓平均含量为 0.008%，镓金属量 4640.94 吨。本年新增铝土矿（333）资源量 3962.56 万吨。

矿物组分主要为一水硬铝石，次为赤铁矿、鲕绿泥石、针铁矿、高岭石、锐钛矿、三水铝石等。矿石自然类型为一水型铝土矿，属拜尔法生产氧化铝的铝土矿。

本次勘探探获堆积铝土矿净矿石资源储量 5606.73 万吨，矿石中镓的平均含量为 0.0084%，镓金属量 4640.94 吨。其中（121b+122b）储量 4519.54 万吨，（331+332+333）资源量 1087.2 万吨。矿区总可采镓金属量 3209.99 吨。

（3）成果取得的简要过程

2007 年 1 月至 2008 年 6 月完成矿区勘探工作。完成主要工作量：浅井 2337 个，20363.75 米；竖井 15 个，314.4 米。

317. 广西壮族自治区来宾市石牙三水铝土矿普查

（1）概况

2006 年至 2007 年开展了勘查，勘查矿种为铝土矿，工作程度为普查。

（2）成果简述

矿床类型属钙红土型三水铝土矿床。初步圈定三水铝土矿矿体 5 个，矿体总面积 32.3 平方千米，单矿体面积一般 0.4～3 平方千米，平均品位：Al_2O_3 25.25%～29.41%，Fe_2O_3 18.9%～31.60%，A/S 2.33。

经普查，初步估算矿区净矿石（333+334）资源量 11140 万吨，其中（333）资源量 3400 万吨。2009 年度新增铝土矿净矿石（333）资源量 2400 万吨，（334）资源量 5700 万吨。

（3）成果取得的简要过程

2006 年至 2007 年探获铝土矿净矿石（333+334）资源量 3040 万吨，其中（333）资源量 1320 万吨。本年完成井探 5125.5 米。

318. 广西壮族自治区宾阳县稔竹—王灵三水铝土矿普查

（1）概况

勘查区位于宾阳县城东南约 20 千米处。2005 年至 2007 年，广西第六地质队开展了勘查，勘查矿种为铝土矿，工作程度为普查，勘查资金 400 万元。

（2）成果简述

矿床类型属钙红土型三水铝土矿床，根据井探圈定三水铝土矿矿体 31 个，分布总面积 37.33 平方千米，单矿体面积一般 0.2～5.3 平方千米，最大 8.65 平方千米，平均厚 3.85～4.89 米，含矿率 625～1337 千克/立方米，平均品位：Al_2O_3 20.93% ~ 29.37%，Fe_2O_3 33.03% ~ 47.38%，SiO_2 8.88% ~ 20.44%。

矿区内的铝土矿的资源量已全部达到（333）级别。三水铝土矿净矿石（333）资源量 11000 万吨，2009 年度新增矿石（333）资源量 5200 万吨。

（3）成果取得的简要过程

2005 年至 2007 年，广西第六地质队选择该区工作程度低的矿体开展普查。完成主要实物工作量：槽探 306.57 立方米，浅井 2420.3 米，投入资金共 220 万元。查明加预测（333+334）资源量 8070 万吨，其中（333）资源量 3338 万吨。

319. 广西壮族自治区那坡县龙合矿区及其外围铝土矿勘探

（1）概况

2008 年至 2009 年开展了勘查，勘查矿种为铝土矿，工作程度为勘探，完成浅井钻探工作量 40865 米。

（2）成果简述

矿体赋存于岩溶洼地内更新世岩溶堆积红土层中，共圈定堆积型铝土矿体 252 个，矿体平均厚度 5.59 米，平均含矿率 663 千克/立方米。矿石 Al_2O_3 平均 51.05%；A/S 平均 8.30。

查明堆积型铝土矿净矿石资源储量（121b+122b+331+332+333）共 6318 万吨，达大型规模。2009 年度新增铝土矿净矿石（333）资源量 3690 万吨。

矿石工业类型属拜尔法生产氧化铝的铝土矿，以 Ⅱ 品级、级外品为主，伴生有镓，矿石加工选冶性能良好。

320. 广西壮族自治区横县旺垌铝土矿普查

（1）概况

工作区属广西南宁市横县管辖。广西物探队开展了勘查，勘查矿种为铝土矿，工作程度为普查。

（2）成果简述

矿床类型为钙红土型三水铝土矿床。目前共圈定堆积型三水铝土矿体 5 个，面积 0.35 ~ 9.23 平方千米，矿体平均厚度为 1.19 ~ 3.53 米。矿石主要成分为三水铝矿石、高铁三水铝铁矿石，次为含三水铝铁矿石。平均含矿率为 341 ~ 871 千克/立方米，平均品位为 Al_2O_3 21.77% ~ 23.94%；Fe_2O_3 32.63% ~ 43.65%。

初步估算铝土矿资源量（333+334）约 2800 万吨，其中（333）2000 万吨。

321. 广西壮族自治区横县云表—长寨矿区铝土矿普查

（1）概况

矿区大部分在横县境内，少部分范围横跨贵港市五里镇。勘查区面积为 116.32 平方千米。2009 年，第四地质队开展了勘查，勘查矿种为铝土矿，工作程度为普查，勘查资金 700 万元。

（2）成果简述

该矿区三个矿段共圈定矿体 59 个：

云表矿段圈定 34 个，矿体厚度 0.60 ~ 5.30 米，平均 1.99 米，含矿率平均 703 千克/立方米。矿石平均品位：Al_2O_3 22.95%、Fe_2O_3 36.67%、SiO_2 14.39%、灼失量 14.46%、A/S 1.59。

旺庄矿段矿体厚度 0.70 ~ 3.00 米，平均 1.76 米，含矿率 481 ~ 1160 千克/立方米，平均 773 千克/立方米，矿石平均品位：Al_2O_3 21.90%、Fe_2O_3 42.89%、SiO_2 17.09%、灼失量 12.97%、A/S 1.28。

长寨矿段矿体厚度 1.00 ~ 2.58 米，平均 1.70 米。含矿率平均 782 千克/立方米。矿石平均品位：Al_2O_3 23.89%、Fe_2O_3 44.20%、SiO_2 11.77%、灼失量 15.36%、A/S 2.07。

预获高铁三水铝土矿净矿石 (333+334) 资源量约 7000 万吨，其中 (333) 资源量约 2500 万吨。

（3）成果取得的简要过程

2009 年安排普查，完成主要实物工作量：1：1 万地质填图 116 平方千米，1：5 万水工环地质调查 380 平方千米，浅井 1107.1 米，采取基本分析样品 409 个，浅井施工 319 个，见矿工程 301 个，无矿工程 18 个，见矿率 94%。

322. 广西壮族自治区贵港市三里—大岭矿区铝土矿普查

（1）概况

工作区在贵港市覃塘区和港北区境内，属贵港市覃塘区和港南区管辖。勘查区块包括根竹、石卡、大岭 3 个，勘查区面积约 230 平方千米。广西第四地质队开展了勘查，勘查矿种为铝土矿，工作程度为普查，勘查资金 500 万元。

（2）成果简述

矿床类型属钙红土型三水铝土矿床。矿区由三里、石卡、大岭三矿段组成，共圈定矿体 30 个，累计矿体总面积 31.92 平方千米。矿体厚度 0.5 ~ 6.2 米，平均 1.94 米；含矿率平均 604 千克/立方米。矿石平均品位：Al_2O_3 24.46%、Fe_2O_3 42.10%、SiO_2 12.40%、灼失量 16.19%、A/S 2.01。

估算高铁三水型铝土矿净矿石 (333+334) 资源量 3745.23 万吨，其中 (333) 资源量 1115.45 万吨，(334) 资源量 2629.78 万吨。

323. 广西壮族自治区龙州县水口—金龙铝土矿（金龙矿段）普查

（1）概况

矿区属于崇左市龙州县管辖，主要位于金龙镇一带。2008 年至 2010 年，广西地质勘查总院开展了勘查，勘查矿种为铝土矿，工作程度为普查，勘查资金 440 万元。

（2）成果简述

成矿类型属堆积型铝土矿，矿体平均矿厚 5.25 米，平均含矿率 906 千克/立方米；Al_2O_3 平均 44.85%，A/S 平均 5.07。矿石矿物成分主要由硬水铝石、软水铝石、三水铝石、铁质矿物及硅酸盐类矿物组成，属高铁低硫一水铝石型，选冶性能与平果铝土矿相似。估算 (333+334) 铝土矿净矿石量 3399.12 万吨，其中 (333) 资源量 3359 万吨，(334) 40.12 万吨。

（3）成果取得的简要过程

2004 年至 2007 年，开展"广西靖西—平果地区铝土矿评价"工作，圈定了龙州—扶绥铝土矿成矿远景区；2008 年至 2010 年，开展"广西扶绥—崇左地区铝土矿矿产远景调查"，大致圈定了金龙靶区 18 个含矿洼地，对其中主要的 JL01、03、04、06 号含矿洼地估算铝土矿 (334) 资源量 3223 万吨。本次普查成果即是在上述成果的基础上进行加密控制，同时对其他 14 个含矿洼地和新发现的几个含矿洼地进行普查评价后取得的。

324. 广西壮族自治区平果县铝土矿太平外围预—普查

（1）概况

勘查矿种为铝土矿，工作程度为预查—普查，勘查资金 1000 万元。

（2）成果简述

完成浅井 432 个，工作量 3647.85 米，新增查明铝土矿资源量（333+334）2609.7 万吨，矿床规模达大型，进一步增加了平果铝矿山的保有资源量，有利于可持续发展。

325. 广西壮族自治区宾阳县大桥—贵港市邓保矿区铝土矿普查

（1）概况

工作区位于广西中部贵港市、宾阳县和来宾市三地结合部。广西第四地质队开展了勘查，勘查矿种为铝土矿，工作程度为普查，勘查资金 200 万元。

（2）成果简述

矿区分大桥、廖平、邓保三个矿段，普查共揭露 33 个矿体，矿体总面积 15.66 平方千米。矿体厚度 0.7～4.9 米，平均 2.0 米；含矿率平均 540 千克/立方米。矿石的矿物主要为褐铁矿、高岭石、水云母、三水铝石、胶铝矿，次为绿泥石、石英及其他矿物（如电气石、绿帘石等）。矿石平均品位：Al_2O_3 22.89%，Fe_2O_3 30.92%、SiO_2 15.63%、灼失量 13.52%、A/S 1.46。

初步估算高铁三水铝土矿净矿石（333+334）资源量 2502 万吨，其中（333）资源量 1021 万吨。

326. 广西壮族自治区横县六相铝土矿普查

（1）概况

矿区位于广西中部横县石塘镇、宾阳县甘棠镇一带，矿区北西角属宾阳县甘棠镇辖区，其他属横县石塘镇所辖。广西第四地质队开展了勘查，勘查矿种为铝土矿，工作程度为普查，勘查资金 120 万元。

（2）成果简述

矿床类型属近代形成的风化残余堆积型铝土矿床。普查工作圈定矿体 9 个，矿体总面积 43.27 平方千米，矿石的矿物主要为褐铁矿、高岭石、水云母、三水铝石、胶铝矿。矿石平均品位：Al_2O_3 16.67%～19.23%、TFe_3 3.85%～37.65%、SiO_2 14.58%～18.82%、灼失量 10.80%～14.11%。

查明加预测高铁三水铝土矿净矿石（333+334）资源量约 2500 万吨，其中（333）资源量约 1000 万吨。

（3）成果取得的简要过程

完成主要实物工作量：1:1 万地质填图 50 平方千米，1:5 万水工环地质调查 145 平方千米，采取基本分析样品 698 个，浅井 629 个，2095.8 米，见矿工程 571 个，见矿率 91%。

327. 重庆市南川市川洞湾铝土矿详查

（1）概况

矿床位于南川市城东直线距离约 28 千米处的川洞湾、灰河、大土（大佛岩以北）、吴家湾（乐村）等地。重庆市地质矿产资源勘查开发局 107 地质队开展了勘查，勘查矿种为铝土矿，工作程度为详查，勘查资金 5440 万元。

（2）成果简述

矿床类型为古风化壳沉积型铝土矿，矿石类型属中高铝高硅高硫含铁型铝土矿石。矿石品级主要为Ⅳ、Ⅴ、Ⅵ级。矿石矿物基质以硬水铝石、高岭石为主，有少量的水云母、黄铁矿和黑色炭质物，极少量的锐钛矿、勃姆石、叶绿泥石。平均品位：Al_2O_3 61.94%，SiO_2 13.67%，Fe_2O_3 5.37%，TiO_2 2.58%，S 1.67%，灼失量 14.53%，A/S 4.53。详查获（333）铝土矿资源量 5697.11 万吨，铝土矿生产氧化铝，在加工技术及工艺流程上可行。

328. 贵州省务川县瓦厂坪铝土矿详查

（1）概况

矿区位于贵州省务川县，贵州省有色地质勘查局三总队开展了勘查，勘查矿种为铝土矿，工作程度为详查，勘查资金 1470 万元。

（2）成果简述

矿床类型为沉积型铝土矿，矿石为一水硬铝石铝土矿。东矿段矿体露头线长 4200 米，平均宽 1500 米，厚 2.38 米，品位：Al_2O_3 65.01%，A/S 7.3，Fe_2O_3 4.91%，S 1.27%；西矿段矿体露头线长 3200 米，平均宽 1000 米，厚 1.50 米，平均 Al_2O_3 63.93%，A/S 7.3，Fe_2O_3 5.22%，S 0.72%。全区平均厚 2.16 米，Al_2O_3 64.74%，A/S 7.3，Fe_2O_3 4.99%，S 1.13%。

查明铝土矿石（332+333）资源量共计 4397 万吨，按 75% 回采率，矿床的可采矿石达 3270 万吨，可提供氧化铝 1600 万吨。同时探获伴生金属镓 7372 吨，氧化锂 69188 吨。

329. 贵州省正安县新木—晏溪铝土矿详查

（1）概况

矿区位于正安县城南东 40～60 千米处，属正安县中观镇管辖。贵州省有色地质勘查局三总队开展了勘查，勘查矿种为铝土矿，工作程度为详查，勘查资金 2200 万元。

（2）成果简述

主要矿种为铝土矿，伴生有镓、锂。矿石为一水硬铝石铝土矿，工业类型以中铁高硫型铝土矿石为主。溶出试验结果较好。主要化学组分为：Al_2O_3 55.83%；SiO_2 11.66%；Fe_2O_3 11.78%；TiO_2 3.20%；灼失量 14.92%；S 1.79%，A/S 4.8。

探获铝土矿石（332+333）资源量共 2812 万吨。

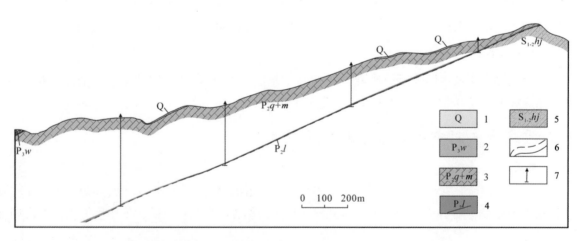

贵州省正安县新木—晏溪铝土矿区张坝林矿段 3-3′勘探线剖面图

1—第四系浮土；2—上二叠统吴家坪组；3—中二叠统栖霞与茅口组；4—中二叠统梁山组（含铝土矿层）；5—中下志留统韩家店组；6—不整合界线；7—钻孔

330. 云南省广南—丘北—砚山地区铝土矿整装勘查

（1）概况

古城矿段位于云南省文山州丘北县西南部，行政区划属丘北县膩脚乡、树皮乡。勘查矿种为铝土矿，勘查资金 2692 万元。

（2）成果简述

铝土矿成因类型有原生沉积型铝土矿、残坡积型铝土矿。沉积矿按 Al_2O_3 大于等于 40%、A/S 大于等于 1.8 圈定矿体，古城矿段共圈定 8 条矿体，矿体平均厚 3.68 米，平均 $Al_2O_3$46.73%，A/S 4.72，估算（333+334）资源量 2018 万吨；堆积矿按 Al_2O_3 大于等于 32%、A/S 大于等于 1.5 圈定矿体，古城矿段共圈定 5 个矿体，矿体平均厚 6.11 米，含矿率平均 661.67 千克 / 立方米。平均 Al_2O_3 34.46%，A/S 2.79，估算（333+334）资源量 327 万吨。

第七章　铅锌矿

331.山西省灵丘县支家地铅锌银矿危机矿山接替资源勘查

（1）概况

矿区位于山西省灵丘县太白维山主峰北部，行政区划属灵丘县高家庄乡管辖。中国冶金地质总局第三地质勘查院开展了勘查，勘查矿种为铅锌银，勘查资金2161.19万元。

（2）成果简述

支家地铅锌银矿床属中低温热液充填型多金属硫化物矿床。全区共圈定出12条矿体。获矿石资源量2911.881万吨，银金属资源量2218.96吨，铅金属资源量27.12万吨，锌金属资源量36.31万吨。

332.内蒙古自治区乌拉特后旗东升庙矿区三贵口南矿段硫锌矿勘探

（1）概况

勘查区位于东升庙镇北东3千米处，行政区划隶属于巴彦淖尔市乌拉特后旗。2007年至2008年开展了勘查，勘查矿种为硫锌矿，工作程度为勘探，勘查资金1000万元。

（2）成果简述

共圈定铜铅锌矿体32条，其中锌矿体17个。矿石主要有用有益元素为铅、锌、硫及铜，其中锌为主要矿产资源。

获锌金属量205.06万吨，平均品位2.34%；共生硫矿石量2089.74万吨，平均品位22.08%；铜1521吨，平均品位Cu 1.20%；铁矿石量（333）25.61万吨，平均品位TFe 26.01%；伴生铅金属量46.16万吨，平均品位0.53%，伴生银1085吨；伴生钴490吨。

（3）成果取得的简要过程

本次勘探经系统工程揭露，并辅以相应的取样和化（试）验等综合手段及分析研究，对矿（化）体进行了有效控制，2007年11月由福建省地质测试研究中心进行选矿试验，采用浮选除碳—硫化后优先浮铅—浮铅尾矿选锌—最后选硫的工艺流程，解决了含碳高的难选铅锌矿石碳、铅、锌、硫分离的难题。

333.内蒙古自治区根河市比利亚谷矿区铅锌矿详查

（1）概况

矿区位于内蒙古自治区大兴安岭地区，行政区划隶属内蒙古自治区根河市管辖。内蒙古地质矿产资源勘查院开展了勘查，勘查矿种为铅锌矿，工作程度为详查，勘查资金4000万元。

（2）成果简述

区内发现主矿体四条，呈NW－SE向排列，成矿类型为热液型。初步估算铅锌（122b+333）资源储量68.51万吨（其中铅31.46万吨，平均品位1.00%；锌37.05万吨，平均品位1.18%）；伴生银金属量652吨，平均品位20.78克/吨，铜金属量9904吨，平均品位0.03%。矿石选冶性能较好。

（3）成果取得的简要过程

经5个月的勘查，运用1∶1万地质填图、物探、化探钻探等找矿手段，完成了地质详查野外工作。

本区勘查布设钻孔主要放在化探密集中心和物探激电中梯测量较高电阻区，4月28日正式开工钻进，第一批布设6个钻孔全部见矿，经分析后又在见矿钻孔的北西1.5～2.0千米处进行第二批钻孔验证，结果也全部见到矿体或矿化体。随后以100米×40米的工程间距进行加密勘探，全部控制了详查区7.5平方千米内的各条矿体，取得了在大兴安岭得尔布尔成矿带找矿的重大突破。

334. 内蒙古自治区阿拉善右旗扎木敖包铁锌石墨矿普查

（1）概况

工作区位于内蒙古自治区阿拉善右旗阿拉腾朝克苏木境内。2006年至2007年，内蒙古地质勘查有限责任公司开展了勘查，勘查矿种为锌、晶质石墨、铁、煤，工作程度为普查，勘查资金1157万元。

（2）成果简述

本区2006年普查报告中的"铁矿体"应为"铁锌矿体"，且其上下盘仍存在一定厚度的锌矿体。即，铁锌矿＋锌矿厚度远远大于原铁矿厚度。依据该报告估算的（333）资源量"铁1546万吨、石墨矿物量177万吨"，本次工作认为：铁锌＋锌矿石量要大于3000万吨。按锌平均品位2%估算，其金属量大于60万吨，为大型矿床。

矿床类型：锌矿及老地层中的铁矿，认为属沉积－变质热液叠加改造矿床；中生代铁矿为沉积型矿床；石墨为沉积变质型矿床。

（3）成果取得的简要过程

在2005年工作基础上，开展了以铁、石墨为主的普查工作。通过钻探手段，新发现了锌工业矿体、煤、沉积型铁矿，并扩大了晶质石墨资源储量。

335. 内蒙古自治区东乌珠穆沁旗阿尔哈达矿区铅锌矿详查及外围普查

（1）概况

阿尔哈达铅锌矿区位于满都胡宝力格苏木北东64°方位约35千米处。中国冶金地质总局第一地质勘

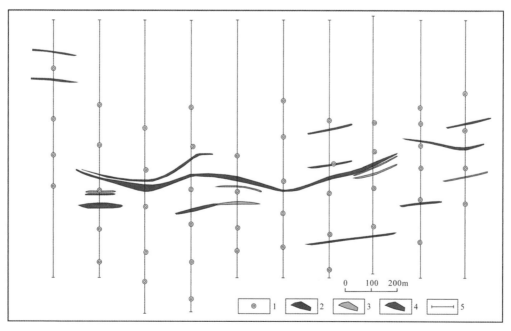

阿尔哈达铅锌矿区1号矿带808米矿体水平断面图

1—钻孔；2—铅锌矿体；3—低品位矿体；4—铅锌化；5—勘探线

查院开展了勘查，勘查矿种为铅锌矿，工作程度为普查－详查，勘查资金 2907.95 万元。

（2）成果简述

矿床赋存于泥盆系安格尔音乌拉组泥硅质、粉砂质板岩中，受北西向构造破碎带控制的中低温热液脉状铅锌矿床。矿石类型为原生硫化物铅锌矿，主矿体走向控制长度 800 米，倾向 500 米，矿体平均厚度 4.46 米。矿石类型为原生硫化物铅锌矿，获得铅＋锌 49.77 万吨；银 345.77 吨；矿床的平均品位：铅＋锌 5.95%、银 77.02×10^{-6}。

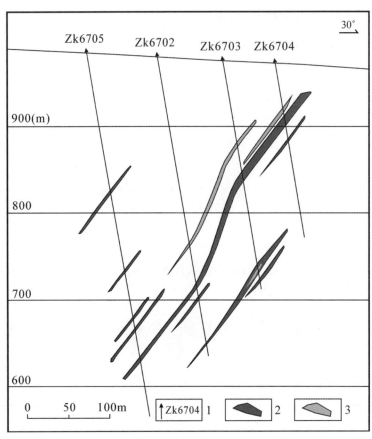

阿尔哈达铅锌矿区 1 号矿带 67 勘探线地质剖面图

1—钻孔及其编号；2—矿体；3—低品位矿体

336. 安徽省南陵县姚家岭铜铅锌矿普查

（1）概况

矿区位于南陵县城西 10 千米，距铜陵市 40 千米，处在铜陵铜金矿集区的东部。2010 年，华东冶金地质勘查局八一二地质队开展了勘查，勘查矿种为铜、铅锌矿，工作程度为普查，勘查资金 4497.5 万元。

（2）成果简述

在姚家岭花岗闪长斑岩体内捕虏体的上下接触带和层间破碎带及斑岩体中，新发现一个以锌、金矿为主的多金属大型矿床，通过勘探工程控制，共圈定铜铅锌金矿体 97 个，其中主矿体 5 个，铜铅锌矿（333）资源总量 155.47 万吨。其中锌 122.08 万吨，平均品位 3.64%；铅 20.08 万吨，平均品位 2.16%；铜 13.31 万吨，平均品位 0.91%；金 32.25 吨，平均品位 5.19×10^{-6}，另有伴生金 17.33 吨；银金属量 382.87 吨，平均品位 120.5×10^{-6}。另有伴生银 475.58 吨。资源储量已通过评审。

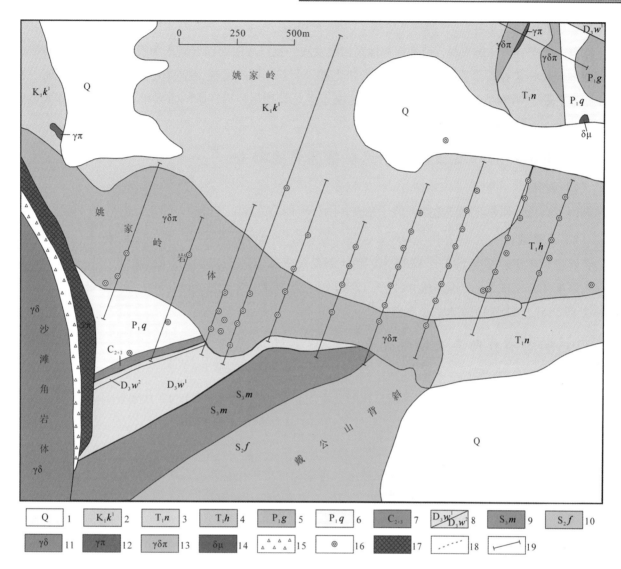

姚家岭铜铅锌金银矿矿区地质图

1—第四系；2—白垩系下统蝌蚪山组下段；3—三叠系下统南陵湖组；4—三叠系下统和龙山组；5—二叠系下统孤峰组；6—二叠系下统栖霞组；7—石炭系中上统黄龙、船山组；8—泥盆系上统五通组上段／下段；9—志留系上统茅山组；10—志留系中统坟头组；11—花岗闪长岩；12—花岗斑岩；13—花岗闪长斑岩；14—闪长玢岩；15—破碎岩带；16—钻孔位置；17—铜矿体；18—推测断层；19—勘探线

337. 湖北省神农架林区冰洞山铅锌矿普查

（1）概况

普查区位于神农架林区宋洛乡。湖北省地质调查院开展了勘查，勘查矿种为铅锌矿，地质工作程度为普查。

（2）成果简述

矿体赋存于震旦系陡山沱组第四岩性段炭质页岩所夹白云岩层中，呈层状，矿化面积达数十平方千米，矿体厚度稳定，有用组分分布均匀，通过普查实施了三条勘探剖面，勘探剖面上孔孔见矿，单工程矿体厚度 0.75 ～ 3.40 米，矿体平均厚度 1.56 米。

估算经工程验证的（333+334）锌资源量 61.31 万吨，其中（333）锌资源量 51.05 万吨，（334）锌资源量 10.26 万吨。伴生（333+334）铅资源量 12.25 万吨，其中（333）铅资源量 9.43 万吨，（334）铅资源量 2.82 万吨。伴生镉 1.24 万吨，伴生银 126.26 吨。矿床平均品位：锌 3.88%、铅 0.72%、银 9.6×10^{-6}、

镉 0.094×10^{-2}。

冰洞山大型锌矿床的发现，带动周邻地区相继发现一批以沐浴河铅锌矿床为代表的大中型铅锌矿床，使鄂西地区铅锌矿勘探获得重大突破，成为湖北省"十五"期间发现大型特大型矿藏之一。同时，也理清了找矿思路、明确了工作方向，揭示扬子地块东缘是寻找层控铅锌矿的重要地区，使湘、鄂西地区成为全国"十一五"期间铅锌找矿重点区带之一。

338. 湖南省桂阳县宝山铅锌银矿接替资源勘查

（1）概况

湖南省有色地质勘查局一总队开展了勘查，勘查矿种为铅锌矿、银矿，勘查资金 1049 万元。

（2）成果简述

铅锌银矿体穿矿厚度 1.29～32.35 米，铅+锌品位 2.32%～27.22%，一般品位为 12% 左右；单铜矿体穿矿厚度 4.6～11.3 米，铜品位 0.6%～1.9%，一般品位为 1% 左右。经初步估算资源量铜约 7.7 万吨、铅锌约 89 万吨、银约 1014 吨。

339. 湖南省桂阳县黄沙坪铅锌矿接替资源勘查

（1）概况

湖南黄沙坪铅锌矿位于湖南省郴州市桂阳县境内，交通便利。2006 年 12 月至 2010 年 3 月，湖南省湘南地质勘察院开展了勘查，勘查矿种为铅锌钨锡钼矿，勘查资金 9108.50 万元。

（2）成果简述

黄沙坪铅锌矿是一个大型铅锌多金属矿床，自全国危机矿接替资源找矿项目启动以来，推动了矿山的找矿积极性，不仅在寻找铅锌矿方面取得了较好的成果，而且发现和评价了矽卡岩型钨钼多金属矿体，在矿种上、矿床类型上和找矿方向上都取得了重大突破，一个大型以上规模的钨钼多属矿床呈现在眼前。

通过几年的地质工作，初步估算新增（332+333）资源量：铅锌 60.9 万吨，钨（WO_3）8.8 万吨，钼 3.50 万吨，铋 1.62 万吨，锡 3.82 万吨，银 425.4 吨，铜 4.36 万吨，铁矿石 1878 万吨，萤石 1196.76 万吨，硫 125.88 万吨。铅锌为断裂控制的脉状矿床类型，钨钼铋锡铁为矽卡岩型矿床类型。

（3）成果取得的过程

20 世纪 70 年代勘探铁矿时发现围绕 301 花岗斑岩的矽卡岩具有全岩铁钨钼矿化的特点，但由于当时对钨锡铋钼的重视不够，仅作伴生组分局部查定，未针对钨、钼、铋矿取样评价，因此未能控制钨、钼矿体边界。在此次危机矿山接替资源勘查项目中，共对此处矽卡岩设计了 6 个窿内立钻，施工钻孔见矿情况较好。

340. 湖南省郴州市东坡铅锌矿接替资源勘查

（1）概况

东坡铅锌矿位于湖南省郴州市南东方向，直线距离约 20 千米，交通便利。2007～2009 年，湖南省湘南地质勘察院开展了勘查，勘查矿种为铅锌钨锡钼矿，工作程度为普查，勘查资金 2326 万元。

（2）成果简述

此次勘查工作在东坡铅锌矿区内划分了妹子垅、野鸡尾-牛角垄、塘渣水-蛇形坪 3 个预测区。经过 2 年的实施，取得了良好的找矿成果，已完工 25 个钻孔中有 16 个见矿，见矿率 64%。其中 GK30702 孔，见矿 18 层，累计见矿厚 89.75 米，平均品位：WO_3 0.127%、Mo 0.007%、Bi 0.042%、Sn 0.098%，塘渣水预测区及妹子垅预测区新发现了 W1、W2 两个具大型规模的钨钼多金属矿体。

初步估算新增 (333) 铅锌金属资源量 55 万吨，银 1508.7 吨，钨多金属资源量 9.1 万吨（其中钨 3.4 万吨，钼 0.45 万吨，铋 2.1 万吨，锡 3.16 万吨），伴生硫 52.23 万吨，萤石 374.40 万吨，砷 8.28 万吨，铜 0.51 万吨，金 9.16 吨。

341. 广东省云安县高枨铅锌银矿详查

（1）概况

广东省地质调查院开展了勘查，勘查矿种银矿、铅锌矿、锡矿，工作程度为详查，勘查资金 300 万元。

（2）成果简述

矿床类型为构造蚀变岩型，单个矿体长 350～1255 米，厚 0.52～3.07 米，控制最大斜深 618 米。矿床具有矿体连续性好、矿化深度大、矿化富集规律明显等特征。平均品位：银 $(61.54～311.45) \times 10^{-6}$，铅 0.36%～8.28%，锌 1.13%～6.75%，Sn0.04%～0.35%。矿床总资源量：银 1516 吨，铅 + 锌 55.04 万吨，锡 1.62 万吨。其中 (332+333) 资源量：银 1129 吨，铅 + 锌 38.59 万吨，锡 1.12 万吨。

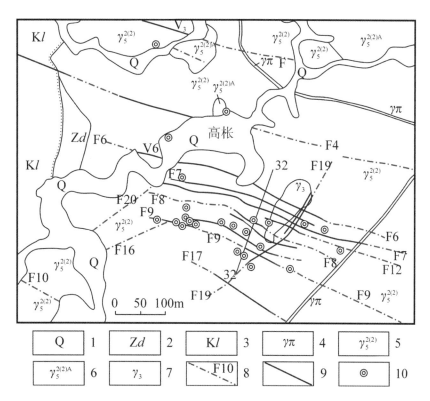

广东省云安县高枨铅锌矿区地质略图

1—第四系；2—震旦系大绀山组；3—白垩系罗定组；4—花岗斑岩；5—燕山期细粒黑云二长花岗岩；6—燕山晚期花岗岩；7—加里东期花岗岩；8—断层及编号；9—矿体；10—钻孔位置

342. 广东省仁化县凡口矿外围铁石岭铅锌矿详查

（1）概况

矿区位于广东省仁化县董塘镇境内。2007 年 12 月至 2010 年 3 月，广东省有色金属地质勘查局地质

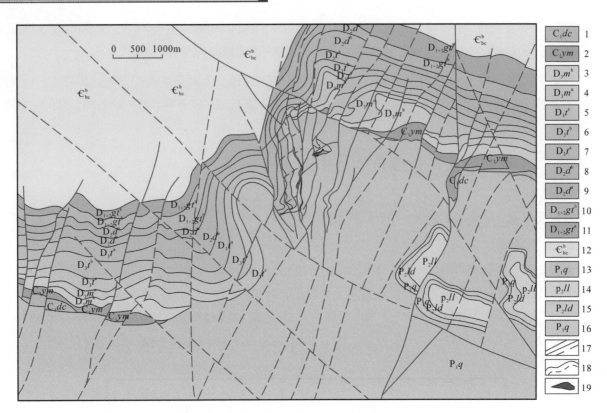

广东省仁化县凡口铅锌矿区综合地质图

1—大塘阶测水段：砂岩、炭质页岩，局部夹劣质煤；2—岩关阶孟公坳组：灰岩夹白云岩，底部为砂页岩夹泥灰岩；3—帽子峰组上亚组：砂页岩夹鲕绿泥石；4—帽子峰组下亚组：管状砂岩、白云质粉砂岩夹泥灰岩、砂质白云岩；5—天子岭组上亚组：花斑状灰岩夹泥灰岩；6—天子岭组中亚组：瘤状灰岩夹泥灰岩；7—天子岭组下亚组：鲕状灰岩、白云质灰岩、白云质砂泥岩；8—东岗岭组上亚组：瘤状灰岩、白云质灰岩、白云质砂页岩；9—东岗岭组下亚组：泥质页岩、粉砂岩夹白云岩、白云质灰岩；10—桂头群上亚组：粉砂岩、页岩及石英岩；11—桂头群下亚组：石英砂岩、页岩夹层间砾岩；12—八村群上亚组：粉砂质页岩、粉砂岩及石英砂岩；13—栖霞阶：灰岩夹泥灰岩，底部为砂页岩；14—龙潭阶；15—龙潭阶当冲段；16—栖霞阶；17—断层及推测断层；18—实测或推测地质界线；19—黄铁铅锌矿体

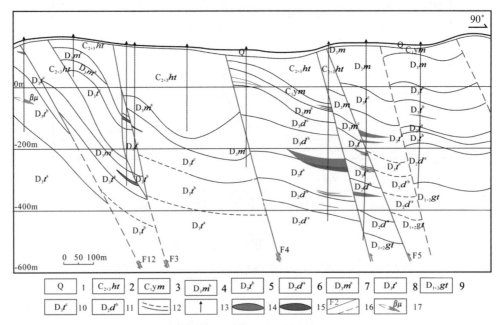

狮岭东矿带北段217勘探线剖面图

1—第四系冲积层：由粉质粘土、粉土、砂土等组成；2—壶天群：白云岩、白云质灰岩；3—下石炭统：页岩、钙质页岩；4—帽子峰上亚组：砂页岩夹鲕绿泥石岩；5—天子岭组中亚组：瘤状灰岩夹泥灰岩；6—东岗岭组下亚组：泥质页岩、粉砂岩夹白云岩、白云质灰岩；7—帽子峰下亚组：砂岩、白云质粉砂岩夹泥灰岩、砂质白云岩；8—天子岭下亚组：鲕状灰岩、鲕粒瘤状灰岩夹泥灰岩；9—桂头群：粉砂岩、页岩及石英砂岩；10—天子岭组上亚组：花斑状灰岩夹泥灰岩；11—东岗岭组上亚组：瘤状灰岩、白云质灰岩、白云质砂泥岩；12—推测或实测地质界线；13—钻孔；14—铅锌矿体；15—铜矿体；16—实测或推测断层；17—辉绿岩脉

勘查研究院开展了勘查,勘查矿种为铅锌矿、伴生硫,工作程度为详查,勘查资金 2378.96 万元。

（2）成果简述

矿床类型属中－低温热液交代型铅锌矿。19 个孔见铅锌工业矿体,4 个孔见黄铁矿工业矿体。主要成分为方铅矿、闪锌矿、黄铁矿。品位铅 5.0%、锌 7.0%。属可选矿石。已控制的铅锌（333）资源量:铅 33.94 万吨、锌 28.54 万吨。该项目共探获铅锌资源量约 85 万吨。累计凡口铅锌矿总资源储量超 1000 万吨。

（3）成果取得的简要过程

完成的主要实物工作量:钻探 12628.56 米,坑探 1524.3 米,槽探 2000 立方米。

343. 广西壮族自治区南丹县铜坑锡矿接替资源勘查

（1）概况

矿区位于广西南丹县大厂镇境内。广西二一五地质队开展了勘查,勘查矿种为锌、铜矿,勘查资金 570 万元。

（2）成果简述

矿体产出于大厂背斜 NE 翼中上泥盆统地层中,呈似层状近于平行产出,为矽卡岩型锌铜矿床。

该项目包括黑水沟—大树脚锌铜矿区、铜坑深部锡锌矿区、长坡深部锌矿区和巴力—长坡深部锌矿区等 4 个工作区,其中黑水沟—大树脚锌铜矿区施工 6 个钻孔均见到工业矿体,矿体平均厚度 8.74 米。共查明锌（333）资源量 93.66 万吨,铜 4.34 万吨,银 542 吨。

344. 广西壮族自治区张公岭矿区外围的石鼓山矿区铅锌银矿普查

工作程度为普查,勘查矿种为铅锌、银。共发现 5 个矿体,分别为 S1、S2、S3、S4 和 S5。其中一条为铅锌银金矿体（S1）和 4 条金银矿脉（S2、S3、S4、S5）。5 条矿脉近似东西走向平行产出,产状陡立。目前均未进行系统控制,推测矿化带长度大于 1000 米。

S1 厚度 0.5 ~ 0.7 米,含矿品位:金 0.50×10^{-6},银 234×10^{-6},铅 0.53%,锌 0.29%。

S2 厚度 0.7 米,含矿品位:金 0.27×10^{-6},银 162×10^{-6}。

S3 厚度 0.7 米,含矿品位:金 0.55×10^{-6},银 78.6×10^{-6}。

S4 厚度 0.6 米,含矿品位:银 128×10^{-6}。

S5 厚度 0.6 米,含矿品位:金 1.21×10^{-6},银 113×10^{-6}。

对张公岭南带 I 号脉和 III 号脉已控制的三个矿体进行初步的估算,估算（333）资源量:金 0.81 吨、银 962 吨、铅＋锌金属量 66.51 万吨;平均品位:金 0.33×10^{-6},银 36.71×10^{-6},铅 1.32%,锌 1.22%。

345. 广西壮族自治区岑溪市佛子冲铅锌矿接替资源普查

（1）概况

矿区位于广西梧州市苍梧县广平镇淑里村至岑溪市诚谏镇河三村一带。勘查矿种为铅锌矿,工作程度为普查,勘查资金 2538.47 万元。

（2）成果简述

该矿属热液充填脉状和热液交代矽卡岩型铅锌矿床。估算获得新增（332+333）资源量:铅 25.99 万吨、锌 38.14 万吨、铅＋锌 64.13 万吨;铜 2.18 万吨;银 489.45 吨,矿床规模为大型。矿石采用浮选,回收率达 90%。

346. 四川省甘洛县尔呷地吉铅锌矿勘探

（1）概况

矿区位于甘洛县城北，直线距离约 16.5 千米处。2006 年至 2008 年，四川省冶金地质勘查局成都地质调查所开展了勘查，勘查矿种为铅锌矿，工作程度为勘探，勘查资金 3911.03 万元。

（2）成果简述

原生矿石矿物主要以方铅矿、闪锌矿为主。矿区共探获矿石量 701.2 万吨，查明（331+332+333）资源量：铅 + 锌 49.13 万吨，铅金属量 20.34 万吨，锌金属量 28.79 万吨，伴生银金属量 166.6 吨，矿床平均品位：铅 2.90%，锌 4.11%，银 23.76×10^{-6}。

（3）成果取得的简要过程

20 世纪 90 年代四川省地矿局完成了该区 1：5 万区域地质调查工作。2002 年至 2004 年，四川省冶金地质勘查院利用国家矿产资源补偿费对矿区进行了普查地质工作，圈定 5 个铅锌矿体，探获了资源量，并在矿床的深部发现了原生矿体。

2006 年 12 月，四川省冶金地质勘查局成都地质调查所与甘洛县尔呷地吉铅锌矿业有限公司签订了对四川省甘洛县尔呷地吉铅锌矿床进行详查的工作合同，后于 2007 年 8 月签订了补充勘探合同。2006 年 12 月开始详查，2007 年 6 月进行勘探设计，2008 年 4 至 6 月进行了室内综合研究和勘探报告的编制工作。

347. 四川省马边县山水沟铅锌矿预查

（1）概况

工作区位于四川省马边县山水沟。四川省地矿局 207 队开展了勘查，勘查矿种为铅锌矿，工作程度为预查，勘查资金 150 万元。

（2）成果简述

矿床类型属沉积－改造层控型。主要成分：闪锌矿、方铅矿、黄铁矿等；工程品位铅 0.11% ~ 1.78%，平均为 0.65%；锌 0.25% ~ 12.11%，平均为 4.80%。

主矿体地表露头长约 2700 米，工程控制矿体走向长 2580 米，控制矿体斜深 370 米；矿体呈层状、似层状，产状与围岩产状基本一致，工程控制矿体厚 0.98 ~ 7.46 米，平均 3.62 米。

铅锌（333+334）资源量 59.86 万吨（铅 7.56 万吨，锌 52.30 万吨）。

评价阶段未作矿石加工技术性能试验。紧邻评价区西南部的甘洛县赤普铅锌矿区的实验室流程试验结果：回收率铅精矿为 89.24%，锌精矿达 70.75%，其选矿效果良好。

348. 四川省马边县丁家湾铅锌矿预查

（1）概况

工作区位于四川省马边县丁家湾。四川省地矿局 207 队开展了勘查，勘查矿种为铅锌矿，工作程度为预查，勘查资金 100 万元。

（2）成果简述

矿床类型属沉积－改造层控型。工程控制含矿地层走向长约 4000 多米，倾向上延深 160 米。矿层厚 0.73 ~ 8.21 米，平均为 3.71 米。主要成分闪锌矿、方铅矿、黄铁矿等；品位：铅 0.06% ~ 1.99%，平均 0.65%；含锌 1.09% ~ 8.58%，平均 5.12%。获（334）铅锌金属资源量 59.07 万吨，其中铅金属资源量 7.11 万吨，锌金属资源量 51.96 万吨。

349. 西藏自治区工布江达县亚贵拉铅锌银矿普查

（1）概况

2008 年至 2011 年，河南省区调队开展了勘查，勘查矿种为铅锌、银，工作程度为普查，勘查资金 2400 万元。

（2）成果简述

地表控制矿体长度 1582 米，深部控制矿体长度 1440 米，控制矿体斜深 260 ～ 430 米。获得 (332+333+334) 资源量：铅 128.9 万吨、锌 108.78 万吨、银 2394.21 吨、铜 8.14 万吨，矿床平均品位：铅 4.29%、锌 3.62%、银 79.73×10^{-6}。其中 （332+333) 资源量：铅 52.07 万吨、锌 31.89 万吨、银 1148.56 吨。

350. 西藏自治区那曲县格玛铅锌矿普查

（1）概况

格玛矿区位于西藏自治区那曲县香茂乡境内，西距青藏公路和青藏铁路约 50 千米，距那曲县城约 120 千米。河南省地调院开展了勘查，勘查矿种为铅锌矿、银矿，工作程度为普查，勘查资金 1020 万元。

（2）成果简述

矿床平均品位：铅 7.48%、锌 1.53%、银 101.44×10^{-6}、铜 0.55%。探获 (333) 资源量：铅 30.84 万吨、锌 7.89 万吨、银 427.39 吨；（333+334) 资源量：铅 + 锌 63.11 万吨、银 710.33 吨、伴生铜 3.86 万吨。

351. 西藏自治区墨竹工卡县帮浦矿区东段铅锌矿详查

（1）概况

帮浦矿区东段铅锌矿位于拉萨市墨竹工卡县城 75°方向约 22 千米处，隶属西藏自治区拉萨市墨竹工

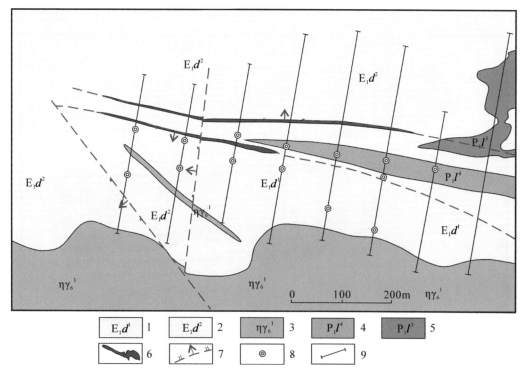

西藏自治区墨竹工卡县帮浦矿区东段铅锌矿地质图及工程布置图

1—第一岩性段安山质火山角砾熔岩；2—第二岩性段安山岩；3—喜山期中粗粒二长花岗岩；4—二叠系下统洛巴堆组：第四岩性段板岩、砂质板岩夹石英砂岩及少量安山岩；5—第三岩性段大理岩；6—铅锌矿体；7—断层；8—钻孔位置；9—勘探线

卡县管辖。

2009年，西藏地勘局第二地质大队开展了勘查，勘查矿种为铅锌矿伴生铜银，工作程度为详查，勘查资金1082万元。

（2）成果简述

矿床属热液充填型矿床。现已探明（332）金属资源量：铅37.29万吨，品位17.10%；锌11.22吨，品位5.15%；铜8466吨，品位0.39%；银48.71吨，品位223.45×10^{-6}；（333）资源量：铅0.19万吨，品位8.23%；锌6.45吨，品位2.77%；银30吨，品位127.68×10^{-6}。（332+333+334）金属资源量：铅61.02万吨；锌19.22万吨，品位3.87%；铜1.94万吨，品位0.39%；银85.26吨，品位171.51×10^{-6}。

（3）成果取得的简要过程

2009年西藏金和矿业有限公司委托西藏地勘局第二地质大队对矿区Ⅰ、Ⅱ号铅锌矿（03～06排勘探线）进行了1.05平方千米的地质详查工作。

352. 甘肃省成县小厂坝铅锌矿床（900米标高以下）详查

（1）概况

小厂坝矿区位于成县县城正北直线距离约30千米处，属黄渚镇茨坝村管辖。甘肃有色地质勘查局一〇六队开展了勘查，勘查矿种为铅锌矿，工作程度为详查，勘查资金1194.03万元。

（2）成果简述

通过详查工作控制铅＋锌（332+333）资源量125.32万吨，其中铅18.83万吨，锌106.49万吨；铅＋锌（332+333+334）资源量共计132.68万吨，其中铅20.21万吨，锌112.47万吨。该区段伴生有益组分资源量（332+333）：硫96.95万吨、银14.07吨、Cd 2027吨。硫化矿石工业类型分为铅锌矿石、锌矿石两种类型，矿床成因属于沉积改造型，主要有益组分为铅锌，以独立硫化物出现，可选性好。

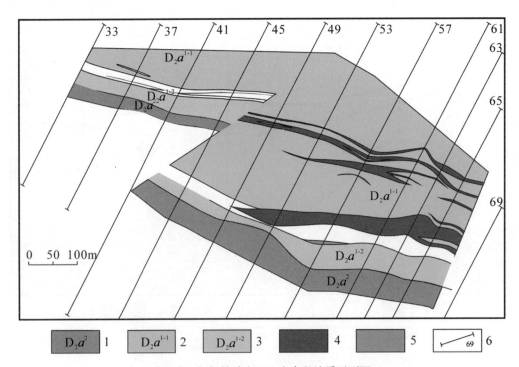

成县小厂坝铅锌矿床800米中段地质平面图

1—焦沟层；2—厂坝层下部层；3—厂坝层上部层；4—铅锌矿体；5—断层破碎带；6—勘探线及编号

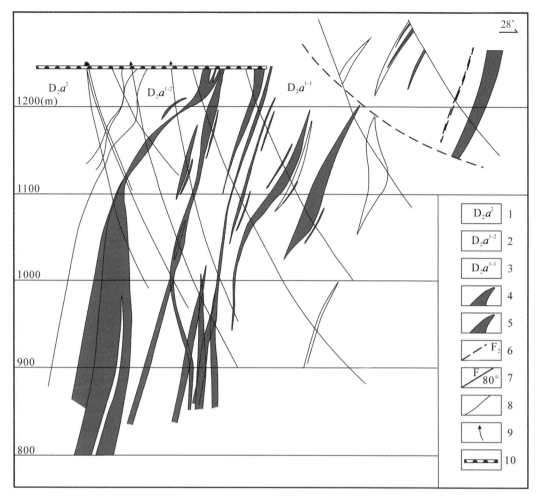

成县小厂坝铅锌矿床 65 线地质剖面图

1—焦沟层；2—厂坝上部层；3—厂坝下部层；4—铅锌矿体；5—旧铅锌矿体；6—推测断层；7—实测断层；8—地质界线；9—钻孔；10—穿脉通道

353. 青海省格尔木市牛苦头地区铁多金属矿勘查

（1）概况

矿区位于祁漫塔格山北坡，行政区划隶属格尔木市乌图美仁乡管辖。青海省柴达木综合地质矿产资源勘查院开展了勘查，勘查矿种为铁多金属矿，勘查资金 841 万元。

（2）成果简述

该区成果较好的为 C3 磁异常区、M1 磁异常区和 M4 磁异常区 3 个区段，全区共圈出 222 条铁多金属矿体，铁矿石量达中型规模，锌资源量达大型规模。获得（332+333）资源量：铅＋锌 117.76 万吨（铅42.23 万吨，锌 75.53 万吨），铜 11.39 万吨，硫铁矿 3523.7 万吨，铁矿石 0.11 亿吨。

（3）成果取得的简要过程

1969 年青海省地质局物探队在该区进行 1∶5 万磁法普查时，圈定了牛苦头（M22、M23、M24、M25、M28、M29、M30）七处磁异常。1970 年，青海省地质局原第一地质队对 M23 磁异常区进行了 1∶5000地面磁法检查，1980 年至 1981 年，对矿区 M23 磁异常进行了检查评价，大致了解了矿体空间展布形态、产状。2002 年以来，青海省柴达木综合地质矿产资源勘查院使用地物化综合手段对探矿权范围内进行了普查找矿及详查等工作，取得了良好的找矿成果。

第八章　金矿

354. 河北省张家口地区水泉沟—大南山二长岩杂岩体东部金矿地质普查

（1）概况

勘查区位于河北省赤城县镇宁堡乡，处于内蒙古地轴与燕山台褶带衔接部位的内蒙古地轴一侧。勘查面积约1.44平方千米。2001年至2007年12月，河北省地勘局第三地质大队开展了勘查，勘查矿种为金矿，工作程度为普查，勘查资金230万元。

（2）成果简述

矿床产于海西期二长岩体与围岩的内接触带之中，赋矿岩石及围岩均为正长岩，矿床属混合岩化重熔交代热液型金矿床。

含金矿化带走向长1220米，宽20～60米，倾斜延深达300米，矿体厚度一般在2～11米之间，平均3.45米，含金品位一般在 $(2～7) \times 10^{-6}$ 之间，最高 62.28×10^{-6}，平均 4.63×10^{-6}。在黄土梁金矿东部外围30～104线之间，稀疏工程控制（333）金资源量21.31吨，预计104～144线可获得（334）金资源量3吨。

目前在整个岩体东部发现了3个新的金矿点，圈定出2个成矿远景区，初步估算（333）金资源量10.78吨，预测（334）金资源量14.5吨，（333+334）金资源量25.28吨。

355. 内蒙古自治区包头市哈达门沟矿区及外围岩金普查

（1）概况

勘查区位于包头市九原区阿嘎如泰苏木和乌拉特前旗沙德盖苏木境内，距110国道直线距离约10千米，有便道与国道相连。区内属温带大陆型气候，冬季最低温度-35℃，夏季最高温度37℃，冬春季多大风。大气环境质量符合二级标准污染。矿区为林、牧业区。

2008年至2010年，中国人民武装警察部队黄金第一总队（第二支队）开展了勘查，勘查矿种为金、伴生钼，工作程度为普查，勘查资金6692万元。

（2）成果简述

矿床类型属石英脉型和蚀变岩型。313号矿脉实际控制长约5800米，出露标高在1600～1900米。脉石矿物为石英、钾长石和斜长石，矿石矿物主要为黄铁矿，其次有黄铜矿、方铅矿、褐铁矿。矿石金品位在 $0.1 \times 10^{-6} ～ 60 \times 10^{-6}$ 之间，属均匀贫硫化物型，赋存状态以包体金和晶隙金为主。2010年经武警黄金指挥部中心工作会议审核认定，313号脉累计查明（333）资源量36.16吨，（334）资源量14.10吨，合计（333+334）资源量50.27吨。哈达门沟矿区累计探获（333+334）金资源量102.34吨。

（3）成果取得的简要过程

矿床发现于1986年，后勘查工作经历了三个阶段：1986年至1995年，以开展"892"项目为标志的加快勘查阶段；1996年至2007年为勘查工作又低谷阶段；2008年至2010年自治区勘查基金的投入，勘查工作又进入了快速发展阶段。经过24年的勘查工作，矿区金资源量达到超大型规模。

356.辽宁省凤城市白云金矿接替资源勘查

（1）概况

矿区位于辽宁省凤城市青城子镇白云山村。

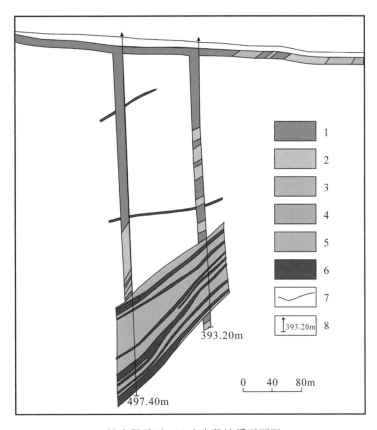

姚家堡子区 100 米中段地质平面图

1—矽线石云母片岩；2—黑云变粒岩；3—透闪变粒岩；4—大理岩；5—硅钾蚀变岩；6—金矿体；7—地质界线；8—钻孔位置及终孔深度

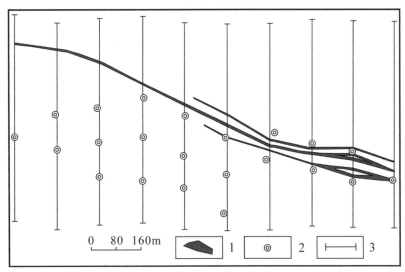

白云金矿 076 线地质剖面图

1—矿体；2—钻孔；3—勘探线

2008 年至 2009 年，辽宁省有色地质局一〇三队开展了勘查，勘查矿种为金矿、伴生银矿，工作程度达到普查，局部达到详查，勘查资金 1629 万元。

（2）成果简述

矿床类型属沉积变质高－中温热液改造型金矿床。边界品位 0.7×10^{-6}，块段最低工业品位 1.5×10^{-6}，矿床最低工业品位 2.5×10^{-6}。查明金（332+333）资源量 33.85 吨，伴生银（332+333）85.83 吨，金平均品位 2.52×10^{-6}，银平均品位 6.39×10^{-6}。影响浮选和氰化浸出的有害元素含量低，属于易选金矿石。

357. 黑龙江省东宁县金厂矿区及外围岩金普查

（1）概况

2007 年，中国人民武警部队黄金第一支队开展了勘查，勘查矿种为金矿，工作程度为普查。

（2）成果简述

在以往工作的基础上，2007 年对 18 号矿体及 I 号角砾岩筒进行深部控制，累计查明（333）资源储量 63.41 吨。储量未经评审。

（3）成果取得的简要过程

1994 年至 2007 年进行了普查工作。该矿床自 1994 年发现以来，累计投入钻探 37858 米，坑探 4271 米，浅井 1465 米，槽探 12033 立方米；1995 年至 1998 年总结了隐爆角砾岩型矿体在空间近东西向等间距分布的特征，相继发现了大狍子沟等矿体；1998 年至 2001 年，总结了环状放射状断裂对脉状矿体的控制作用，相继发现了 II 号等矿脉群；2002 年至 2006 年总结了岩浆穹窿构造对 18 号矿体的控矿规律，使 18 号矿体规模不断扩大。2007 年投入槽探 1030 立方米，钻探 4204 米，对 18 号矿体及 I 号角砾岩筒进行深部控制，对地表物化探异常进行查证和追索，查明资源量。

358. 黑龙江省漠河县砂宝斯岩金矿床详查

（1）概况

2006 年至 2007 年，中国人民武警部队黄金第三支队开展了勘查，勘查矿种为金矿，工作程度为详查，勘查资金 541 万元。

（2）成果简述

矿床类型为破碎蚀变岩型矿床，投入钻探 4503 米，槽探 2262 立方米。矿区累计查明（333 及以上）资源量 41.87 吨，达大型矿床规模。未经地质勘查报告评审。

（3）成果取得的简要过程

1993 年至 2005 年开展岩金普查工作，完成钻探进尺 7909 米，槽探 40190 立方米，2006 年查明（333）资源储量 7.32 吨。2007 年开展岩金详查工作，投入钻探 4503 米，槽探 2262 立方米，在详查区 II－1 号矿体东段，对储量进行评估。

359. 山东省招远市夏甸矿区深部及外围金矿详查

（1）概况

夏甸矿区位于招远城南 28 千米处的夏甸镇西芝下村附近。北距招远市区 28 千米，南至莱西市区 50 千米，交通十分方便。本区属暖温带季风区大陆性半湿润气候，四季分明，气候温和，年均气温 12.4℃，年降水量 600～700 毫米。

2009 年 11 月至 2010 年 9 月，招远市黄金地质队开展了勘查，勘查矿种为金矿，工作程度为详查，勘查资金 1795 万元。

（2）成果简述

矿床的成因类型为蚀变岩型金矿。控制主要矿体走向长度 1260 米，斜深 1390 米，平均真厚度 10.23 米，平均品位 3.36×10^{-6}。提交（332+333）金资源量 60.98 吨，品位 3.33×10^{-6}。其中，（332）金资源量 41.29 吨，（333）金资源量 19.69 吨。已经过山东省国土资源档案馆储量评审办公室评审。

夏甸矿区位于招远金矿集中区内，采、选、冶技术先进，矿区开采技术条件简单，矿石易采易选。

（3）成果取得的简要过程

招远市黄金地质队与招金矿业股分有限公司夏甸金矿联合，通过对招平断裂带的芝下－姜家窑段矿山 -600 米以上地段的成矿地质条件进行分析和研究，编制《山东省招远市夏甸矿区深部及外围金矿详查设计》，并经过了专家审批，夏甸金矿和黄金地质队根据设计，组织施工中在 −600 ～ −1400 米之间发现了Ⅶ－1 号矿体，并对其进行了控制。后提交《山东省招远市夏甸矿区深部金矿详查报告》，通过山东省国土资源档案馆储量评审办公室的评审。

360. 山东省招远市玲珑金矿接替资源勘查

（1）概况

玲珑金矿位于招远市玲珑镇。2006 年至 2009 年，山东正元地质资源勘查有限责任公司开展了勘查，勘查矿种为金矿，工作程度为普查，勘查资金 3160 万元。

（2）成果简述

矿床类型为石英脉型金矿床。工作区分为三个地段，175 号脉群深部地段（Ⅰ）、36 号脉群深部地段（Ⅱ）、玲珑断裂深部地段（Ⅲ）。圈定金矿体 17 个，主要矿体为 175 支 1－1 和 175 支 2－1，矿体厚度变化较稳定，有用组分分布不均匀。175 支 1－1 号矿体走向延长 810 米，倾向延深 396 米。175 支 2－1 号矿体走向延长 1452 米，倾向延深 710 米。新增查明金（333）资源量 32.66 吨，平均品位 6.23×10^{-6}。

矿床开采技术条件简单，矿石选冶性能良好，属于易选矿石，可以采用现行选矿工艺。

361. 山东省莱州市焦家金矿床深部详查

（1）概况

矿区位于莱州市东北 28 千米处，交通方便，属丘陵与滨海平原过渡地带，地势较平缓。区内气候温和，四季分明，年降水量 600 ～ 700 毫米，无大的水系。工作区周围采金业发达，区内农业以种植业为主，工业以农业机械制造、农副产品加工业为主等。

2007 年 10 月至 2008 年 12 月，山东省第六地质矿产资源勘查院开展了勘查，勘查矿种为金矿，工作程度为详查，勘查资金 6898.52 万元。

（2）成果简述

矿床类型为"焦家式"－破碎带蚀变岩型金矿床。共圈定矿体群 4 个，其中Ⅰ号矿体是主矿体，其资源储量占总量的 89.72%。矿床平均金品位 4.54×10^{-6}，矿体工程控制走向长 960 米，勘查区内最大倾斜长 1370 米。勘查区范围内初步查明金资源储量 105.5 吨，其中（122b）金储量 45.7 吨，（333）金资源量 59.8 吨。伴生银 120.54 吨，伴生硫 26.19 万吨。

矿石中有益组分以金为主，金矿物以细粒嵌布为主，且不均匀，矿石属低硫型矿石，黄铁矿易解离，矿石易选；其次为伴生有益组分银、硫，可综合回收利用。

（3）成果取得的简要过程

山东省第六地质矿产资源勘查院在深部勘查工作之初，在包括本区在内的整个焦家断裂金矿带深部运用"焦家式"金矿成矿理论，利用综合信息找矿的理论和方法开展了成矿预测工作，在该区圈定了成矿靶区。在此基础上，充分分析研究矿区浅部矿床地质特征，类比焦家断裂金矿带上相邻的焦家金矿床及其他"焦家式"金矿床深部成矿规律，认为深部有出现第二矿化富集带的可能性，深部找矿前景广阔。在此综合研究工作成果基础上，经过前期深部普查施工，取得了较好的找矿效果，具备了详查条件。为此，于2007年10月至2008年10月开展了野外地质工作。详查工作以机械岩心钻探为主要手段，配合各类样品实验测试等，对矿床深部开展了全面详查。

362. 山东省莱州市三山岛金矿接替资源勘查

（1）概况

矿区位于山东省莱州市三山岛特别工业区境内，行政区划属山东省莱州市三山岛特别工业区。2007年至2009年开展了勘查，勘查矿种为金矿，工作程度为普查，勘查资金1994万元。

（2）成果简述

通过钻探工程揭露，发现三山岛金矿深部（主矿体下盘）存在含黄铁矿细脉钾化花岗岩型矿石类型。勘查深度均在650米以下，勘查最深1850米，见矿深度685～1427米。查明（333）金资源量60.4吨，平均品位2.78×10^{-6}。伴生银122.1吨，硫66.6万吨，折硫标矿184.4万吨。储量通过山东省国土资源资料档案馆评审办评审。

（3）成果取得的简要过程

该项目为2006年度全国危机矿山接替资源勘查项目，经过2007年工作，成果显著。后又进行续作，山东正元地质勘查院与山东黄金公司密切配合，认真研究成矿条件和矿体赋存规律，部署了深部钻探，钻孔最大孔深2060.5米，控制矿体最大深度达1954米，在深部找矿方面取得了显著成果。

363. 山东省玲珑金矿田东风矿床171号脉金矿详查

（1）概况

矿区位于招远市城区东北20千米处，行政区划属招远市阜山镇。勘查区地处中低山区，属暖温带季风大陆型气候区。区内经济较发达，以种植业和矿业为主，劳动力充足，水、电资源可满足矿山开发需要。

2006年3月至2010年9月，山东省第三地质矿产资源勘查院开展了勘查，勘查矿种为金矿，工作程度为详查，勘查资金9000万元。

（2）成果简述

矿床成因类型属岩浆期后中温热液交代蚀变岩型金矿床，共圈定7个矿体，1711号矿体为主矿体（盲矿体），控制长2500米，斜深510～3100米，平均厚4.23米。累计查明（332+333）金资源量136.31吨，伴生银872.55吨。已通过省厅、国土资源部的评审。

选矿工艺流程先进，加工性能良好，属易选矿石。矿山开发利用条件优越。

364. 山东省莱州市朱郭李家地区金矿详查

（1）概况

勘查区位于莱州市东北27千米处，北起乌盆吕家，向南经朱郭李家至大塚坡村，位于金城镇与朱桥镇境内。矿区属丘陵与滨海平原过渡带，东高西低，海拔标高 13.60～26.30 米，所在区农业以种植小麦、玉米、花生等为主，工业以农业机械制造、农副产品和海产品加工、采金为主，近海捕捞及海产品养殖业发达。

2009 年 3 月至 2010 年 6 月，山东省第六地质矿产资源勘查院开展了勘查，勘查矿种为金矿，工作程度为详查，勘查资金 5330 万元。

（2）成果简述

矿床类型为"焦家式"－破碎带蚀变岩型金矿床。区内圈出三个矿体群 73 个矿体，其中对 65 个矿体进行了资源量估算，矿床共查明金资源量 126.33 吨，平均品位 3.37×10^{-6}，平均厚度 7.64 米。伴生银 197.98 吨，伴生硫 62 万吨，折合标硫量 177.1 万吨。储量已通过山东省储量评审中心评审。

矿区拥有较好的外部建设条件和采选（冶）经济技术条件，原来无开采价值的薄矿、低品位矿等成为可利用的资源。

（3）成果取得的简要过程

山东省第六地质矿产资源勘查院在认真分析研究以往地质资料的基础上，运用"焦家式"金矿成矿理论，利用综合信息找矿的理论和方法开展了成矿预测工作，在该区圈定了成矿靶区。利用 1:10000 地质修测和水文地质修测、1:2000 地质修测和水文地质与地形测绘为先导，以机械岩心钻探为主要手段，配以水工环地质工作及样品化验测试等手段，对矿床进行了全面详查评价。

365. 山东省莱州市新立村金矿详查

（1）概况

勘查区地处胶东半岛西北部的莱州湾滨海平原地带，其北、西两面濒临海，仅东南与陆地相连。本区属北暖温带季风区大陆性气候，昼夜温差较小，气候温和。矿区采金业、渔业及沿海滩涂养殖业发达，是本区经济支柱产业；乡镇企业多，主要为盐业、五金、粮食加工及海产品加工业。

矿区位于山东省莱州市，2010 年开展了勘查，勘查矿种为金矿，工作程度为详查，勘查资金 4350 万元。

（2）成果简述

矿床类型为"焦家式"－破碎带蚀变岩型金矿床。矿石中有益组分以金为主。共查明（332+333）金资源量 112.46 吨。其中，查明（332）金资源量 13.99 吨，（333）金资源量 98.47 吨。伴生银 399.00 吨，伴生硫 121.00 万吨，折合标硫矿石量 333.40 万吨。储量已经过评审。

金矿物以细粒和微粒为主，矿石工业类型为低硫型金矿石，黄铁矿易解离，矿石易选；其次为伴生有益组分银、硫，均可回收利用。

（3）成果取得的简要过程

为保证矿山持续发展，摸清资源量家底，探明探矿权资源储量，为矿业权转让提供依据，山东省黄金集团委托山东黄金集团地质矿产资源勘查有限公司以坑探、机械岩心钻探配合采样测试为主要手段，对矿区中深部进行详查。野外勘查工作自 2007 年 10 月至 2009 年 12 月结束，基本查明地质、构造，主要矿体形态、产状、大小和矿石质量，基本确定矿体的连续性，基本查明矿床开采技术条件，对矿石的加工选（冶）性能进行类比或实验室流程试验研究，进行概略性经济评价，做出是否具有工业价值的评价。提交详查地质报告，为矿山持续发展提供资源保证。

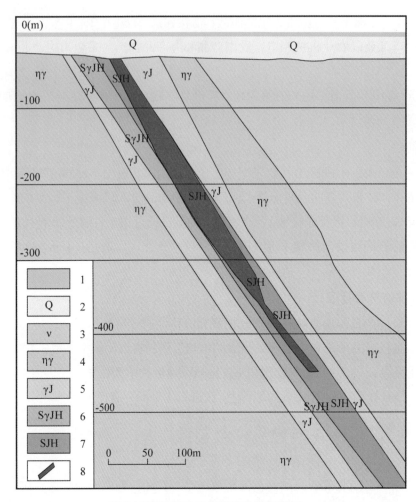

新立村金矿区 95 号勘探线地质剖面图

1—水域；2—第四系；3—中细粒变质辉长岩；4—中细粒黑云母二长花岗岩；5—绢英岩化花岗岩；6—黄铁绢英岩化花岗质碎裂岩；7—黄铁绢英岩化碎裂岩；8—矿体

366. 湖南省新邵县大新金矿区金矿大型矿产地普查

（1）概况

湖南省新邵县大新金矿位于湖南省新邵县大新乡，新邵县城以北约 30 千米处。2006 年至 2008 年，武警黄金第十一支队开展了勘查，勘查矿种为金矿，工作程度为普查，勘查资金 1344.09 万元。

（2）成果简述

矿床属中低温热液成因的蚀变岩型金矿床，矿石类型主要为破碎蚀变岩型矿石。共发现含矿破碎蚀变带 15 条，主要产于震旦系江口组含砾砂质板岩中，严格受断裂构造控制。查明加预测（333+334）资源量 24.09 吨。其中（333）资源量 22.73 吨，（334）资源量 1.36 吨。

通过对大新矿床进行矿石可选性试验，结果表明采用全浮选方案可获得回收率 75% 的选矿指标。

367. 广东省广宁县黄泥坑矿区金多金属矿详查

（1）概况

2006 年 11 月至 2008 年 12 月，广东省地质调查院开展了勘查，勘查矿种为金矿，工作程度为详查，勘查资金 2713 万元。

（2）成果简述

矿床类型属石英脉型、破碎带型金矿床。矿体脉状，一般走向分三组，以 NE 向矿脉为主。矿脉长度一般 100～500 米，最长矿脉如 V9 号脉控制长度 710 米，金的平均品位 6.98×10^{-6}。区内矿脉除含金外，还含有伴生元素 Ag、Pb、Zn、Cu 等有益元素。矿区已发现金矿脉 25 条，初步查明金资源量 20.59 吨，其中（332+333）资源量 8.33 吨，（334）资源量 12.26 吨。储量报告已送省储量评估中心，尚未评审。选冶性能良好，易选。

（3）成果取得的简要过程

该矿区为 2000 年中国地质调查局下达的"广东罗定盆地周边银多金属矿评价"项目的子课题，通过工作，地表圈定金矿体 19 条，对其中 V4、V10、V11、V12、V15 和 V20 等六条矿体进行了金资源量估算。在此基础上，该项目又投入钻探 14334 米，钻孔见矿率 76%，坑探 1033 米等工作，对矿体进行了有效的控制。

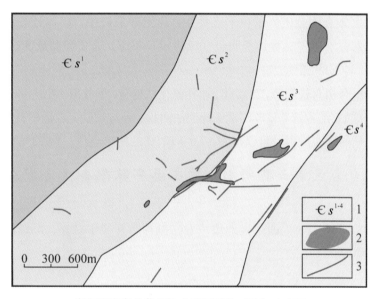

广东省广宁县黄泥坑金矿区矿体（脉）分布图

1—地层；2—花岗岩体；3—矿体

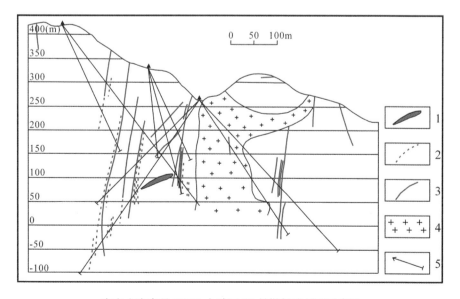

广东省广宁县 HNK 金矿区 00 号勘探线剖面示意图

1—预测矿体；2—矿化带；3—矿体；4—花岗岩；5—钻孔

368. 广西壮族自治区田东县那矿矿区金矿资源储量核实及深部矿床详查

（1）概况

矿区位于田东县东南 110° 的思林镇那矿屯南面一带。有简易公路直达矿区，交通便利。矿区属亚热带山地气候，年平均气温 20～23℃，冬季有霜降冻雪，夏季炎热，5～9 月分为雨季，年降雨量 2100 毫米左右。区内地貌属低山区，海拔 600～860 米，相对高差 100～160 米。当地居民以壮族为主，少量为汉族、瑶族，属经济欠发达地区。用电用水比较方便。

2008 年 8 月至 2010 年 12 月，广西区域地质调查研究院开展了勘查，勘查矿种为金矿，工作程度为详查，勘查资金 1500 万元。

（2）成果简述

矿石类型主要有氧化微细粒浸染型金矿和原生微细粒浸染型金矿两种，成因类型属蚀变热液金矿床。矿区内发现 9 个矿体，基本查明金矿体赋存于三叠系百逢组碎屑岩中，矿体延长最大 1 千米左右，延深约 800 米。金平均品位 0.97×10^{-6}。累计查明金（122b+332+333）金资源储量 35.73 吨。伴生硫 63.07 万吨，铁精矿 37.52 万吨，砷 6.89 万吨。

矿区氧化矿石矿物组合相对较简单，经粉碎，再用氰化法提金，回收率 70%～80%，属易选易冶金矿石。原生矿黄铁矿和毒砂经实验室流程选矿试验，适于浮选法回收。通过试验，在原矿含金品位 0.91×10^{-6} 的情况下，经过一粗二扫四精的浮选流程，可以得到 17.0×10^{-6} 的精矿品位，84.23% 的选矿回收率。

369. 广西壮族自治区凌云县明山—凤山县那林勘查区金矿床详查

（1）概况

2007 年 9 月至 2008 年 10 月，广西煤炭地质一五〇勘探队开展了勘查，勘查矿种为金矿，工作程度为详查，勘查资金 750 万元。

（2）成果简述

矿床类型属贫硫化物微细粒浸染型金矿床。矿区面积 2.5827 平方千米。矿床中主要为①、②矿体，①矿体长 1200 米，②矿体长 1300 米，矿区金平均品位 3.34×10^{-6}，2008 年估算金资源储量 34.8 吨，其中：（122b）金储量 2.5 吨，（332）金资源量 8.5 吨，（333）金资源量 23.8 吨。成果报告未评审。

矿石中金的赋存状态，硫化物中金占 70.94%，为难以离解金，但属易浮选金；脉石中金 13.80%，为磨矿中难以解离、难以浮选金。

（3）成果取得的简要过程

1987 年 8 月至 1993 年 12 月，广西第二地质队对包括该矿区在内的 12 平方千米范围内进行踏勘和普查，通过各种比例尺的地质填图及槽探、坑探、钻探等勘查工程的揭露，对①、②、⑧、④、⑦等 5 个矿体进行了金资源量计算，得出 D 级 3.7 吨，E 级 18.1 吨，表外 D+E 级 4.7 吨。2007 年 9 月至 2008 年 10 月，广西煤炭地质一五〇勘探队在凌云县明山—凤山县那林勘查区用钻探揭露中深部金矿层，估算金资源量。

370. 广西壮族自治区贵港市福六岭矿区金矿生产勘探

（1）概况

2007 年 5 月至 2009 年 5 月，广西地矿资源勘查开发有限责任公司开展了勘查，勘查矿种为金矿，工作程度为勘探，勘查资金 770 万元。

（2）成果简述

矿床类型为构造破碎带蚀变岩型矿床。矿区位于贵港市北直线距离约 24 千米的福六岭一带，面积为 7.33 平方千米。本矿区的金矿体严格受近南北向的断裂构造控制，呈带状平行排列，成群成组出现。

20 号矿体为主矿体，总长 843 米，平均厚度 5.60 米，金平均品位为 8.07×10^{-6}。原矿石中主要载金矿物为黄铁矿和毒砂，脉石矿物以绢云母、石英为主，还有少量炭质。查明金资源储量（122b+332+333）22.46 吨，金平均品位 7.33×10^{-6}。其中（122b）金储量 4.49 吨，（332）金资源量 0.03 吨。已通过评审。

371. 贵州省兴仁县紫木凼金矿区太平洞金矿 236-308 线地质勘探

（1）概况

太平洞金矿位于兴仁县回龙镇打杽村，探矿权面积 15.46 平方千米，至贵阳公路 232 千米，交通方便。矿区属云贵高原丘陵地形，地势较平缓，海拔 1420 ~ 1631.39 米，相对高差 211.39 米，一般为 100 米左右。区内属亚热带大陆性季风气候区，年均气温 15℃。以汉族为主，有少量布依族、苗族杂居，属贫困山区农业自然经济。

2008 年，贵州省地质矿产资源勘查开发局 105 地质大队开展了勘查，勘查矿种为金矿，工作程度为勘探，勘查资金 802 万元。

（2）成果简述

矿床成因为构造－热液成矿。容矿岩石分为碳酸盐岩型、碎屑岩型、角砾岩型等三类。主要有氧化物、自然元素、硅酸盐、碳酸盐、硫化物共有 5 类 14 种矿物存在。工业矿石平均品位为 5.26×10^{-6}。累计查明（331+332+333）金资源量 29.02 吨，伴生砷 3.97 万吨，硫 22.53 万吨。已通过国土资源部储量评审。

金在矿石中主要以裂隙金、包裹金、连生金等形式赋存于微细－超微细粒黄铁矿、含砷黄铁矿中，属于难选冶硫化物型矿石。

（3）成果取得的简要过程

贵州省地矿局 105 地质大队 1983 年发现太平洞金矿，1995 年编制提交了普查地质报告，2006 年至 2007 年开展了太平洞金矿详查，编制了详查地质报告，2008 年 4 月开展太平洞金矿 236 ~ 308 线勘探。

372. 四川省红原新康猫金矿勘查

（1）概况

2006 年开展了勘查，勘查矿种为金矿，勘查资金 4100 万元。

（2）成果简述

在 4 个矿段圈定 10 个矿体，Ⅰ 号主矿体首采地段控制长 1280 米，平均厚度 5.79 米，平均品位 3.64×10^{-6}，新增（332+333）资源量金 8.68 吨，（334）资源量 50 吨。

373. 陕西省镇安县东沟金矿详查

2007 年开展了勘查，勘查矿种为金矿，工作程度为详查，共圈定金矿体 9 个，304-3 号主矿体厚度 0.50 ~ 49.44 米，平均 12.51 米。查明（331+332+333）金资源量 81.05 吨。储量已评审。

374. 陕西省镇安县金龙山金矿区及外围岩金普查

（1）概况

矿区位于陕西省镇安县米粮镇境内，行政区划属陕西省镇安县。2007 年至 2008 年，中国冶金地质总局西北地质勘查院开展了矿区及深部勘查，勘查矿种为金矿，工作程度为普查，勘查资金868万元。

（2）成果简述

在详查区共圈出4个金主矿体，矿体一般沿走向长200～420米，沿倾向延伸285～628米。矿体厚度0.41～40.48米之间，平均厚度7.33米；金品位变化在（1～65.8）×10^{-6}之间，Au平均品位$6.17×10^{-6}$。

探明的内蕴经济资源量（331）金金属量646千克，矿石量12.09万吨，金平均品位$5.35×10^{-6}$；控制的内蕴经济资源量（332）金金属量4.41吨，矿石量88.6万吨，金平均品位$4.98×10^{-6}$；推断的内蕴经济资源量（333）金金属量4.58吨，矿石量731.86万吨，金平均品位$6.26×10^{-6}$。累计探获采空区金金属量5.48吨，矿石量888.29万吨，平均金品位$6.17×10^{-6}$。初步确定金龙山矿段为一大型金矿床。

（3）成果取得的简要过程

该项目为2007年度镇安县黄金矿业有限责任公司金矿资源勘查项目，委托中国冶金地质总局西北地质勘查院承担勘查工作，矿区工作人员认真研究成矿条件和矿体赋存规律，部署了深部钻探，在深部找矿方面取得了显著成果。

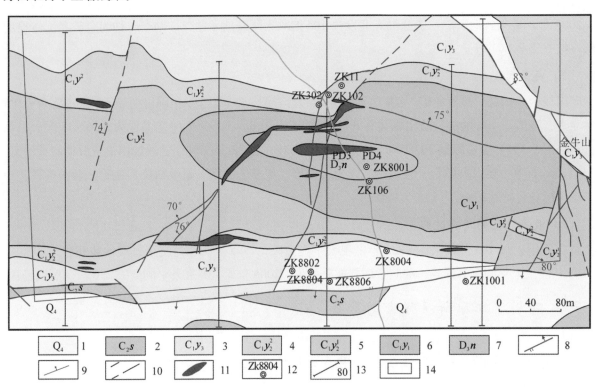

镇安县金龙山金矿区金龙山矿段地形地质图

1—第四系残破积物；2—炭质页岩夹石英砂岩；3—中厚层灰岩夹紫红色页岩；4—薄层灰岩夹燧石条带夹页岩；5—薄层灰岩夹燧石条带；6—薄层－中层灰岩夹燧石结核；7—底部为黄绿色页岩、顶部为含砂质薄层灰岩；8—实测逆断层及产状；9—断层编号及产状；10—实测、推测地质界线及地层产状；11—矿体；12—钻孔位置及编号；13—勘探线；14—矿权范围

375. 甘肃省岷县寨上岩金普查

（1）概况

寨上金矿位于甘肃省岷县禾驮乡、梅川镇、蒲麻乡境内。2006年至2010年，武警黄金第五支队开展了勘查，勘查矿种为金矿、伴生钨矿，工作程度为普查，勘查资金3042万元。

（2）成果简述

矿石属微细浸染型，至2010年底共发现金矿脉30条，圈定26个金矿体。矿体呈板状－似板状，主矿体长度大于 500 米，控制最大斜深大于 520 米。金平均品位 3.98×10^{-6}，累计查明 (333) 金资源量 66.39 吨。

矿区矿石属含碳微细粒浸染型次显微金金矿难选矿石，因此采用浮选－金粗金矿焙烧－氰化联合工艺，金浸出率 91.97%，选矿回收率 85.04%。

（3）成果取得的简要过程

寨上金矿是武警黄金第五支队 2000 年在甘肃定西地区开展预查时发现的找矿靶区。在随后的十年时间内相继采用了地质、化探、物探、遥感等方法开展找矿工作，对所发现的矿脉进行地表－深部工程控制，累计投入岩心钻探 38265 米，坑探 1564 米，槽探 49592 立方米，激电中梯 47 平方千米、1:10000 激电联合剖面 241 千米、1:50000 (1:25000) 水系沉积物测量 1066 平方千米等以及其他面积性及测试性工作，2009 年完成岩心钻探 11304 米、槽探 5012 立方米，及其他面积性和测试工作。

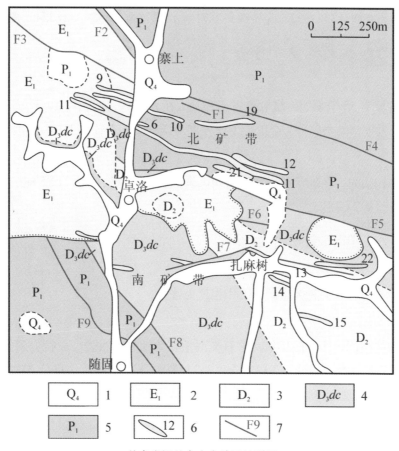

甘肃省岷县寨上金矿区地质图

1—第四系；2—古近系地层；3—泥盆系；4—上泥盆统；5—下二叠统；6—金矿脉；7—断层及编号

376. 甘肃省文县冯家愣坎岩金普查

（1）概况

勘查区隶属于甘肃省文县堡子坝乡管辖，矿区距武都 146 千米，212 国道横跨区域通过，交通较为方便。武警黄金第十二支队开展了勘查，勘查矿种为金矿，工作程度为普查，勘查资金 6632.56 万元。

（2）成果简述

矿石类型为微细粒浸染型，共发现矿脉 16 条，其中以 311 号脉为主，矿石类型主要为蚀变斜长花岗斑岩型、蚀变千枚岩型及蚀变灰岩型，局部见石英脉型。矿石矿物除自然金外，主要有黄铁矿、毒砂、褐铁矿、辉锑矿。金矿物以自然金为主，其次为银金矿，主要赋存在褐铁矿、粘土矿物中。共估算（333+334）金资源量 142.22 吨，平均品位 4.82×10^{-6}。

377. 甘肃省肃北县贾公台金矿详查

（1）概况

勘查区距肃北县城约 150 千米处，属肃北县党城湾镇管辖。2006 年至 2010 年，甘肃省地矿局第二勘查院开展了勘查，勘查矿种为金矿，工作程度为详查，勘查资金 2500 万元。

（2）成果简述

通过对矿区内已经发现的金矿体进行深部控制，并对金矿体聚集地段进行系统的地表揭露控制，共在贾公台矿段圈定矿体 14 条，矿体长度一般 150～450 米，多在 300 米以上，矿体厚 2.09～13.55 米，控制矿体斜深 260 米。查明（332+333）金资源量 6.71 吨，累计金（332+333+334）资源量达到 20.50 吨。

378. 甘肃省西和县大桥金矿详查

（1）概况

矿区位于西和县城南 55 千米处，属甘肃省西和县大桥乡管辖，面积约 10 平方千米。2010 年，甘肃省地质调查院开展了勘查，勘查矿种为金矿，工作程度为详查，勘查资金 1109 万元。

（2）成果简述

该金矿类型为难识别的"角砾状灰岩"硅质角砾岩型。估算金资源量 21.95 吨，其中（333 及以上）19.28 吨，（334）资源量 2.67 吨。

379. 甘肃省文县阳山金矿普查

（1）概况

2007 年开展了勘查，勘查矿种为金矿，工作程度为普查。

（2）成果简述

矿床类型为类卡林型，矿体呈似层状，矿石类型主要为蚀变千枚岩型、蚀变斜长花岗斑岩型、破碎蚀变灰岩型及含明金石英脉型（局部）。提交金（333）资源量 42.7 吨，（334）资源量金 40 吨。阳山矿带（332+333+334）总资源量达 308 吨。

380. 甘肃省文县高家山金矿普查

（1）概况

2009 年，中国人民武装警察部队黄金第三总队第十二支队开展了勘查，勘查矿种为金矿，工作程度为普查，勘查资金 794 万元。

（2）成果简述

矿床类型为类卡林型金矿。工作区隶属甘肃省文县堡子坝乡，区内交通极为方便，测区以山地为主，属嘉陵江上游中高山区，海拔高度 1000～3100 米，相对高差一般 800～1400 米。矿床受构造严格控制，矿体呈似层状、大透镜状、沿走向和倾向上品位和厚度变化较小，较稳定。查明（333）资源量 49.19 吨，（334）资源量 56.48 吨，（333+334）资源量 105.67 吨，已通过三总队审查、报武警黄金指挥部评审。

381. 甘肃省玛曲县格尔珂金矿接替资源勘查

（1）概况

矿区位于甘肃省玛曲县66°方向16千米处。2008年至2009年，甘肃省地矿局第三勘查院开展了勘查，勘查矿种为金矿，工作程度为详查。

（2）成果简述

通过钻探工程和硐探工程，控制Au2号矿体长度260米，控制延深155米，控制Au111号矿体长度220米，控制延深200米，扩大了Au2号和Au111号矿体的规模，控制Au20－2矿体长240米。查明实施格尔珂新增（333）类以上资源储量29.70吨。

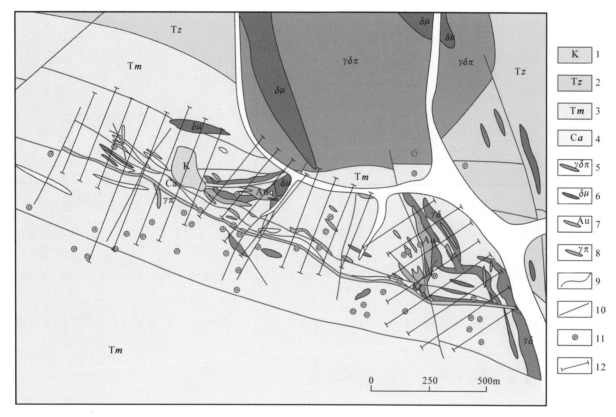

格尔珂金矿平面图

1—白垩系；2—下三叠统扎里山组；3—下三叠统马热松多组；4—石炭系；5—花岗闪长斑岩；6—闪长玢岩；7—金矿体；8—石英斑岩；9—地质界线；10—断层；11—钻孔位置；12—勘探线位置

382. 甘肃省夏河县枣子沟金矿格娄昂矿段详查

（1）概况

合作市至矿区有简易公路，行程11千米可达矿区，交通便利。2010年，甘肃省地矿局第三勘查院开展了勘查，勘查矿种为金矿，工作程度为详查，勘查资金1200万元。

（2）成果简述

矿床类型为构造蚀变岩型。矿段矿化带主体延长大于800米，宽度约600米。矿石类型为砂板岩型金矿石、（石英）闪长玢岩型金矿石和角砾岩型金矿石。共提交（122b+332+333+334）金资源储量25.86吨。其中，（122b）金储量0.63吨，（332）金资源量2.49吨，（333）金资源量8.22吨，（334）金资源量

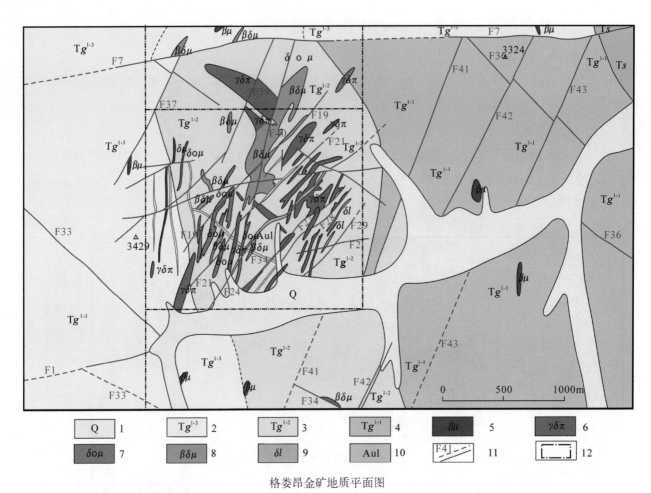

格娄昂金矿地质平面图

1—第四系；2—中三叠统古浪堤组上段；3—中三叠统古浪堤组中段；4—中三叠统古浪堤组下段；5—辉绿岩；6—花岗闪长斑岩；7—石英闪长玢岩；8—辉石闪长玢岩；9—细晶闪长岩；10—金矿脉；11—推测、实测断层及编号；12—矿区范围

14.52吨。金赋存状态以包裹金为主，占84.79%，属难选矿石。资源已通过甘肃省国土资源厅储量评审中心评审。

383. 青海省都兰县果洛龙洼金矿详查

（1）概况

2007年12月至2010年4月，青海省有色地勘局八队开展了勘查，勘查矿种为金矿，工作程度为详查，勘查资金1020.1万元。

（2）成果简述

果洛龙洼金矿位于青海省都兰县沟里乡，距青藏公路（国道109线）70千米，交通方便。本区为大陆性气候，以寒冷、干旱、多风、昼夜温差大、冰冻期长、降雨量少为特点，年平均气温在0℃左右，冰冻期为9月至翌年4月，春秋季多风。

矿床类型为石英脉型和构造蚀变岩型，依据金矿体产出部位和空间展布特征，矿区内由南向北划分出5条金矿带，共圈定金矿体30条，矿体出露范围东西长约2.8千米，南北宽约1.0千米，矿体断续长80～1440米，宽一般1～4米。矿体均产于中新元古代万保沟群千糜岩中。矿体形态简单，呈脉状、串珠状，在走向及倾向上具分枝复合，尖灭再现，膨大收缩现象。矿区共估算金资源量30.42吨。资源储量已通过评审。

经对 Au1 矿体矿石进行了选矿可行性试验研究，矿石主要为单一金矿，其余元素含量较低。经试验，混汞尾浮选工艺流程金总回收率为 91.54%，直接浮选金回收率为 91.63%。

384. 青海省泽库县瓦勒根金矿勘查

（1）概况

矿区距兰青铁路平安驿火车站 220 千米，交通较为方便。

2006 年至 2007 年，青海省第一地质矿产资源勘查大队开展了勘查，勘查矿种为金矿，勘查资金 3101.9 万元。

（2）简要简述

矿床成因类型为破碎蚀变岩型，工业类型属微细粒浸染型金矿床。瓦勒根金矿 IV 矿带 15 − 56 线段按 80 米 ×80 米的基本勘查网度进行详查，对外围 15 线以东的普查域及矿区南部的北西向金矿带上以控制远景为原则安排深部工程。根据现有成果概算，详查区金资源量 21.67 吨，已达到大型规模。资源储量已经最终评审。

385. 青海省曲麻莱县大场地区金矿勘查

（1）概况

矿区位于青海省曲麻莱县麻多乡境内，距格尔木市 300 千米，交通方便。矿区海拔 4450～4650 米左右，以气候寒冷、温差大、多风少雨、蒸发量大为特征，属典型的内陆高寒山区气候。

2006 年至 2009 年，青海省第五地质矿产资源勘查院开展了勘查，勘查矿种为金矿、伴生锑矿，勘查资金 20961 万元。

（2）成果简述

整个大场地区估算的金资源总量达到 151.2 吨，其中，（332）资源量 40 吨，（333）资源量 55 吨，（334）资源量 56.2 吨。资源量未经评审。

大场金矿经初步选矿试验工作，证实为易选矿石。直接浮选金最高回收率为 96%，总回收率为 84.3%。

（3）成果取得的简要过程

整个大场地区通过 13 年不同程度的勘查工作，相继发现了大场超大型金矿床和加给陇洼、扎拉依陇洼、稍日哦、扎家同哪四个中型金矿床及格涌尔玛考、旁海两个金矿点，已成为一个超大型的金矿田。

第九章　稀土、稀有、稀散矿产

锂矿

386. 四川省马尔康县地拉秋锂矿普查

（1）概况

地拉秋锂矿位于马尔康县城南西方位。2006 年至 2008 年，四川省核工业地质局二八二大队开展了勘查，勘查矿种为锂矿，工作程度为普查。

（2）成果简述

地拉秋锂矿体形态及内部结构均较简单、产状基本稳定，矿体走向一般为 500～800 米，沿倾向延伸大于 100 米；主要矿物为石英（25%～35%）、钾微长石（20%～40%）、钠长石（15%～25%）、锂辉石（1%～25%）、硅锂石，次要矿物由白云母、黑云母、绿柱石、锂云母、磁铁矿、铌钽铁矿和锡石组成。

通过 3 年来的普查工作，大致查明了区内地层、构造、含矿伟晶岩脉的数量、规模、形态、矿石质量及伴生元素等情况。对工作区内主要的 IV、V、VI、VII 号矿带进行了锂矿资源估算，共探获 Li_2O（333+334）资源量 13.67 万吨，其中 Li_2O（333）资源量 3.64 万吨，平均品位 1.35%。2007 年提交 Li_2O（332+333+334）资源量 3.65 万吨，已经通过四川省储量评审中心认定（川评审〔2008〕020 号）。

（3）成果取得的简要过程

从 20 世纪 50 年代至 80 年代，四川省地矿局 404 地质队（原阿坝地质队）、区域地质调查队、四川省核工业地质局二八二大队等单位先后开展了区内以伟晶岩型稀有金属矿产为主的普查找矿和 1∶20 万区域地质调查、1∶5 万放射性测量。前人将可尔因花岗岩伟晶岩稀有金属成矿区划分为西部、北部、南部、东北、东南五个伟晶岩脉密集区。2006 年开始，四川省核工业地质局二八二大队对位于东南密集区的根扎脉群之东北边缘部位（地拉秋矿区）进行系统的勘查工作。

387. 四川省金川县李家沟锂辉石矿地质勘探

（1）概况

李家沟锂辉石矿勘查区位于金川县城 35 千米处，属金川县集沐乡管辖。2006 年 6 月至 2010 年 4 月，四川省地质矿产资源勘查开发局化探队开展了勘查，勘查矿种为锂矿，工作程度为勘探，勘查资金 3379.26 万元。

（2）成果简述

李家沟锂辉石矿为钠长石锂辉石型伟晶岩，勘查区花岗岩伟晶岩脉发育，已发现 76 条，具锂矿化 32 条；发现具工业价值的锂辉石型花岗伟晶岩 14 条，具全岩矿化，含矿系数 80% 以上。矿区主体为 I 号，矿体与伟晶岩脉一致，呈脉状展布。控制矿体长 2060 米，斜深大于 340 米，厚度 1.57～30.28 米，平均 9.82 米，含 Li_2O 1%～2.09%，平均 1.34%。

各矿体矿石类型均属含铍、铌、钽、锡的细晶构造锂辉石型矿石，矿石具块状、浸染状和斑杂状构造，自形－半自形晶粒结构和交代残余结构。矿石矿物以锂辉石为主，次要矿物有绿柱石、钽铌锂矿和锡石，脉石矿物以石英、长石、白云母为主，矿石平均含 Li_2O 1.31%、BeO 0.05%、Nb_2O_5 0.01%、Ta_2O_5 0.001%、Sn 0.06%。

矿石采用选用重、磁选选铌钽和锡，尾矿细磨再浮选锂辉石，可获得合格的锂辉石精矿，铌钽铁矿精选和锡石精矿，回收率分别为85.88%、43.78%、47.61%、45.53%，矿石可选性中等。

查明资源量（331+332+333）矿石量1303.6万吨，含 Li_2O 17.02万吨，其中（331）矿石量363万吨，含 Li_2O 4.84万吨；（332）矿石量317.5万吨，含 Li_2O 4.34万吨；（333）矿石量623.1万吨，含 Li_2O 7.84万吨，（331+332）资源量占总量的52.2%，矿区平均品位 Li_2O 1.31%。同时矿区尚伴生有（334）资源量：Nb_2O_5 1230吨、Ta_2O_5 1212吨、BeO 6868吨、Sn 8306吨。

资源储量已经四川省矿产资源储量评审中心评审。

（3）成果取得的简要过程

自2006年开始至2010年4月勘查。先对探矿权范围（15.33平方千米）进行普查，新发现了具伟晶岩脉锂辉石矿化5条，随后开展详查，证实了Ⅰ、Ⅱ、Ⅲ、Ⅳ、Ⅴ、Ⅵ号矿体连续稳定，且较均匀，初步控制斜深已超过300米，确定勘查类型为Ⅰ类，最后进行勘探，对首采地段进行了加密控制。完成了矿石选冶性能研究、综合评价并提交了勘探报告。

388. 西藏自治区尼玛县当雄错盐湖表面卤水锂矿详查

（1）概况

当雄错盐湖矿床位于西藏尼玛县西南约80千米处。

2003年至2006年，中国地质科学院盐湖与热水资源研究发展中心开展了勘查，勘查矿种为卤水锂矿，工作程度为详查，勘查资金超过3000万元。

（2）成果简述

该矿床的锂、硼、溴、碱（Na_2CO_3+$NaHCO_3$）为大型，铷为大型或中型（无Rb液体矿标准，固体矿 Rb_2O>2200吨为大型），硫酸钠和石盐分别为中、小型。主矿种为锂矿（$LiCl$），总化合物量85.88万吨，其中：（122b）基础储量78.20万吨，（333）资源量7.68万吨。共生矿产（333）资源量：KCl 770.66万吨；$NaCl$ 4360.14万吨；B_2O_3 103.92万吨；Na_2CO_3+$NaHCO_3$ 843.44万吨；Rb 0.74万吨；Br 9.53万吨；Na_2SO_4 340.14万吨。矿床类型为表面卤水综合型矿床，主要成分为 $LiCl$、KCl、$NaCl$、B_2O_3、Na_2CO_3+$NaHCO_3$、Rb、Br、Na_2SO_4，品位分别为2.43、21.78、123.28、2.94、24.52、0.021、0.27、9.641克／升，其中 Li、B、K、NaCl 等易分选，其他资源有待研究，以便综合利用。通过储量评审。

（3）成果取得的简要过程

1998年至2000年，中国地质科学院盐湖与热水资源研究发展中心在开展 "九五" 国家重点科技攻关项目 "青藏高原盐湖资源潜力评价" 项目工作中，发现尼玛县当雄错盐湖卤水锂硼异常；2003年登记了当雄错盐湖探矿权，开展资源详查，2006年完成《西藏尼玛县当雄错盐湖表面卤水锂矿勘查报告》。

389. 西藏自治区双湖特别区鄂雅错钾、锂、硼盐湖矿详查

（1）概况

鄂雅错矿区位于藏北高原的西北部，西藏自治区那曲地区双湖特别区索嘎鲁玛镇，面积95.08平方千米。

2008年，西藏地质五队开展了勘查，勘查矿种为锂、钾、硼矿，工作程度为详查，勘查资金210万元。

（2）成果简述

鄂雅错盐湖详查求得（332+333）液体矿资源量：LiCl 资源量 102.17 万吨，平均品位 1001.32 毫克／升，为大型矿床规模；KCl 资源量 1108.99 万吨，平均品位 10868.99 毫克／升，达到中型矿床规模；B_2O_3 资源量 50.65 万吨，平均品位 496.44 毫克／升，达到中型矿床规模。

鄂雅错盐湖为硫酸型硫酸钠（镁）亚类盐湖。湖表卤水面积 103.5 平方千米，湖面海拔高程 4829 米，湖水矿化度达 155545 毫克／升，密度 1.078 克／毫升，卤水成分简单易于采选，根据卤水蒸发试验结果，

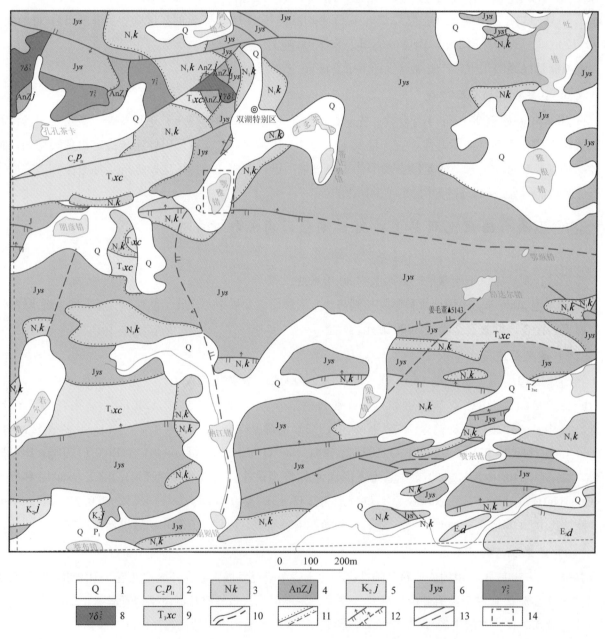

西藏双湖特别区鄂雅错钾、锂、硼大型盐湖矿地形地质图

1—第四系：湖积、洪积、冲积和冰川堆积的松散砂砾粘土层，盐类等；2—新近系康托组：砾岩夹砂岩、含砾砂岩、粉砂岩及少量泥岩和凝灰质砂岩、局部见石膏；3—上石炭－下二叠统吞龙共巴组：细碎屑岩与灰岩或泥灰岩的不等厚互层；4—前震旦系嘉玉桥群：硅质岩、板岩、变质石英片岩千枚岩、大理岩、白云钾长片麻岩、蓝闪片岩；5—上白垩统竞柱山组：砾岩、砂岩、粉砂岩、泥岩、局部夹灰岩、泥夹岩；6—侏罗统雁石坪群：碳酸盐岩与杂色碎屑岩之互层，底部为中—酸性熔岩及火山碎屑岩；7—燕山早期花岗岩；8—燕山早期岗闪长岩；9—上三叠统肖茶卡群：变质砂岩粉砂岩、板岩、灰岩、生物碎屑灰岩、角砾状灰岩、中基性火山熔岩、细碧岩、玄武岩、夹灰岩；10—实测及推测地质界线；11—实测及推测角度不整合界线；12—实测及推测逆断层；13—实测及推测性质不明断层；14—工作区

卤水析盐顺序为氯化钠、钾石盐、光卤石和老卤阶段。鄂雅错为富含锂钾硼盐湖，资源量大，锂品位高，潜在经济价值高，且锂、钾是国家急缺的矿种，开发潜力较大。

锆 矿

390. 海南省东、南沿海陆地石英砂、锆钛砂矿资源预查

（1）概况

勘查矿种为石英砂、锆钛砂矿，工作程度为预查。

（2）成果简述

新圈定锆钛砂矿矿段11个、石英砂矿矿段6个，求获（334）资源量：锆英石88万吨、钛铁矿近310万吨、石英砂9.3亿吨。矿床类型为滨海沉积型砂矿床。

（3）成果取得的简要过程

通过钻探揭露控制，共施工钻孔64个，进尺687.8米。

391. 海南省东北部（文昌）锆钛砂矿勘查勘探

勘查矿种为锆钛砂矿，工作程度为勘探，矿床类型为海滨沉积锆英石钛铁矿砂矿床。通过工作初步估算（122b）储量：锆英石20.77万吨、钛铁矿119.08万吨；（333）资源量：锆英石16.07万吨、钛铁矿50.81万吨，规模达到大型矿床。

392. 海南省万宁市保定海矿区锆钛砂矿详查

（1）概况

万宁市保定海锆钛砂矿区位于万宁市乌场镇滨海平原以东、林东岛东北的保定海水深50米以浅近岸浅海区域，勘查面积83.91平方千米，行政区划属万宁市管辖。

2007年，海南省地质勘查局九三四地质队开展了勘查，勘查矿种为锆英石、钛铁矿，工作程度为详查，勘查资金542.9万元。

（2）成果简述

通过详查，圈定矿体1个，分布于第14勘探线（西南550米）至第9勘探线（以东500米）水深9.20～33.70米的保定海本岸—后海角之间。矿体（层）总体上呈平等海岸线的走向北东、平缓倾向南东的不规则多边形展布，其中段宽而两边窄，连续性好，北东走向最大长度13350米，南东倾向宽度508～5716米，面积31.848平方千米。矿体（层）厚度0.5～19.20米，平均厚度9.0米，厚度变化系数53.21%，其总体变化趋势是北东段、南东段较厚，中段较薄，并西部较厚，南东部变薄。

矿床成因类型为第四系全新世烟墩期滨、浅海相沉积的大型锆英石、钛铁矿砂矿矿床。含锆英石、钛铁矿的中细－粉细粒石英砂是最主要的矿石类型，呈灰黄－灰绿色，其中细－粉细粒松散结构，似层状构造。主要矿物成分为石英，占矿物总量90%以上；矿石矿物主要以粒径为0.05～0.125毫米的锆英石为主，次为伴生有粒径为0.05～0.20毫米的钛铁矿，以及少－微量金红石、独居石，可综合利用；矿体的锆英石品位主要为0.45～3.68千克/立方米，单样最高18.01千克/立方米，平均为1.86千克/立方米，品位变化系数为81.07%；钛铁矿品位主要为1.91～12.82千克/立方米，单样最高63.41千克/立方米，平均为7.87千克/立方米，品位变化系数为56.95%。

经资源储量估算，该矿区共求得（331）资源量：锆英石1.23万吨、钛铁矿5.9256万吨；（332）资

源量：锆英石 16.59 万吨、钛铁矿 68.1193 万吨；（333）资源量：锆英石 35.12 万吨、钛铁矿 149.943 万吨，（331+332+333）资源量共计：锆英石 52.93 万吨、钛铁矿 223.99 万吨。获得评审备案。

（3）成果取得的简要过程

该勘查区陆上工作程度较高，所有的锆钛砂矿资源均在 20 世纪 50 年代末至 60 年代初进行了勘查，但近浅海水下工作程度较低，仅于 70 年代后期，广州海洋地质调查局曾在该区进行 1∶50 万浅海底积锆钛砂矿调查，经对海底表层沉积物取样和有用矿物测试，划定本区为水下锆钛砂矿找矿远景区。

2007 年受海南省国土资源厅委托，海南省地勘局承担了海南省万宁市保定海矿区锆钛砂矿详查工作，9 月通过野外验收。通过详查工作，查明该矿区锆钛砂资源情况。

393. 海南省西南部沿海陆地锆英石砂矿普查

（1）概况

海南西南部沿海陆地锆英石勘查区位于海南岛西南部海岸带，北起东方市感城，南至乐东县九所以南，勘查区面积为 828.44 平方千米。

2008 年，海南省地质综合勘察院开展了勘查，勘查矿种为锆英石砂矿，工作程度为预查－普查，勘查资金 469.11 万元，完成钻探工作量 3292 米。

（2）成果简述

矿床类型为滨海沉积型与风化残坡积型砂矿床。通过钻探揭露控制，初步圈定锆英石砂矿矿体 19 个。佛罗矿段锆英石平均品位为 1.42 千克 / 立方米，利国矿段锆英石平均品位为 1.10 千克 / 立方米。求获（333+334）资源量锆英石 95.59 万吨，其中（333）资源量锆英石 10 万吨。矿床规模为大型。

锶矿

394. 江苏省溧水县东岗—石坝铜铁矿普查

（1）概况

矿区位于江苏省溧水县北约 12 千米处，距南京 45 千米，面积 6.19 平方千米。2005 年 11 月至 2009 年 12 月，江苏省地质调查研究院开展了勘查，勘查矿种原为铜铁矿，勘查后主矿种为锶矿，工作程度为普查，勘查资金 730 万元，完成钻探工作量 10812.61 米。

（2）成果简述

物探激电测量发现多条北西向视充电率、视电阻异常带，长大于 2000 米，宽 100 ～ 500 米左右，峰值 20 ～ 42 毫秒。异常带与铜、硫、锶含矿构造破碎带基本吻合。石坝矿段推测北西向主矿带走向长大于 500 米，以 SZK3501（铜矿钻厚 10.47 米，平均品位 Cu 0.65%）和 SZK1902 孔（铜、硫矿层钻厚 61.94 米，平均品位 Cu 0.52% ～ 0.79%，S 15.70% ～ 16.28%）见矿厚度较大。矿体走向 150° 左右，倾向北东，倾角 70° 左右。后方矿段 HZK0002 孔深 462.31 ～ 497.73 米（钻厚 35.42 米）为铜、锶、硫富矿，其中上部铜硫矿钻厚 14.83 米，下部锶矿钻厚 20.59 米。矿床成因属中低温热液充填型。

石坝—东岗矿区估算主要矿体（333+334）资源量：锶矿物量 26 万吨（大型）、铜金属量 2.5 万吨、硫铁矿矿石量 220 万吨（中型）、铁矿石量 200 万吨。

（3）成果取得的简要过程

2006 年至 2007 年对石坝、东岗、石头山矿段进行了少量钻孔验证，在石坝、东岗见到了规模较大的含矿断裂破碎带，带内见有薄层铜、铁、锌、锶、硫矿，为进一步开展普查找矿工作提供了重要依据。

2008 年至 2009 年以物探、钻探工程为主要手段，对该项目进行了续作普查地质工作。开展面积性激电中梯剖面测量，在东岗—石坝—凉棚发现一个规模较大的视电阻率、视充电率北西向异常带。经钻孔验证，见厚层铜、硫、锶工业矿体和矿化构造破碎带。

铷 矿

395. 内蒙古自治区锡林浩特市石灰窑稀有金属及锡钨矿普查

（1）概况

矿区位于锡林郭勒盟白音锡勒镇北东约 15 千米处。

2005 年至 2011 年，内蒙古自治区矿产实验研究所开展了勘查，勘查矿种为稀有元素铷（伴生锂、钽、铌、钨、锡、铍），工作程度为普查，勘查资金 370 万元。

（2）成果简述

含矿岩体为钠长石化、云英岩化中细粒二长花岗岩，规模大，形态简单，呈穹窿状、脉状分布，主元素铷品位变化稳定且矿化连续，并共伴生锂、钽、铌、钨、锡、铍等元素，矿化深度为 33.4 ~ 141 米，Rb_2O 的品位为 0.10% ~ 0.51%，平均可达 0.14%，铷锂主要呈分散状赋存在黑云母、白云母、钠长石及天河石内。矿床类型为一个以稀有元素铷锂为主并伴有铌钽钨锡的花岗岩型多金属矿床，初步估算，Rb_2O 远景资源量达 87.36 万吨，为特大型矿床，未经过评审。

（3）成果取得的简要过程

2005 年至 2007 年在实施 1:5 万矿调物化探扫面过程中，圈定 C10、C11 两处高精度磁异常及与之吻合的 Hs-8 甲 2 化探异常，在矿产检查过程中发现该区内的四个碱性花岗岩枝普遍具有稀有金属矿化现象，具有一定的找矿前景，被列为自治区 2009 年第一批地质矿产资源勘查项目。2010 年经地表 1:1 万地质草测、地表大量拣块、槽探取样工程控制及深部钻探验证，初步圈定了 10 个含矿小岩体，并对矿体特征、产状和规模，矿石的物质组成、矿石质量进行了相应的综合评价。根据对普查区外围进行的踏勘和拣块分析，含矿岩体向外还有延伸，自治区地质勘查基金管理中心下达了 2011 年度扩区续作任务书。

稀 土

396. 广东省新丰县遥田地区稀土矿资源调查

（1）概况

勘查区位于新丰县丰城西约 40 千米处，行政规划属新丰县遥田镇管辖。2009 年 1 月至 2010 年 6 月，广东省地质局七〇六地质大队开展了勘查，勘查矿种为稀土矿，勘查资金 100 万元。

（2）成果简述

稀土矿大部分为轻稀土，个别重稀土（Y_2O_3）含量高于轻稀土。轻稀土占总量比例平均 73.83%，以 La_2O_3、Nd_2O_3、CeO_2 为主，属离子吸附型稀土矿。稀土矿化主要集中在：①车旗洞—遥田—梅坑一带，矿化面积约 15.25 平方千米，矿体厚度一般为 2.0 ~ 8.0 米，矿体平均厚度 6.08 米，勘查区平均品位 0.125%；②定公围—半坑—凹下一带，矿体呈面状分布，矿化面积约 9.0 平方千米。矿体厚度一般为 4.0 ~ 8.0 米，矿体平均厚度 6.28 米，勘查区平均品位 0.141%。在佛岗岩体北缘花岗岩风化层中普遍有稀土矿化，英德市白沙镇—新丰县左坑一带，区内有众多的稀土采场，在部分采场内采样分析，大部分样品都达到了工业品位。分别在不同深度（共 20 个样品）作了稀土浸取率分析。车旗洞勘查区平均浸取率为 64.62%，定公围勘查区平均浸取率为 66.29%。全风化中粗粒斑状黑云母花岗岩平均浸取率为 64.88%，半风化中粗粒斑状黑云母花岗岩平均浸取率为 66.28%，两者岩性差别不大。

车旗洞—遥田—梅坑一带，估算稀土（REO）（333）资源量 10.45 万吨，（334）资源量 8.05 万吨。定公围—半坑—凹下一带，估算稀土（REO）（334）资源量 11.6 万吨。佛岗岩体北缘，预测稀土（REO）（334）资源量可达 50.9 万吨。以上资源储量未经过评审。

（3）成果取得的简要过程

广东省地质局七〇六地质大队在勘查区开展稀土调查工作时，发现花岗岩风化壳普遍稀土矿化，在多个陡坎处用垌锹采样，稀土含量（REO）一般为 0.08%～0.34%。用取样钻大致按 4～5 点 / 平方千米网度进行稀疏控制（在车旗洞地段加密钻孔控制）探求（333+334）资源量。

397. 四川省冕宁县牦牛坪稀土矿区勘探

（1）概况

矿区位于四川省冕宁县城南西方向 22 千米处，属冕宁县森荣乡管辖。2009 年至 2010 年，四川省地质矿产资源勘查开发局一〇九地质队开展了勘探，勘查矿种为稀土矿，工作程度为勘探，勘查资金 3747.84 万元。

（2）成果简述

牦牛坪稀土矿床为单氟碳铈矿型稀土矿，主要成分为单氟碳铈矿。矿区目前圈定矿体有 42 个，其中编号的矿体 31 个，各个矿体平均品位 REO 1.09%～5.59%，变化较大。

探获稀土氧化物（REO）（121b+122b+2S21+2S22+333+334）资源储量 316.95 万吨，平均品位 2.95%。与 2007 年牦牛坪稀土矿区稀土矿产资源储量核实的保有资源储量相比，新增加各级资源储量约 155 万吨。根据组体样品分析结果，圈定的 Pb 资源量（334）46.72 万吨、Mo 资源量（334）2.52 万吨、CaF_2 资源量（334）1000.17 万吨、$BaSO_4$ 资源量（334）1815.25 万吨、$SrSO_4$ 资源量（334）83.06 万吨。四川省江铜稀土有限责任公司对储量进行了内部评审。

选矿试验获得精矿品位 60%，回收率 60% 以上的选别指标，加上次精矿或中矿，回收率达到 70% 以上，在国内同类矿床中首屈一指。

（3）成果取得的简要过程

2008 年四川省江铜稀土有限责任公司通过“竞标”方式拥有其范围内的采矿权。根据《牦牛坪稀土资源综合开发利用可研报告初步评审会专家意见书》的要求，为满足矿山开采设计需要，需对牦牛坪矿区进行补充勘探。为此，四川江铜稀土有限责任公司委托四川省地矿局 109 队承担对牦牛坪稀土矿区南段（43～75 勘探线范围内）进行补充地质勘探工作。

第十章 锰 矿

398. 广西壮族自治区大新县下雷镇咟所锰矿详查

（1）概况

工作区位于大新县城 280°方位直线距离约 63 千米处，隶属崇左市大新县下雷镇管辖，面积 5.53 平方千米。2009 年至 2010 年，广西壮族自治区第四地质队开展了勘查，勘查矿种为锰矿，工作程度为详查，勘查资金 600 万元。

（2）成果简述

矿区属亚热带湿润气候区，交通尚算便利。矿床为海相沉积锰矿床，矿石结构、构造较简单，矿物成分复杂。矿区有三层工业锰矿层，其中 I 矿层长 2400 米，最大宽度 1370 米；II 矿层长 2600 米，最大宽度 1730 米；III 矿层长 2600 米，最大宽度 1370 米。经详查工作，查明（332+333）碳酸锰矿石资源量共 2890.01 万吨，平均锰品位 18.94%。其中（332）碳酸锰矿石量 858.81 万吨；（333）碳酸锰矿石量 2130.2 万吨。

矿床开采工程地质条件、水文地质条件总体属简单－中等类型，矿石选冶采用原矿破碎湿式强磁选，以电解法制取金属锰，工艺成熟，成本低。

399. 四川省平武县虎牙铁锰矿普查

（1）概况

虎牙铁锰矿区大坪矿段位于平武县城 285°方位平距约 30 千米处，属四川省平武县虎牙乡所辖。2006 年至 2007 年，四川省冶金地质勘查局 604 大队开展了勘查，勘查矿种为铁锰矿，工作程度为普查，勘查资金 295 万元。

（2）成果简述

矿石矿物成分为菱锰矿、锰铝榴石、赤铁矿等。铁锰矿体长 9000 米，控制最大斜深 1865 米。矿体厚度平均 0.69 米。铁矿体长 9000 米，控制最大斜深 1865 米。矿体平均厚度 0.69 米。全铁含量平均 39.68%，有害元素磷平均含量 1.371%，硫平均含量 0.063%。铁锰矿资源量（333+334）2050.75 万吨，其中（333）资源量 1192.31 万吨，（334）资源量 858.44 万吨。铁矿石（333+334）资源量 0.2212 亿吨，其中（333）资源量 0.133 亿吨，（334）资源量 0.0883 亿吨。

根据可选性试验及工业利用结果，高磷锰矿石通过浮选，锰精矿品位 28.99%（提高 30.7%），回收率 94.90%。铁矿石通过磁－浮选试验，铁精矿品位 55.10%（提高 40%），回收率 71.62%。采用原矿弱、强磁选－强磁精矿铁、锰分离工艺流程，对合采铁、铁锰矿石进行铁、锰、磷分离试验，获得成功。

400. 四川省黑水县下口锰矿普查

（1）概况

矿区位于四川省阿坝藏族羌族自治州黑水县芦花镇境内，黑水县县城南西 200°方向，直线距离 2 千米。县城至成都有国家三级公路，全长 317 千米，矿区有乡村公路通过，距县城 3.5 千米，交通方便。

2006年至2007年，四川省冶金地质勘查局水文工程大队开展了勘查，工作程度为普查，勘查矿种为锰矿，勘查资金390万元。

（2）成果简述

矿床成因类型属火山沉积受变质型锰矿床。下口矿床矿体产于中三叠统扎尕山组第二层含锰粉砂岩中，共圈定4个矿体（10个矿块）。其中，I_6号矿块长4129米，II_6号矿块长4613米，III_6号矿块长1465米。累计估算锰矿（333+334）资源量2347.24万吨，其中（333）资源量494.58万吨，（334）资源量1852.65万吨。伴生钴0.43万吨。

根据矿石加工技术性能，黑锰矿产品中重精矿达到优质富锰矿 I 级品矿石标准。菱锰矿产品的重精矿和磁精矿均达到优质富锰矿 I 级品矿石标准。锰的总回收率达到80%左右。

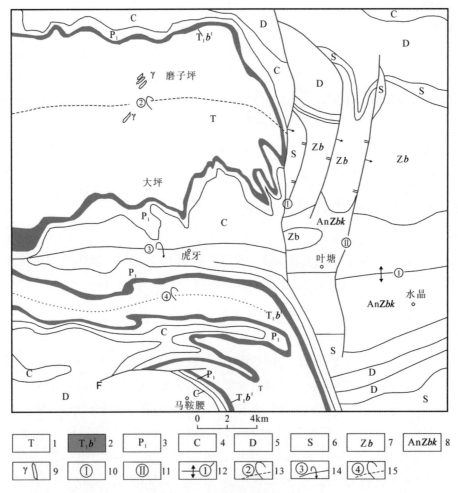

虎牙铁锰矿区构造地质图

1—三叠系；2—三叠系波茨沟组赋矿岩组；3—二叠系；4—石炭系；5—泥盆系；6—志留系；7—震旦系；8—前震旦系；9—燕山期花岗岩；10—虎牙关大断层；11—叶塘断层；12—木皮复背斜；13—磨子坪同斜倒转向斜；14—虎牙同斜倒转背斜；15—浑水沟同斜倒转向斜

第十一章 镍 矿

401. 河南省唐河县周庵铜镍矿勘探

（1）概况

勘查区位于河南省唐河县西南，面积 8.69 平方千米。勘查矿种为铜镍矿，工作程度为勘探。

（2）成果简述

周庵铜镍矿区含矿岩体属豫西南—豫南蛇绿岩带中的隐伏超基性岩体，铜镍矿化主要集中在岩体的内接触带蚀变壳内，在岩体顶、底板围岩中和岩体内部二辉辉橄岩与二辉橄榄岩两相带的接触部位局部见有矿化。圈定了 3 个矿体，矿体长 380 ～ 2000 米，宽 50 ～ 1060 米。

估算（331+332+333）资源量：镍金属量 32 万吨，铜 12 万吨，其中（331）资源量占 23%；估算伴生有用组分资源量：铂 18401 千克、钯 15703 千克、金 12157 千克、银 402218 千克、钌 4654 千克、锇 712 千克、铑 171 千克、铱 304 千克、钴 13095 吨。

矿石初步可选性试验表明，尽管浮选工艺的镍回收率相对较低，但该工艺流程简单，精矿品位较高，生产成本较低，且精矿中有益元素较多，该矿床的开发利用定会产生巨大的经济效益和社会效益。

402. 甘肃省金川铜镍矿 Ⅳ 矿区勘探

（1）概况

矿区地处甘肃省金昌市河西走廊中部，南临龙首山，北与戈壁滩相接。2005 年至 2008 年开展了勘查，勘查矿种为铜镍矿，工作程度为勘探，勘查资金 860.39 万元，完成钻探工作量 11042.41 米。

（2）成果简述

矿床类型为超基性岩型硫化铜镍矿，矿体长约 1150 米，最宽 94 米，向下延深 500 ～ 700 米。主要矿石矿物有镍黄铁矿、紫硫镍铁矿、黄铜矿、方黄铜矿；矿区以贫矿为主，镍平均品位 0.49%，铜品位 0.24%。探获资源量：镍矿石量 6835.0 万吨，镍金属 33.28 万吨，共生铜 16.3 万吨。成果于 2008 年 8 月 10 日通过甘肃省资源储量评审中心。

经可选性试验，浮选镍精矿品位 5.78%，回收率 67.40%，符合金川公司实际的生产流程，说明矿石可为生产利用。

（3）成果取得的简要过程

1976 年 9 月，甘肃省地质局第六地质队完成了矿区的初步勘探评价，提交了 C2 级储量。2005 年 8 月至 2008 年 3 月，金川公司完成Ⅳ矿区勘探地质评价。

第十二章　银矿

403. 河南省卢氏县寨凹地区多金属矿评价

（1）概况

矿区位于三门峡市卢氏县北东45千米的范里、下峪。2006年1月至2006年12月，河南省有色金属地质勘查总院开展了勘查，勘查矿种为银矿，工作程度为评价，勘查资金250万元。

（2）成果简述

新发现沙沟、桥沟两个矿产地，其中沙沟具大型矿产地潜力。铅锌银矿属薄脉型矿床。估算银（333+334）资源量2028.20吨，铅33.6万吨，锌14.25万吨。银品位318.47×10^{-6}，铅品位5.29%，锌品位2.24%。其中（333）资源量中，银200.73吨，铅3.45万吨，锌1.18万吨；（334）资源量中，银1827.47吨，铅30.15万吨，锌13.07万吨。矿石以原生矿物为主，易选，回收率较高，工业利用性能好。已基本具备建设中小型矿山的基本条件。

404. 湖北省宜昌市金家沟银钒矿预查

（1）概况

勘查区位于湖北省宜昌市夷陵区三斗坪镇。湖北省地质调查院开展了勘查，勘查矿种为银钒矿，工作程度为预查，勘查资金620万元。

（2）成果简述

金家沟银钒矿层赋存于震旦系陡山沱组第四岩性段（白果园段）下部，矿层结构为黑色页片状炭质泥岩与灰白色薄层粉晶云岩组成的韵律层，二者均含星点状黄铁矿。银钒主要赋存于炭质页岩中，含Ag一般为120×10^{-6}，最高可达358×10^{-6}，含V_2O_5一般为1%，最高可达2.05%。矿层呈似层状产出，厚3.2～6.86米，产状$160° \angle 10°$。地表在金家沟及北部果园磴一带均有出露，露头线除局部地区被坡积物掩盖外，总体分布连续，厚度稳定。预测银（334）资源量1278.91吨，钒资源量15.24万吨。

405. 云南省蒙自县白牛厂银多金属矿区地质勘探

（1）概况

矿区位于蒙自县城东62千米处，距泛亚铁路昆河段芷村火车站公路里程42千米。该项目成果名称为云南省蒙自县白牛厂银多金属矿区咪尾—穿心洞、阿尾矿段详查报告。

2003年3月至2008年12月，云南省地质矿产局第二地质大队开展了勘查，勘查矿种为银铅锌铜矿，工作程度为详查，勘查资金7200万元。

（2）成果简述

矿床类型为沉积—改造—岩浆热液叠加矿床。矿床由23个矿体组成，其中V1矿体为主矿体，资源量占总资源量的比例为银85%、铅79%、锌75%、锡74%、铜44%。V1矿体走向长约3180米，展布宽度130～1590米，分布面积2.01平方千米（其中1.81平方千米为（332+333）资源量分布面积）。矿体赋存于F_3断层之下寒武系中统田蓬组上段砂泥岩、碳酸盐岩中。为银、铅、锌、锡、铜等多组分同体共生矿。矿体呈似层状产出，向南西呈波状倾斜，单工程矿体厚度 0.21 ~ 25.21 米，平均 3.76 米；平均品位 Ag 105.99×10^{-6}、Pb 1.22%、Zn 2.14%、Sn 0.29%、Cu 0.54%。

矿区资源量估算（332+333）矿石量 2792.97 万吨，金属量 Ag 2478.34 吨（其中新增 2259 吨），平均品位 101.97×10^{-6}；Pb 30.83 万吨，平均品位 1.19%；Zn 54.82 万吨，平均品位 2.18%；Sn 3.36 万吨，平均品位 0.31%；Cu 2.48 万吨，平均品位 0.59%。其中（332）矿石量 384.55 万吨，金属量 Ag 657.86 吨、平均品位 173.04×10^{-6}，Pb 7 万吨、平均品位 1.84%，Zn 11.64 万吨、平均品位 3.06%，Sn 0.88 万吨、平均品位 0.33%，Cu 534 吨、平均品位 0.45%。

矿石生产采用改进后的快速浮选流程，主要产品有铅精矿、锌精矿、铜精矿、锡精矿、硫精矿等。银主要富集在铅精矿中，铟、镉、铋等伴生元素主要富集在锌精矿、铜精矿及铅精矿中，砷、硫可单独回收。矿石加工利用性能较好，属于易选矿石。

（3）成果取得的简要过程

该矿权于 2003 年 3 月由云南地矿资源股分有限公司转让给蒙自矿冶有限责任公司，成果由蒙自矿冶有限责任公司出资获得。

第十三章 钨、锡、钼

钨矿

406.吉林省珲春市杨金沟钨矿普查

（1）概况

杨金沟钨矿床位于吉林省珲春市北东52.5千米处，行政区隶属吉林省延边朝鲜族自治州珲春市春化镇管辖。

2002年4月至2007年12月，吉林省有色金属地质勘查局六〇三队开展了勘查，勘查矿种为白钨矿，工作程度为普查，勘查资金1883万元，完成钻探工作量17397.60米，坑探887.70米。

（2）成果简述

经工作证实，在下古生界五道沟群变质岩层间裂隙带中（南北向及北西向）共发现白钨矿体98条，以F_2断层为界，矿床分为南北两个矿段。南部矿段矿体总体走向330°～350°，倾向北东，倾角65°～75°；北部矿段的矿体总体走向290°～310°，倾向南西，倾角65°～75°。已控制矿体最大延长1250米，最大延深500米。金属矿物主要为白钨矿，矿床成因类型属岩浆热液型。

经资源量估算，全区共获（332+333）资源量：矿石量3160.7万吨，钨（WO_3）11.3万吨，平均品位0.36%。其中南部矿段矿石量2626万吨，钨（WO_3）9.3万吨，平均品位0.35%，北部矿段矿石量534.7万吨，钨（WO_3）2.0万吨，平均品位0.38%。

（3）成果取得的简要过程

吉林省有色金属地质勘查局六〇三队经过连续6年普查找矿工作，完成地质测量、工程控制及大量测试工作取得。

407.安徽省祁门县东源钨多金属矿普查

（1）概况

勘查区位于安徽省祁门县境内，距祁门县城约15千米，面积约26平方千米。2006年10月至2010年4月，安徽省地勘局332队开展了勘查，勘查矿种为白钨矿，工作程度为普查，勘查资金1017万元。

（2）成果简述

矿床属斑岩型白钨矿床，主要有用组分为白钨矿，伴生辉钼矿。矿体长大于600米，宽大于500米，厚度20～170米不等，WO_3品位0.064%～0.28%不等，平均0.104%。初步估算钨（WO_3）资源量（333）13.99万吨，达大型矿床规模。该矿床规模大，埋深浅，开采技术条件简单。白钨矿颗粒大，呈浸染状分布在花岗闪长岩中，属易选矿石类型。目前勘查工作尚未结束，矿产资源有进一步扩大趋势。

（3）成果取得的简要过程

该矿床是安徽省地勘局332地质队于1974年在皖南地区开展斑岩铜矿普查时发现，当时认为属石英细脉型低品位白钨矿，未深入开展工作。近几年通过地质资料二次开发，对该矿区矿床类型有了新认识，导致找矿重大突破，也为皖南地区寻找类似矿床提供指导意义。

408. 安徽省青阳县高家塝钨矿深部及外围普查

（1）概况

矿区位于青阳县城北2千米，铜陵市南30千米处，隶属青阳县蓉城镇和新河镇管辖，矿区中心点坐标：东经117°51′50″，北纬30°39′57″，勘查面积2.71平方千米。

华东冶金地质勘查局八一二地质队开展了勘查，勘查矿种为钨矿，工作程度为普查，勘查资金2132万元，完成钻探工作量19557.45米。

（2）成果简述

本区处于贵池－繁昌凹断褶束之黄柏岭复背斜北西翼，青阳岩体的北东端接触带。矿区内已发现钨（钼）主矿体1个，资源量占全矿床89.5%；次要矿体1个，资源量占全矿床9.4%。高家塝钨矿床为矽卡岩型钨钼共生矿床，经初步计算，获得（333）钨矿矿石量2188万吨，钨（WO_3）资源量6.05万吨，平均品位0.276%；钨、钼共生矿石量475万吨，钼金属量0.52万吨，平均品位0.10%；另外伴生钼金属量0.34万吨，伴生金3.93吨。

高家塝钨矿床规模为大型，是江南过渡带中普查找矿的又一个重大突破，对指导安徽新一轮找矿工作具有重要的借鉴意义，矿床潜在经济价值100亿元，矿床开发后将产生较大的经济和社会效益。

409. 江西省修水县洞下—官塘尖钨多金属矿普查

（1）概况

矿区地处九岭钨锡多金属成矿带香炉山大型钨矿床外围，修水县城北西330°方位约35千米处，属修水县港口镇与布甲乡管辖。

江西省地质矿产资源勘查开发局赣西北大队开展了勘查，勘查矿种为钨矿，工作程度为详查，勘查资金515万元，完成钻探工作量22991.23米。

（2）成果简述

本区属矽卡岩型白钨矿床，共分张天罗、大岩下、形坪三个矿段，计有矿体33个。张天罗矿段ⅠW矿体南北长度1000米，东西水平投影宽度500米左右，平均厚5.33米；大岩下矿段ⅠW矿体东西长度900米，南北水平投影宽度566米左右，平均厚8.15米；形坪矿段1W东西长度1000米，南北水平投影宽度330米左右，平均厚3.31米。矿石类型以透辉石石英角岩白钨矿石为主，矿石主要以白钨矿为主。主矿产为钨，伴生矿产有铜、金、银等6种。新增查明的资源量（332+333）钨矿石量1096.2万吨，钨（WO_3）资源量5.67万吨，平均品位0.518%。其中（332）矿石量27.8万吨，钨（WO_3）资源量0.21万吨，平均品位0.767%。（333）矿石量1068.4万吨，钨（WO_3）资源量5.46万吨，平均品位0.511%。地质报告通过评审备案。

（3）成果取得的简要过程

野外工作年限为1967年至2008年，工作量钻探22991.23米，其中2000年以来完成钻探工作量6834.25米。本区共分张天罗、大岩下、形坪三个矿段。

410. 湖南省铜山岭地区锡多金属矿远景调查

（1）概况

2008年，湖南省地质矿产资源勘查开发局418队开展了勘查，勘查矿种为锡多金属矿，勘查资金965万元。

（2）成果简述

共圈出 W、Sn、Mo、Bi、Cu、Pb、Zn 等各类综合异常 69 处，磁异常 13 处，新发现韭菜岭锡钨矿、空树岩金矿、梯子洞锑矿、魏家钨多金属矿等矿（化）点 10 余处，魏家矿区完工的 2 个钻孔见厚大的钨矿体。ZK401 见钨矿厚＞214.02 米，目估品位 0.2%～0.6%；ZK801 孔见钨矿厚 172.10 米，目估品位 0.08%～0.353%，同时见厚 0.85 米，品位 1.55×10^{-6} 铜矿体，因钻机动力和设计工作量限制等原因，两孔均未控制矿体底界。

初步估算探获（333+334）钨金属资源量 26 万吨以上，具超大型矿床规模的资源潜力，充分显示了该区良好的找矿前景。

411. 湖南省临湘市虎形山铁钨多金属矿普查

（1）概况

临湘市虎形山钨铁矿，位于临湘市北面源潭镇境内，距临湘市 30 千米。2008 年 1 月至 2008 年 12 月，湖南省有色地质勘查局二四七队开展了勘查，勘查矿种为白钨矿，工作程度为普查，勘查资金 665 万元。

（2）成果简述

钨多金属矿床为断层破碎带型及裂隙充填石英脉、云英岩脉带型白钨矿床、绿柱石铍矿床。Ⅰ号钨铍矿体为本区钨铍主矿体，控制长 210 米，平均厚度 10.30 米，WO_3 平均品位 0.30%。矿体形态简单，出露地表，浅部适宜露采。矿石矿物粒径一般 0.1～0.3 毫米，属可加工回收利用的矿石；本年度预计新增钨（WO_3）资源量 15 万吨，其中：（332）6 万吨，（333）4 万吨，（334）5 万吨。

（3）成果取得的简要过程

1962 年至 1964 年，原湖南冶金 235 队在该区对地表褐铁矿带进行评价时，发现了钨、铍矿化，从而开展了本区钨铍矿地表评价及深部找矿验证工作，但经多次地质勘查，进展不是很大。2006 年实施探矿权采矿权价款项目，开展湖南省临湘市虎形山铁矿普查工作期间，根据本区的地层岩性特征、矿化蚀变类型及矿化蚀变范围、控矿构造特征，对矿物组合、矿石结构构造进行了进一步了解，通过增加钨铍分析和对前人资料的综合整理与研究，获得了新的突破。经 2008 年省两权价款项目续作，取得了较大突破。

412. 云南省麻栗坡县沟秧河钨矿区茅坪矿段详查

（1）概况

矿区位于沟秧河矿区南秧田矿段之南，大渔塘矿段东侧，行政区划隶属麻栗坡县天保镇（原南温河乡）管辖，矿区距麻栗坡县城南 19 千米，面积 8.88 平方千米。

2008 年至 2010 年，文山麻栗坡紫金钨业集团有限公司与中国地质调查局成都地质调查中心开展了勘查，勘查矿种为白钨矿，工作程度为详查，勘查资金 2074.24 万元，完成钻孔工作量 61965 米。

（2）成果简述

矿区内发现主矿体两层，均为层状-似层状矽卡岩型白钨矿，矿体长 1150 米，宽 650 米，平均厚度 2 米左右，产状、厚度、品位均较稳定，局部变化大。WO_3 平均品位 0.28%，有用组分为白钨矿，不含其他有益共伴生元素，具有良好的选冶性能，可经重选或浮选形成合格钨精矿。

2010 年探获（333 以上）钨（WO_3）资源量 8.96 万吨，据已有勘查资料初步估算（333 类以上）钨（WO_3）资源量达 30 万吨，矿床规模达超大型。上述资源量未经评审。

（3）成果取得的简要过程

勘查工作从 2008 年开始，2009 年开展了详查工作。利用加密钻探工程控制矿体走向延长及倾向延深。

根据已有资料可见，主矿体特征基本与普查阶段一致，显示出稳定的空间分布特征。现详查工作还在进行，最终成果有待详查报告的提交。2009年以来勘查成果显著，据已有勘查成果资料估算，公司整个矿山规模已由小型升级为超大型。

413. 甘肃省敦煌市小独山钨矿普查

（1）概况

勘查区位于甘肃省敦煌市小独山。2002年至2010年，甘肃有色地质勘查局四队开展了勘查，勘查矿种为钨矿，工作程度为普查，勘查资金214.8万元，完成钻探工作量1512米。

（2）成果简述

通过本次勘查工作，在小独山西钨金矿区共计探获钨（WO_3）（332+333+334）资源量6.5万吨。其中：（332）0.13万吨，（333）0.91万吨，（334）5.46万吨。该矿床为石英脉型白钨矿床。

（3）成果取得的简要过程

在该勘查区内，1999年新疆鑫汇矿业有限责任公司和甘肃有色地质勘查局在区带岩屑地球化学测量工作基础上，对白山异常带和白山南环形异常带开展1/2.5万岩屑地球化学测量加密工作，获得综合异常9个，单元素异常121个；其中Ⅰ类异常2个，认为两个Ⅰ类异常具有寻找与岩浆热液活动有关的石英脉型钨、金矿前景。2002年至2006年甘肃有色地质勘查局四队在该区投入了部分山地工程及地质测量工作，共圈定钨矿体五条，其中有两个矿体规模较大。

414. 甘肃省肃南县世纪钨矿床1、2号矿体详查

（1）概况

矿区位于北祁连褶皱造山带西段，地处甘肃省张掖市肃南裕固族自治县境内，行政区隶属祁丰区祁

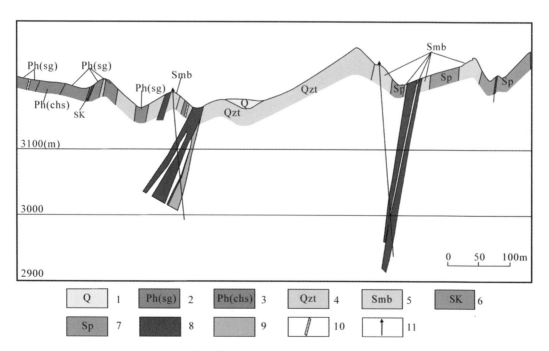

肃南县世纪钨矿36线地质剖面图

1—第四系；2—绢云石英千枚岩；3—绿泥绢云千枚岩；4—石英岩；5—角闪云母片岩；6—矽卡岩；7—千枚状细砂岩；8—$WO_3 \geq 0.2\%$；9—$0.1\% \leq WO_3 \leq 0.2\%$；10—断层及破碎带；11—钻孔

青藏族自治乡管辖。甘肃有色地质勘查局四队开展了勘查，勘查矿种为钨矿，工作程度为详查，勘查资金480万元。

（2）成果简述

共控制矿体24条，其中钨矿体21条。新增钨（WO_3）（332+333+334）矿石量1238.29万吨，钨（WO_3）资源量5.85万吨，平均品位0.47%。其中钨（WO_3）（332）矿石量256.09万吨，钨（WO_3）资源量0.72万吨，平均品位0.28%，占WO_3总量的12.28%；（333）矿石量453.8万吨，钨（WO_3）资源量1.97万吨，平均品位0.43%，占WO_3总量的33.66%；（334）矿石量528.4万吨，钨（WO_3）资源量3.16万吨，平均品位0.60%，占WO_3总量的54.06%。矿床已具大型规模，而且深部极具找矿潜力。该矿床类型为矽卡岩型白钨矿矿床，主要成分比较单一，以白钨矿为主，矿床平均品位0.47%，具较好选冶性能。

415. 新疆维吾尔自治区若羌县柯可·卡尔德钨（锡）矿床勘探

（1）概况

矿区位于新疆维吾尔自治区东昆仑山脉西段，隶属于新疆维吾尔自治区若羌县，距若羌县城160°方向250千米，经新疆依吞布拉克镇向西南180千米可至矿区。2007年至2009年，吉林省地质调查院开展了勘查，勘查矿种为钨锡矿，工作程度为勘探，勘查资金5919.90万元。

（2）成果简述

共探明矿体23条，主矿体长一般220～1100米，延深100～635米，厚5.36～43.07米，矿体倾向南东，倾角一般10°～48°。

矿床类型为中低温岩浆热液矿床。矿体品位WO_3平均品位0.12%～0.50%。

通过评审备案的资源量（331）矿石量266.85万吨，钨（WO_3）资源量1.03万吨；（332）矿石量2358.44万吨，钨（WO_3）资源量7.39万吨；（333）矿石量1945.43万吨、钨（WO_3）资源量4.62万吨；低品位（333）矿石量109.8万吨、钨（WO_3）资源量0.12万吨。估算矿床总资源量：矿石量4680.52万吨、钨（WO_3）资源量13.16万吨。

（3）成果取得的简要过程

2003年由吉林省地矿局自筹资金，吉林省地质调查院承担，以HS-24异常为基础对该区进行异常查证，发现了柯可·卡尔德钨（锡）矿床。

锡矿

416. 江西省会昌县锡坑迳矿区淘锡坝矿段锡矿详查

（1）概况

矿区位于会昌县城189°方向直线距离38千米处，其中淘锡坝矿段位于矿区东北角，面积2.14平方千米。2006年3月至2009年8月，江西省地质矿产资源勘查开发局赣南地质调查大队开展了勘查，勘查矿种为锡矿，工作程度为详查，勘查资金950万元，完成钻探工作量12433.06米。

（2）成果简述

淘锡坝矿段已查明锡矿化类型包括隐爆层间裂隙带型、破碎带蚀变岩型和云英岩型三种，其中隐爆层间裂隙带型为主要的矿化类型，约占矿段锡资源总量的98%，矿体主要产于早侏罗世花岗岩外接触带的火山熔岩层间裂隙带中，探明主要工业锡矿体12条，矿体延长500～1000米，延深200～700米，平均厚度 1.77 ～ 6.24 米，主要矿体赋矿标高 600 ～ 100 米，总体形态为不规则的似层状和薄板状。矿石主要有用组分以锡石为主，占锡总量的 90.51%，其余硫化锡占 4.62%，硅酸盐中 Sn 占 3.84%，胶态锡占 1.03%；有益化学组分为：工业矿体 Sn 平均品位为 0.383%，其余共（伴）生有益组分有 Cu 0.039%、Pb 0.006%、Zn 0.074%、WO_3 0.01%、Ag 0.6×10^{-6}，虽均未达综合利用指标，但选冶实验表明伴生铜可综合回收利用，淘锡坝矿段的成因类型属岩浆期后高－中温热液交代充填型矿床，矿石自然类型主要为微细脉浸染型，工业类型为锡石－石英（黄玉）－硫化物型。

矿石选冶性能属中－微细粒较难选矿石，采用铜硫混合浮选—铜硫分离—浮选尾矿重选选锡—重选中矿再磨浮锡联合流程，可以获得锡精矿 I 含锡品位 46.54%、回收率 61.69%，锡精矿 II 含锡品位 4.51%、回收率 9.12%；铜精矿含铜品位为 15.61%、回收率 86.97%，但杂质含量超标（锌含量达 12.79%）。

探获锡资源量（332+333）矿石量 1322.93 万吨，锡金属量 5.01 万吨，锡平均品位为 0.379%；于 2010 年 4 月通过评审备案。

（3）成果取得的简要过程

2006 年 3 月，采矿权人委托赣南地质调查大队负责矿区详查工作，勘查工作分为两期，第一期（2006 年至 2007 年）对 V3、V12、V13 等主要矿体进行了加密控制；同时对主矿体边部、外围及远景区段进行稀疏探索；第二期（2008 年至 2009 年）采用地质测量和槽、坑、钻探等手段，完成对主要矿体的系统控制，勘查工作历时四年，完成主要实物工作量槽探 5001.5 米，坑探 1434.59 米，钻探 12433.06 米（30 个孔），化学样 2628 件，并最终提交了详查地质报告。

417. 湖南省茶陵县锡田矿区锡多金属矿普查

（1）概况

矿区位于湖南省株洲市茶陵县境内。2008 年至 2010 年，湖南省地质调查院和湖南省地勘局四一六队开展了勘查，勘查矿种为锡多金属矿，工作程度为普查，勘查资金 1032 万元。

（2）成果简述

锡田锡多金属矿是一个特大型钨锡多金属矿床，自大调查项目启动以来，在寻找钨锡多金属矿方面取得了较好的成果，发现了主要矽卡岩型、破碎带蚀变岩型钨锡多金属矿脉（体）20 余条（个），通过近几年来的地质工作，初步估算主要矿体（333+334）资源量：锡金属量 13.38 万吨、钨（WO_3）12.03 万吨，伴生铅 1.59 万吨。其中锡金属量（333）1.65 万吨、钨（WO_3）2.76 万吨，锡金属量（334）11.73 万吨、钨（WO_3）9.27 万吨。资源储量通过了评审备案。

矿床类型主要为矽卡岩型，受接触带或矽卡岩层间破碎带控制，为层状、似层状，其次为受断裂构造控制的脉状矿床。为开发矿区矽卡岩型钨锡矿，开展了选矿实验研究，均为可选类型，钨、锡的回收率分别可达到 60%、75% 左右。

锡田锡多金属矿的发现在矿种、矿床类型和找矿方向上均取得了重大突破，为"十一五"湖南在南岭地区的重大找矿突破。

（3）成果取得的过程

湖南省茶陵县锡田矿区锡矿是在进行"湖南诸广山—万洋山地区锡铅锌多金属矿评价"（大调查 2003 年至 2007 年）时发现，2003 年正式立项为国土资源大调查项目之南岭锡多金属矿评价项目的工作内容之一。在中国地质调查局的大力支持下，2008 年湖南有色金属控股集团有限公司为寻找后备基地，与湖南省地质矿产资源勘查开发局四一六队开始合作勘查锡田锡多金属矿，通过工作，锡田锡多金属矿的找矿已取得重大进展，并且展示了巨大的找矿前景。

418. 云南省个旧东区锡铜矿整装勘查

（1）概况

云南省个旧矿区锡铜矿整装勘查区，位于云南省东南部，行政区属个旧市、建水县。该整装勘查区以一条南北向的个旧断裂为界分为东区和西区，其中东区近 651 平方千米，西区 1260 平方千米。

2010年，云南锡业集团(控股)有限责任公司在东区开展了勘查，勘查矿种为锡、铜矿，工作程度为普查，勘查资金 8082.13 万元，完成钻探工作量 60838 米，坑探工作量 24602 米。

（2）成果简述

东区以与燕山中晚期花岗岩有关的矽卡岩型锡铜多金属矿为主攻矿床类型，共包括三个项目：高松矿田、西部凹陷带项目、大白岩项目。在东区，2010 全年新增资源量（332+333）：锡金属 6.5 万吨、铜金属 4.43 万吨、铅金属 0.56 万吨。相当于新增加大型锡矿。

钼矿

419. 内蒙古自治区乌拉特后旗查干花钼多金属矿勘查

（1）概况

矿区位于内蒙古自治区巴彦淖尔市乌拉特后旗哈拉图嘎查一带。2008 年 7 月至 2010 年 12 月，内蒙古自治区第一地质矿产资源勘查开发院开展了勘查，勘查矿种为钼、钨、铋、铜，工作程度为勘探，勘查资金 1.78 亿元，完成钻探工作量 75625.91 米。

（2）成果简述

查干花钼矿床位于两断层（F_{13} 与 F_8）交汇处。矿体赋存于花岗闪长岩内。控制钼矿体南北长 1500 米，东西宽 300～700 米，走向 335°。在地表偶见少量钼矿体呈脉状分布，一般多为钨矿体呈大脉型分布，钼矿体基本未出露地表，埋深 50～60 米，控矿标高 780～1413 米。矿体多呈近水平似层－巨厚层状，部分呈透镜状、脉状产出。矿区内共圈出 12 层钼矿体，矿体厚度 4～173 米，最厚达 371 米。

该矿为斑岩型钼矿床，矿石主要成分为辉钼矿，矿体一般品位 Mo：0.06%～0.89%，最高 4.44%，矿床 Mo 平均品位 0.124%。据部分综合整理的资料，粗略估算钼资源量（332+333）35 万吨，（334）15 万吨。

（3）成果取得的简要过程

2008 年 7 月下旬开展工作，对勘查区内进行了 1∶1 万地质、土壤、激电中梯测量及槽探、钻探工作。在圈定的化探异常中相继发现一些钨（钼）矿（化）点，经深部钻探验证，大部分为矿致异常。2009 年 4 月对查干花矿区开展普查工作，8 月转入详查，共计投入槽探工作量 13600 立方米，钻探工作量 37625.91 米。2010 年 8 月进行勘探工作，共计投入槽探工作量 7000 立方米，钻探工作量 38000 米。

420. 内蒙古自治区乌拉特后旗查干德尔斯矿区钼多金属矿普查

（1）概况

勘查区位于内蒙古自治区乌拉特后旗巴音前达门苏木境内，距巴音前达门苏木北西约 18 千米。2007 年 10 月至 2010 年 12 月，内蒙古自治区第八地质矿产资源勘查开发院开展了勘查，勘查矿种为钼铋矿，工作程度普查－详查。

（2）成果简述

根据现有勘查资料证实，钼、铋矿（化）体主要赋存于二叠纪侵入岩体与下元古界宝音图群地层的内、外接触带。从钻孔岩心看，辉钼矿主要赋存于内接触带黑云母二长花岗岩岩体内的强蚀变岩石中，其次在变质岩捕掳体中也见到矿体。本矿床可分为三个矿段，由北向南依次为Ⅰ号矿段、Ⅱ号矿段、Ⅲ号矿段。

Ⅰ号矿段位于工作区北部，与地勘一院矿区相连且应为同一矿体，位于P100—P120勘查线之间。Ⅱ号矿段位于矿区中部，P0—P72勘查线之间。Ⅲ号矿段位于矿区南部，P39—P0勘查线之间。

矿体呈层状、似层状或透镜状，Ⅰ号矿段矿体长410米，宽300～350米，厚度最小0.75～42.95米，钼品位0.008%～0.31%；Ⅱ号矿段矿体数约75个以上，矿体长620～1400米，宽240～8000米，厚度最大1～75.3米，钼品位0.06%～0.52%；Ⅲ号矿段矿体长566～812米，厚度最大1.50～12.42米，钼品位0.036%～0.238%。

详查报告正在编写之中，经大致估算Ⅰ矿段(333)资源量约4.3万吨，Ⅱ矿段(333)资源量约8.4万吨，Ⅲ矿段(333)资源量约1.6万吨，共获(333)资源量约14.3万吨。另外，(334)资源量约4万吨，储量未经过评审。铋金属量尚未估算结果。本矿床为一大型钼、铋多金属矿床。

（3）成果取得的简要过程

2007年内蒙古自治区第八地质矿产资源勘查开发院根据区域地质及物化探资料于该区选区并进行了勘查权登记，相继开展了地质、物、化探测量工作，2008年继续进行预查工作，2009年地质普查工作，2010年开始对该地区进行钼、铋多金属矿地质详查工作，2011年继续开展详查工作。

421. 内蒙古自治区卓资县大苏计矿区钼矿详查

（1）概况

矿区位于内蒙古自治区卓资县南东26千米处。2006年至2009年，内蒙古自治区有色地质勘查局综合普查队开展了勘查，勘查矿种为钼矿，工作程度为详查，勘查资金1600万元。

（2）成果简述

大苏计钼矿为斑岩型矿床，矿体主要赋存于石英斑岩、二长花岗岩体中，全岩矿化。矿体为大透镜状，东西长900余米，倾向最大延深560米，真厚度4～277米，平均真厚度95米。主要成分为辉钼矿，钼平均品位0.13%。矿石可磨易选，选冶性能较好。估算资源储量(122b+333)钼金属量11.43万吨，已评审备案。

（3）成果取得的简要过程

1990年内蒙古有色地质勘查局1：5万化探测量获得异常，异常检查时对金银做了评价。2001年重新厘定了主攻矿种为钼多金属；2005年底至2006年，与中西矿业合作开展普查，经钻孔验证见钼矿体；2007年至2009年投入详查，证实为大型钼矿床。

422. 内蒙古自治区东乌旗迪彦钦阿木钼矿勘探

（1）概况

迪彦钦阿木矿区位于内蒙古锡林郭勒盟东乌旗满都胡宝力格苏木辖区内，面积9.54平方千米。"十一五"期间，中国冶金地质总局开展了勘查，勘查矿种为钼矿，工作程度为勘探，到2010年底，完成钻探工作量50848.05米，目前仍在实施中。

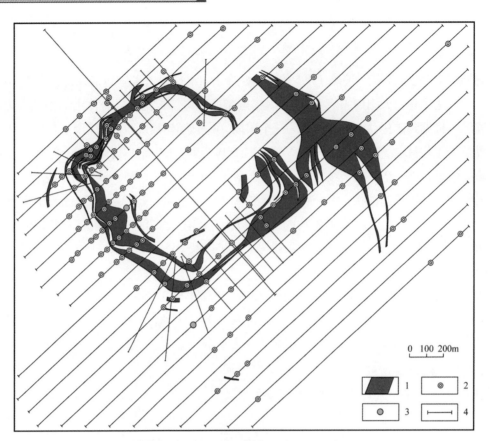

迪彦钦阿木钼银多金属矿区Ⅲ号带 800 米中段图

1—矿体；2—钻孔位置；3—水文钻位置；4—勘探线

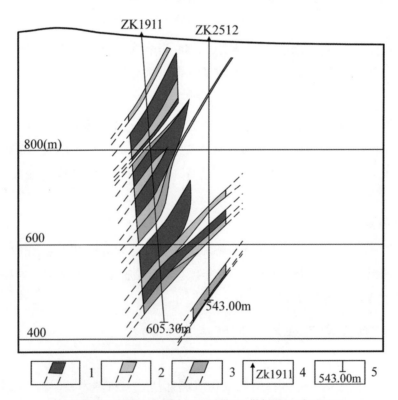

迪彦钦阿木钼银多金属矿区 I 号带 P3 勘探线地质剖面图

1—实测及推测钼矿体（＞0.06%）；2—实测及推测表外钼矿化（0.03% ~ 0.06%）；3—实测及推测钼矿化（0.015% ~ 0.03%）；4—钻孔位置及编号；5—钻孔竣工深度

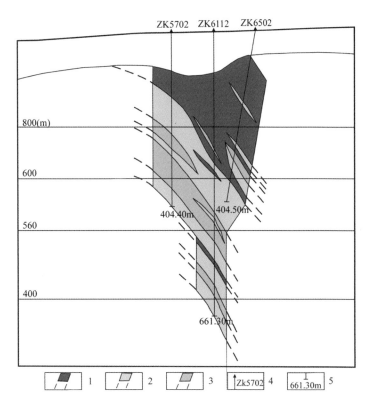

迪彦钦阿木钼银多金属矿区Ⅲ号带 P21 地质剖面图

1—实测及推测钼矿体（＞0.06%）；2—实测及推测表外钼矿化（0.03%～0.06%）；3—实测及推测钼矿化（0.015%～0.03%）；4—钻孔位置及编号；5—钻孔竣工深度

（2）成果简述

2010 年底完成了局部勘探工作，共发现Ⅰ、Ⅱ、Ⅲ号矿体。

其中Ⅲ－1 号矿体主要分布在 17 线至 89 线之间，在平面上呈环状，环的中部为硅化核，剖面上呈上缓下陡筒状向外倾斜。环状矿体长轴方向为 48°，长 1800 米，短轴长 1300 米，北部、西部、南部矿体外侧倾角较陡，为 50°～70°，东部矿体倾角较缓，为 30°～50°。矿体最大真厚度 321.36 米，最小真厚度 1.27 米，平均厚度 82.89 米，控制矿体标高 400 米左右。初步估算（331+332+333+334）钼资源量 60 万吨，为 2011 年完成全区勘探工作奠定了基础。

423. 吉林省舒兰市季德钼矿勘探

（1）概况

吉林省第二地质调查所开展了勘查，勘查矿种为钼矿，工作程度为勘探，勘查资金 1883 万元，完成钻探工作量 22559 米。

（2）成果简述

该矿床只有一条矿体，矿体近水平，呈透镜状，长轴方向 295°。矿体长 1400 米，最大厚度 417 米，平均厚度 136 米，钼平均品位 0.078%。金属量（111b－333）资源储量共计 24.5 万吨，其中（111b+122b）储量 19.9 万吨。矿床工业类型为斑岩型钼矿床，矿石主要组分为钼，无伴生和有害组分。经实验室流程实验，矿石为易选矿石，可获钼精矿品位 47.55%，回收率 86.42%。

（3）成果取得的简要过程

该矿根据 1：20 万化探异常发现，2005 年对该区进行了普查工作，发现了土壤异常，根据土壤异常发现了矿化蚀变带；2006年经钻探深部发现了矿体，并大致控制了矿体规模，2008年吉林省第二地质调查所与吉林天池钼业有限公司合作对该矿区进行勘探开发。

424. 黑龙江省大兴安岭松岭区岔路口铅锌多金属普查

（1）概况

工作区行政区划隶属大兴安岭地区松岭区管辖，位于松岭区政府所在地小杨气镇北西约24千米。2009年5至11月，黑龙江省有色金属地质勘查七〇六队开展了勘查，勘查矿种为钼矿，工作程度为普查，勘查资金620万元。

（2）成果简述

该矿床为一斑岩型钼、铅锌多金属矿床，其中钼为大型，伴生铅、锌均为中型。矿体赋存在流纹斑岩和流纹质隐爆角砾岩中。控制长度1600米，宽度550米，平均厚度350米，赋存标高0～700米。主要矿石成分为辉钼矿、方铅矿及闪锌矿。钼平均品位0.081%；铅＋锌1.0%左右。

初步估算新增钼（332+333+334）资源量366万吨，其中（332）资源量47万吨，（333）资源量53万吨，（334）资源量266万吨；铅（333+334）资源量18万吨，其中（333）资源量8万吨，（334）资源量10万吨；锌（333+334）资源量36万吨，其中（333）资源量18万吨，（334）资源量18万吨。成果未经评审备案。

（3）成果取得的简要过程

2003年黑龙江省有色金属地质勘查七〇六队，通过矿点检查工作选定本区及周边近300平方千米为重点成矿靶区，2005年至2006年用省资源补偿在该区进行了矿产预查工作，发现了较好的化探异常，通过槽探揭露发现了钼矿化体。2008年用少量钻探验证深部有更富的矿体存在。2009年大兴安岭金欣矿业有限公司投资，由黑龙江省有色金属地质勘查七〇六队开展普查工作，取得突破性进展。

425. 黑龙江省铁力市鹿鸣钼矿普查

（1）概况

勘查区位于铁力林业局鹿鸣林场境内，隶属黑龙江省铁力市管辖。鹿鸣林场经平安至二股有林区公路贯通，距离35千米。二股距铁力市30千米，有201国道相通，交通便利。矿区属中温带大陆性季风气候，年平均气温0.3℃，1月分最冷，平均气温–23.8℃，7月分最热，平均气温21℃，11月分到翌年4月分为结冰期。当地居民多从事林业及相关产业，生产、生活物资主要从外部购入。

2006年7月至11月，黑龙江省第五地质勘察院开展了勘查，勘查矿种为钼矿，工作程度为普查，勘查资金90万元。

（2）成果简述

该矿床为斑岩型大型钼矿床，矿化带平面上呈"半月型"，长轴1200米，短轴800米；剖面上呈宽大板状，控制矿体厚度最厚为480米。矿床平均品位0.12%，最高品位为2.48%，平面上西部矿体较东部矿体富，垂向上由地表向深部逐渐变富，氧化带西浅东深，深处可达20米。估算钼资源储量为30万吨（已经地质报告评审，未经资源储量评审），其中（333）资源量10万吨，（334）资源量20万吨。

（3）成果取得的简要过程

该矿在2003年黑龙江省第五地质勘察院实施"黑龙江省铁力市鹿鸣、平安有色金属矿产预查"项目时，发现了地表矿体，经2006年普查达大型矿床。

426. 安徽省金寨县沙坪沟钼多金属矿普查

(1) 概况

勘查区位于安徽省金寨县西南部,距金寨县城(梅山)50千米,属关庙乡管辖。2006年至2010年,安徽省地质矿产资源勘查局313队开展了勘查,勘查矿种为钼矿,工作程度为普查－详查,勘查面积2.93平方千米。2006年至2009年勘查投入1244万元,2010年投入5634.91万元,完成钻探工作量18300.65米。

(2) 成果简述

矿床为斑岩型钼矿,矿石类型为石英辉钼矿,极少含铜、钨。石英辉钼矿呈细脉－网脉(密脉)型,含脉率3%～5%,脉幅1毫米左右。围岩蚀变黄铁绢英岩化、钾化。受断裂构造控制的侵入杂岩体提供了成矿物质来源,控制了钼矿床的空间分布、产状及其规模;富碱、富钾、高硅,花岗岩类岩石与钼矿化关系密切;矿化具有明显的水平分带现象,中心为钼、铌、钨、锡矿化,向外为铅锌银多金属矿化,最外带出现萤石矿化;围岩蚀变具斑岩型蚀变特征。

目前详查地段已控制矿体东西长700米,南北宽400米,单孔见矿厚688～900米,平均品位0.17%,初步估算已获(332)钼金属资源量60万吨,加上(333)钼金属资源量,矿床总资源量可达90万吨。

(3) 成果取得的简要过程

2006年,313队通过二次资料开发,认为该区仍具有寻找斑岩型钼矿的良好前景;2007年至2008年,313队取得了该地的探矿权,在省局地勘经费的支持下,重新启动了斑岩型钼矿的勘查工作。2008年施工了2个1200米钻孔,均于400多米的位置见矿,终孔时仍未出矿。2009年又布置了8个钻孔,均见矿化。

427. 安徽省池州市黄山岭深部及外围钼多金属矿普查

(1) 概况

安徽省地质矿产资源勘查局324地质队开展了勘查,勘查矿种为钼矿,工作程度为普查,勘查资金1948.37万元,完成钻探工作量4719米。

(2) 成果简述

经估算,探矿权内钼(333)资源量为15.16万吨,同时伴生白钨矿、磁铁矿、闪锌矿。

428. 福建省漳平市北坑场钼矿详查

(1) 概况

北坑场钼矿区位于漳平市区北东40°方位,直线距离约45千米处,行政区划隶属漳平市吾祠乡北坑场村和厚德村管辖。福建省地质调查研究院开展了勘查,勘查矿种为钼矿,工作程度为详查,勘查资金277.33万元,完成钻探工作量5666.05米。

(2) 成果简述

矿床成因类型为热液充填细脉、网脉状矿床。2008年共求得钼资源量(工业矿体＋低品位矿体)矿石量17002.07万吨,金属量9.9万吨,其中钼金属量(332)0.94万吨,钼平均品位0.086%,钼金属量(332+333)2.77万吨,钼平均品位0.082%;低品位钼金属量(332+333)3.21万吨,钼平均品位0.049%,其中钼金属量(332)0.57万吨,钼平均品位0.05%。

经2009年进一步工程控制,初步估算矿区钼矿资源量(332+333+334,含低品位矿体)达11.25万吨,资源量达大型规模。其中,2009年度新增控制钼金属量(332)0.58万吨、推断的钼金属量(333)3.09万吨。

2009 年 9 月通过省国土资源评估中心野外验收，但尚未正式评审。

（3）成果取得的简要过程

福建省漳平市北坑场钼矿，是应用地球化学勘查方法发现的，是福建省目前最大的钼矿床。2005 年福建省地质调查研究院在前人区域化探成果基础上圈定 1 : 1 万土壤异常区、带各 1 个；2006 年查证后证实为矿致异常。2007 年初开展普查工作，发现深部有较大工业钼矿体，同年 10 月开始详查。

429. 河南省栾川县南泥矿区钼矿勘探

（1）概况

矿区位于栾川县北西 30 千米处的冷水镇。2006 年 1 月至 2006 年 12 月，河南省有色金属地质勘查总院开展了勘查，勘查矿种为钼钨矿，工作程度为勘探，勘查资金 750 万元。

（2）成果简述

矿区圈定钼、钨工业矿体 5 个。钼矿分为长英角岩型、透斜角岩型、矽卡岩型、斑状花岗岩型四种矿石类型。经国土资源部矿产资源储量评审中心确认：钼金属量 65.11 万吨，品位 0.061%。其中（331）17.26 万吨，（332）21.96 万吨，（333）25.89 万吨，共生钨金属量 0.61 万吨，伴生钨金属量 8.06 万吨。年度新增钼金属量 9.66 万吨。已评审备案。

矿床水文地质条件简单，工程地质条件简单－中等型，矿石易选，交通便利，水、电满足生产需要。该矿赋存条件较好，剥离量少，剥采比小，投产后，技术可行，经济效益显著。

430. 河南省嵩县鱼池岭钼矿普查

（1）概况

矿区位于嵩县西南 35 千米处的旧县镇。2006 年 1 月至 2007 年 2 月，河南省有色金属地质勘查总院开展了勘查，勘查矿种为钼矿，工作程度为普查，勘查资金 750 万元。

（2）成果简述

矿区圈定 1 个矿体（M1），估算（333+334）钼金属量 37.6 万吨，品位 0.056%。矿床类型为斑岩型。上述储量未经正式审批。

矿区水文地质条件简单－中等类型，工程地质条件简单－中等。地质环境质量中等类型。矿石物质成分简单，可选性能良好，易磨、易选，钼回收率等项指标良好。

431. 河南省嵩县大石门沟金矿外围钼矿普查

（1）概况

矿区位于河南省嵩县，至嵩县县城 20 千米，至洛阳市 116 千米。2008 年 7 月至 2009 年 7 月，河南省核工业地质局开展了勘查，勘查矿种为钼矿，工作程度为普查，勘查资金 352 万元。

（2）成果简述

钼矿体沿走向控制长 1400 米，沿倾向控制最长 340 米，厚度 49.68 ～ 228 米，平均厚度 93.46 米，品位 0.03% ～ 0.506%，平均品位 0.072%，产状 205°∠73°～ 88°。矿床类型为隐爆角砾岩型。矿石矿物主要有：辉钼矿、黄铁矿、方铅矿，次为少量黄铜矿、褐铁矿和磁铁矿；脉石矿物主要有：石英、钾长石、斜长石、方解石，次为辉石、绿帘石、重晶石、石榴石、萤石等。

2008 年度新增钼资源量：（333）资源量 3.06 万吨，（334）资源量 1.13 万吨，2007 年至 2008 年累计估算（333+334）资源量11.9万吨。因项目工作尚未结束，故没有经过评审。

采用破碎—球磨—浮选工艺流程，效果较好，回收率可达到80%以上，矿石加工技术性能良好，可进行开发利用。

（3）成果取得的简要过程

该项目2004年为河南省两权价款地质勘查项目，2006年和2007年又由河南省国土资源厅、财政厅批准为续作项目，从2007年开始对该区钼矿开展了系统工作，通过地质填图、工程揭露及编录取样，已初步控制了钼矿体，估算了资源量。

432. 河南省光山县千鹅冲铜（钼）矿详查

（1）概况

千鹅冲铜（钼）矿区位于光山县与新县交界处，分属光山县晏河乡和新县千斤乡管辖。2006年至2009年，河南省地质矿产资源勘查开发局第三地质调查队开展了勘查，勘查矿种为钼矿，工作程度为详查，勘查资金1500万元。

（2）成果简述

该矿床主要有两个主矿体：M-1钼矿体：总体展布方向约130°，矿体东西长度1280米，南北宽400～800米。矿体厚度6.0～595.7米，平均厚度309.89米；钼品位为0.03%～1.09%、平均品位约0.087%。M-2钼矿体：总体展布方向约130°，矿体东西长度1280米，南北宽110～510米。矿体厚度3.0～52.2米，平均厚度19.01米；钼品位为0.03%～0.43%、平均品位约0.049%。为斑岩型钼矿床。经对主矿体M-1、M-2进行初步资源量估算：（332+333）资源量51.29万吨。

选冶性能：矿石中主要可回收矿物为辉钼矿，易于解离，属易选矿石，选矿回收率88.74%。

（3）成果取得的简要过程

2006年以来，地调三队对光山县千鹅冲矿区重点开展了钼矿普查工作，按照省地勘局的安排，本年该队在上年度钼矿普查工作基础上开展进一步详查工作。

433. 河南省栾川县石窑沟钼矿详查

（1）概况

矿区位于河南省栾川县狮子庙乡，面积39.63平方千米。武警黄金六支队开展了勘查，勘查矿种为钼矿，工作程度为详查，勘查资金2514.25万元。

（2）成果简述

控制矿体东西长800米，南北宽400米，控制垂厚112.70～738.01米，共探获钼（332）资源量6.02万吨，（333）资源量19.75万吨，（334）4.96万吨，全区合计30.73万吨，平均品位0.057%。规模已达到大型。矿床类型为斑岩型，主要矿石矿物为辉钼矿。矿石大部分为原生矿，地表有部分氧化矿。资源储量部分经过河南省储量评审中心评审认定。

434. 广东省韶关市大宝山钼多金属矿接替资源勘查

（1）概况

勘查区位于韶关市曲江区沙溪镇南东直线距离5千米处。2007年4月至2009年7月，广东省地质局七〇五地质大队开展了勘查，勘查矿种为钨钼矿，工作程度为普查，勘查资金2258.5万元，完成钻探工

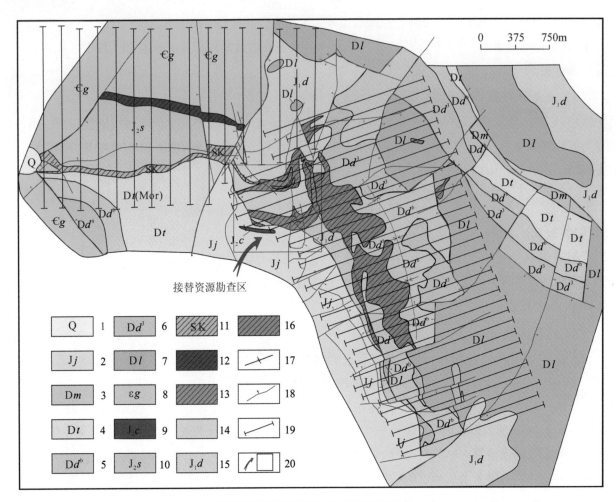

广东省韶关市大宝山多金属矿区地质图

1—第四系；2—金鸡组砂岩、粉砂岩、粉砂质页岩互层；3—上泥盆统帽子峰组页岩；4—天子岭组灰岩；5—中泥盆统东岗岭组上段凝灰岩、页岩；6—东岗岭组下段泥炭质灰岩；7—老虎头组夹薄层页岩、砾岩；8—高滩变质砂岩、绢云母板岩、炭质板岩；9—船肚单元花岗闪长斑岩；10—石径单元中粗粒斑状花岗闪长岩；11—矽卡岩型钨钼矿带；12—云英岩化细脉侵染型钨钼矿化带；13—斑岩型工业钼矿体（Mo≥0.06%）；14—含钼花岗闪长斑岩；15—大坑头单元次英安斑岩；16—铁帽；17—大宝山向斜轴；18—断层；19—勘探线；20—接替资源勘查区

作量12628.56米。

（2）成果简述

　　该项目为斑岩型钨钼矿床，深部发现厚大富钼矿体，富矿体长400米、宽大于300米、平均厚154米（81～235米）、平均品位0.108%（0.09%～0.124%），并含WO₃0.069%。矿床由Ⅰ、Ⅱ、Ⅲ号矿体组成。其中Ⅰ、Ⅱ号矿体位于200米标高以上（埋深600米），以钨矿体为主，矿体长500米，宽400米，厚240～208米，三氧化钨平均品位0.133%～0.159%。Ⅲ号矿体位于200米标高以下，以钼矿化为主，该矿体规模最大，最稳定。矿体为似层状，沿东西走向长500米，沿北北东倾向延伸329米，矿体真厚度160多米，钼矿平均品位达0.12%。

　　（333）资源量：钼21.13万吨，三氧化钨（WO₃）5.59万吨。

435.海南省保亭县罗葵洞矿区钼矿详查

（1）概况

　　勘查区位于海南省保亭县西南部，勘查区面积29.33平方千米。2007年1月至2008年6月，辽宁省有色地质局勘查总院开展了勘查，勘查矿种为钼矿，工作程度为详查，勘查资金2716.6万元，完成钻探工作量 32133.6 米。

（2）成果简述

矿体几乎呈隐伏状产出，分布在从接近地表 +196 米至深部 - 577 米标高的 773 米范围内，全区累计共圈出工业品级矿 45 层，低品级矿 19 层，各矿层的规模不一，长度 100 ~ 1500 米，厚度 3 ~ 44 米。矿体形态以似层状或大扁豆状为主，矿床类型为大型斑岩钼矿床，属剥蚀程度浅的隐伏矿，钼平均品位 0.054% ~ 0.057%，铜一般为 0.02% ~ 0.1%，最高为 0.29%；WO_3 一般为 0.01% ~ 0.065%。矿石矿物成分比较简单，金属矿物主要有辉钼矿、黄铁矿。

现有工程估算钼金属（122b+2S22+332+333）资源储量 25.4 万吨；其中（122b+332+333）钼金属资源储量 22.1 万吨。

通过混合浮选得到钼、铜混合精矿，然后精选提高品位，最后分离钼、铜矿物，钼精矿的钼品位 > 45.0%（含铜 < 1.5%），钼回收率约 76% ~ 80%，铜回收率约 50%。

（3）成果取得的简要过程

2001 年 7 月海南省资源环境调查院对本区进行了化探异常踏查，发现较好的矿化线索及石英细脉浸染的辉钼矿化。2005 年海南省资源环境调查院对该区地质预查，发现了 F_1 和 F_2 两处钼铜矿化压扭性破碎带，2006 年该院施工了 4 个浅孔，圈定钼铜矿化体一个。2007 年 1 月至 2008 年 6 月，辽宁省有色地质局勘查总院进行详查工作，投入了钻孔 48 个，总进尺 31444.42 米，基本查明罗葵洞为一处大型斑岩钼矿床。

436. 西藏自治区墨竹工卡县邦铺矿区钼铜多金属矿详查

（1）概况

矿区位于"一江两河"开发经济带中部、拉萨河中上游，属拉萨市墨竹工卡县尼玛江热乡管辖，矿区距拉萨市 114 千米、墨竹工卡县 34 千米，勘查区面积 2.42 平方千米。

2007 年至 2010 年，西藏地勘局地热地质大队开展了勘查，勘查矿种为钼、铜矿，工作程度为详查，勘查资金 6000 万元。

（2）成果简述

矿区位于冈底斯成矿带东段，钼铜矿体赋存于喜山早期的二长花岗斑岩本身及其内外接触带的次火山岩中，钼主矿体和低品位铜矿体已形成超大型的细脉浸染状斑岩型钼铜矿床。矿石矿物主要以辉钼矿、黄铁矿、黄铜矿为主，矿石构造以浸染状、微细的网脉状及条带状构造为主，矿石结构以自形 - 半自形晶粒、鳞片/叶片结构、它形晶结构、共边结构、填隙结构为主。钻探工程控制钼铜矿体长度 1000 米，宽度约 900 米，钼矿体一般厚度 20.5 ~ 492.9 米，平均厚度 478.69 米，最大见矿厚度 946.43 米；铜矿体一般厚度 12.01 ~ 310.4 米，平均厚度 260.84 米，最大见矿厚度 498.52 米。

矿区探获（332+333+334）资源量：钼总矿石量 77676.17 万吨，钼总金属量 62.58 万吨（其中伴生 1.34 万吨），钼平均品位 0.079%；其中达到钼工业品位的金属量：（332）钼金属量 21.22 万吨（占总资源量的 34.56%），钼平均品位 0.094%；（333）钼金属量 18.83 万吨（占总资源量的 30.75%），钼平均品位 0.104%（其中，本年度新增钼资源储量 61.13 万吨）；全矿区铜总矿石量 42380.834 万吨，铜总金属量 145.88 万吨（其中伴生 26.17 万吨），铜平均品位 0.28%。

（3）成果取得的简要过程

2008 年，对邦铺矿床的 30 吨钼铜矿石，进行了浮选流程试验，试验结果为钼精矿产率为 0.12%，精矿品位：Mo 56.16%、Cu 0.071%；回收率 Mo 87.58%、Cu 0.04%。铜精矿产率为 0.84%，Cu 精矿品位 21.84%、Mo 0.30%；回收率 Cu 75.93%、Mo 3.28%。

437. 甘肃省武山县温泉钼矿地质详查

（1）概况

勘查区位于武山县温泉乡境内，属温泉乡大草坪村管辖。

2005 年 5 月至 2009 年 12 月，甘肃有色地质勘查局天水总队开展了勘查，勘查矿种为钼矿，工作程度为详查，勘查资金 28125 万元，完成钻探工作量 11296.60 米。

（2）成果简述

武山县温泉钼矿床主要矿种为钼，为斑岩型钼矿床。共圈出了 13 条矿体，控制南北长近 800 米，东西实际控制宽 200 米，两侧外推后宽 400 米，控制厚度最大 445 米，最小 37.50 米。温泉钼矿床总共获得的各类别资源量为矿石量 32494 万吨，金属量 16.12 万吨，平均品位 0.050%，矿床规模达到大型以上。

2008 年提交详查报告，获矿石量 7805 万吨，钼金属量 4.17 万吨。

2009 年度工作取得了重大进展。温泉钼矿床东部（原详查区东部）7－48 线矿床平均品 0.051%。获得的钼金属资源量（332+333+334）12.53 万吨，其中，钼金属资源量（333 以上）8.36 万吨，钼金属资源量（334）1.32 万吨。

（3）成果取得的简要过程

1999 年甘肃有色天水总队（原甘肃冶金二队）通过资料二次开发及少量地表工作，认为该区矿化具有一定的规模。2000 年至 2001 年又开展了地表及深部评价工作，通过钻探工作基本确定地表及深部矿体连为一体，见到厚大富矿体，找矿潜力较大，确立了矿床工业价值。温泉钼矿的发现和勘查对在西秦岭地区花岗岩基中寻找该类型斑岩钼矿具有理论借鉴和实际意义。

438. 青海省杂多县纳日贡玛铜钼矿详查

（1）概况

矿区属青海省玉树州杂多县管辖。2002 年至 2007 年，青海省地质调查院开展了勘查，勘查矿种为铜钼矿，工作程度为详查，勘查资金 3240 万元。

（2）成果简述

矿区通过 2006 年工作，提交资源量：铜（332+333）资源量 44.23 万吨，平均品位 0.32%；钼（332+333+334）资源量 24.42 万吨，平均品位 0.082%。矿床成因类型为斑岩型。资源储量已经最终评审。

（3）成果取得的简要过程

2002 年至 2004 年开展以铜为主普查工作，圈定矿体规模小、品位低。2006 年开展以钼为主找矿工作，发现主矿体，找矿工作取得了重大进展。2007 年在可靠程度提高的情况下，资源总量有较大的增长。

439. 新疆维吾尔自治区哈密市东戈壁钼矿详查

（1）概况

矿区位于东天山南部，东距兰新铁路尾亚站 85 千米，距 312 国道苦水站西南 98 千米。2006 年至 2010 年，河南省地质矿产资源勘查开发局第二地质勘查院开展了勘查，勘查矿种为钼矿，工作程度为详查，勘查资金 4200 万元。

（2）成果简述

该矿床为斑岩型钼矿床，矿石矿物主要为辉钼矿。详查阶段共估算（332+333）矿石量35023.68万吨，金属量39.62万吨，平均品位0.113%，其中（332）资源量20.69万吨，平均品位0.125%。矿床规模为大型。2010年9月已通过评审并已备案。

矿床矿石类型简单，闭路流程采用"一粗二扫七精"的试验流程。闭路结果：精矿产率为0.24%，品位为45.85%，回收率为86.4%，尾矿产率为99.76%，品位为0.017%，回收率为13.6%。钼精矿符合国家钼精矿质量标准中二级品三类。

（3）成果取得的简要过程

勘查工作分为3个阶段：预查阶段：2006年至2007年、普查阶段：2008年至2009年、详查阶段：2010年以140米×140米间距对矿体进行系统控制。

第十四章　锑矿

440. 湖南省安化县渣滓溪锑（钨）矿接替资源勘查

（1）概况

勘查区位于湖南省安化县渣滓溪。湖南省地质矿产资源勘查开发局 418 队开展了勘查，勘查矿种为锑（钨）矿，勘查资金 2307 万元，完成钻探工作量 12889.32 米。

（2）成果简述

初步估算探获（333）锑金属量 10.95 万吨，钨（WO_3）1.56 万吨，可延长矿山服务年限 27.3 年。

441. 云南省开远市大庄锑矿地质调查

（1）概况

开远市大庄锑矿位于红河哈尼族彝族自治州开远市城区 106°方位约 20 千米处，面积 2.6715 平方千米。2008 年 5 月至 8 月开展了勘查，勘查矿种为锑矿，勘查资金 78.16 万元。

（2）成果简述

矿床属低温热液型矿床，矿石矿物组合较简单，主要金属矿物为辉锑矿，次为锑华，局部见黄铁矿，脉石矿物主要为石英、方解石、岩石碎屑等。

圈定 V1、V2、V3 三条锑矿体，估算资源量（333+334）：锑矿石 445.79 万吨，锑金属量 33.8 万吨，平均品位 6.21%，其中，（333）矿石量 62.41 万吨，锑金属 4.25 万吨，平均品位 6.81%；（334）矿石量 383.38 万吨，锑金属 29.55 万吨，平均品位 6.11%。2008 年新增（333）矿石量 37.91 万吨，锑金属 3.74 万吨。

矿石可选性好，回收率较高，选矿工艺简单。矿床开采技术条件属中等偏简单类型。矿床潜在价值 20.06 亿元。

442. 青海省同德县石藏寺矿区金锑矿普查

（1）概况

矿区位于青海省同德县南东 120 千米的河北乡赛德村多尔根河下游地区，隶属同德县河北乡管辖，距省会西宁市约 370 千米。

2008 年 8 月至 2009 年 12 月，山东省第一地质矿产资源勘查院开展了勘查，勘查矿种为锑金矿，工作程度为普查，勘查资金 600 万元。

（2）成果简述

本金锑矿床应属构造填充低温热液微细浸染型矿床，矿体倾向南，倾角 52°～63°；走向与地层基本一致，矿区内共圈定 10 个金锑矿体，矿体最长 1300 米，一般 40～400 米，控制矿体斜长 410 米，矿体呈似板状、透镜状，为金锑共生矿体。矿体真厚度 0.82～2.77 米，金平均品位 4.82×10^{-6}，锑平均品位 8.88%。

经估算求得（333）矿石量 145.43 万吨，金金属量 7.01 吨、锑金属量 10.4 万吨，锑平均品位 8.88%，本次新增金金属量为 3.81 吨、锑金属量 10.4 万吨，伴生银 3.97 吨、硫 39.14 吨、砷 10.66 吨。

该报告 2010 年 5 月 6 日山东省地质矿产资源勘查开发局组织专家评审通过，金矿达到中型矿床，锑矿达到大型矿床。

（3）成果取得的简要过程

2008 年 8 月山东省第一地质矿产资源勘查院取得该矿区采矿权，并决定自筹资金对矿区进行工作，在以往地质工作的基础上，通过地表槽探、硐探、钻探为主要手段，进行普查工作，编写《青海省同德县石藏寺矿区金锑矿普查报告》。

第十五章 晶质石墨

443. 黑龙江省穆棱市中兴石墨矿接替资源勘查

（1）概况

勘查区行政区划属黑龙江省穆棱市管辖，距八面通镇35千米。2009年5月至2010年12月，黑龙江省第一地质勘查院开展了勘查，勘查矿种为石墨矿，勘查资金475万元，完成钻探工作量3957米。

（2）成果简述

工作区位于穆棱市光义矿区，为石墨片岩、石墨变粒岩型大型石墨矿床。

Ⅶ号矿体深部钻探工程控制4条勘探线，沿走向控制长度为600米，其中单工程见矿厚度最大为91.45米；单工程见矿平均品位最高为21.21%，控制矿体最大垂深为286.1米。本年度新增（333）石墨资源矿物量约为190万吨。

Ⅸ号矿体位于外围西沟勘查区，是本次工作新发现的矿体，地表控制长度600米，深部钻探工程控制100～200米斜深。最大见矿厚度40.50米，单工程见矿平均品位20.03%。本年度新增（333）石墨资源矿物量约为35万吨。估算新增（333）石墨矿物量225万吨。

（3）成果取得的简要过程

本项目于2009年5月至2010年11月实施全国危机矿山接替资源勘查项目，在矿区深部及外围普查找矿获得。该项目于2010年11月完成野外工作，12月完成野外验收，现成果报告正在编制中。

444. 河南省鲁山县背孜矿区石墨矿详查

（1）概况

矿区位于河南省鲁山县西北部背孜乡和瓦屋乡，面积33.27平方千米。2003年至2007年，中化地质矿山总局河南地质勘查院开展了勘查，勘查矿种为石墨矿，工作程度为详查，勘查资金410万元。

（2）成果简述

通过工作共发现70个工业矿体（其中12个盲矿体），矿体赋存于太华群水底沟组地层中，呈似层状、透镜状产出。主矿体沿走向长875～3420米，沿倾向控制斜深54～247米，多数矿体长度小于500米，矿体平均厚度2.01～23.53米；矿石主要有用组分为固定炭，单矿体平均品位3.04%～7.95%，矿区总体平均品位4.17%。

共探求（332+333）石墨矿物资源量153.46万吨，其中（332）资源量17.01万吨，（333）资源量136.45万吨；圈定2个露天采坑，探求露采（332+333）石墨矿物资源量10.26万吨，剥采比2.95∶1。矿石类型简单，为片麻岩型晶质鳞片状石墨矿石，属易选矿石。矿床开采技术条件中等，以工程地质问题为主。

445. 新疆维吾尔自治区哈密市玉泉山石墨矿普查

玉泉山石墨矿是2005年新发现的矿产地，2006年开始普查，2007年完成了选矿试验。矿化带长约3000米，宽约500～800米，面积约2.0平方千米，蚀变带内普遍发生石墨矿化，矿体呈似层状。

共探求（333+334）工业晶质石墨矿矿石量 7885 万吨，固定碳矿物量 403 万吨；其中 L1 矿体（333）资源量 137 万吨，达大型规模。

446. 新疆维吾尔自治区伊吾县吐尔库里石墨矿预—普查

（1）概况

勘查区位于新疆伊吾县吐尔库里。2006 年至 2008 年，新疆地矿局第一地质大队开展了勘查，勘查矿种为石墨矿，工作程度为预—普查。

（2）成果简述

属中等变质晶质石墨矿床。L4 号矿脉共探求（333+334）资源量：工业晶质（鳞片状）石墨矿矿石量 4359 万吨，固定碳矿物量 619 万吨，矿床规模为超大型。其中（333）固定碳矿物量 432 万吨，（334）固定碳矿物量 187 万吨。

（3）成果取得的简要过程

2006 年新疆地矿局第一地质大队在开展斑岩铜矿评价过程中，发现了该石墨矿。同年，自筹资金对吐尔库里石墨矿区南部 L1 号矿体进行了稀疏的槽探揭露控制，开展了小面积 1∶2000 地质草测，发现并追索控制了 L2、L3、L4 号矿脉。2007 年至 2008 年新疆地矿局第一地质大队自筹资金，继续对吐尔库里石墨矿进行了预—普查工作，并针对施工条件较好的 L4 号矿脉相继进行了钻探验证，取得了较好的地质找矿成果。

第十六章　磷　矿

447. 湖北省远安县杨柳矿区磷矿普查

（1）概况

普查区位于湖北省远安县城北西 307° 方向直线距离约 42 千米处，距远安县城关镇约 80 千米，距宜昌市 115 千米。

2006 年 9 月至 2010 年 6 月，中化地质矿山总局湖北地质勘查院开展了勘查，勘查矿种为磷矿，工作程度为普查，勘查资金 1566 万元。

（2）成果简述

普查区磷矿赋存于震旦纪陡山沱组底部地层中，矿床类型为沉积型磷块岩矿床，分 Ph₁、Ph₂、Ph₃ 三层矿，其中 Ph₁ 为主矿层，平均厚 5.27 米，平均品位 25.88%，Ph₂ 为次要矿层，平均厚 4.16 米，平均品位 22.63%。Ph₃ 平均品位 19.76%，厚度不可采，为一层低品位矿。

普查区探获的 Ph₁+Ph₂+Ph₃ 磷矿石（333+334）资源量 7.37 亿吨，平均品位为 24.44%，其中（333）资源量 5.76 成吨，平均品位 24.78%。储量备案编号：鄂土资储备字〔2010〕82 号。

杨柳矿区目前为国内单个矿区资源量最大的矿区。潜在经济价值超过 1000 亿元。

（3）成果取得的简要过程

矿区 2006 年至 2007 年为预查，以 4 个钻孔进行稀疏验证；2008 年至 2009 年为普查，按 1200 米

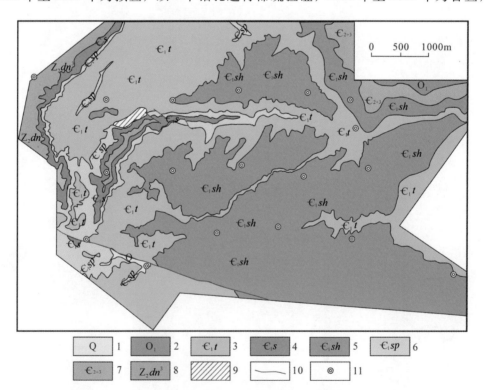

湖北省远安县杨柳矿区地质图

1—第四系；2—奥陶系下统；3—寒武系下统天河板组；4—寒武系下统水井沱组；5—寒武系下统石龙洞组；6—寒武系下统石牌组；7—寒武系中上统；8—震旦系上统灯影组第三段；9—滑坡体；10—断层；11—钻孔位置

×1200米的网度共施工14个钻孔,进行全区系统控制。杨柳矿区为隐伏矿床,在深度535～990米的空间赋存三层磷矿(Ph_3、Ph_2、Ph_1)。

448. 湖北省宜昌市夷陵区杉树垭矿区东部矿段磷矿勘探

(1)概况

勘查区位于湖北省宜昌市夷陵区樟村坪镇。湖北省宜昌地质勘探大队开展了勘查,勘查矿种为磷矿,工作程度为勘探,勘查资金1546.82万元。

(2)成果简述

矿床类型为海相化学沉积型磷块岩,矿段内赋存Ph_2^2、Ph_2^1、Ph_1^3三个工业磷矿层。Ph_2^2是主要工业磷矿层,矿体呈层状,分布连续,厚度较稳定,仅局部不可采;矿体厚1.27～8.97米,平均厚度3.43米;P_2O_5品位16.52%～32.98%,平均品位25.21%。

在矿段北部、南部及东部有三个富集地段。估算$Ph_2^2+Ph_2^1+Ph_1^3$矿层磷矿石资源储量(111b+122b+332+333)1.31亿吨。其中:(111b)基础储量889万吨,(122b)基础储量0.34亿吨,(332)

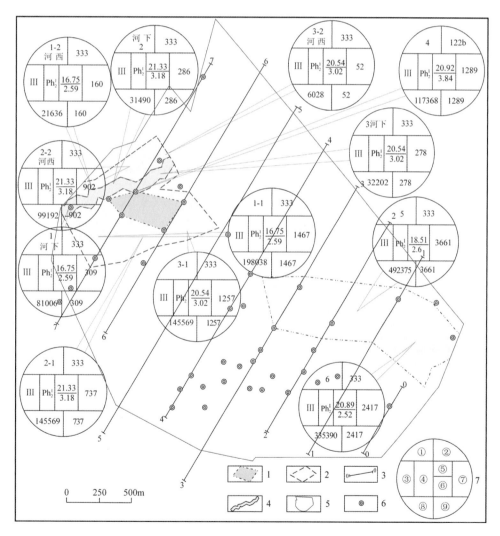

湖北省宜昌市夷陵区杉树垭磷矿区东部矿段 Ph_2^1 矿层底板等高线及资源储量估算平面图

1—控制的经济基础储量(122b)范围及边界;2—推断的内蕴经济资源量(333)范围及边界;3—勘探线及编号;4—河下推断的内蕴经济资源量范围及边界;5—勘查许可证范围;6—钻孔位置;7—①块段号;②资源量级别;③品级;④矿层号;⑤平均品位(%);⑥平均厚度(米);⑦资源量(千吨);⑧斜面积(平方米);⑨块段资源量(千吨)

资源量 60 万吨，（333）资源量 8766 万吨。估算河下保安矿（332+333）资源量 510 万吨。储量备案编号：鄂土资储备字〔2008〕6 号。

矿石选冶性能：Ph_2^2 全层样采用二次粗选二次扫选的反浮流工艺流程，试验指标为精矿 P_2O_5 品位 33.17%，回收率 91.46%，精矿中 MgO 含量 0.56%。

449. 湖北省宜昌江家墩矿区磷矿详查

（1）概况

矿区位于湖北省宜昌市夷陵区樟村坪镇董家河村和古村村。湖北省宜昌地质勘探大队开展了勘查，勘查矿种为磷矿，工作程度为详查，勘查资金 596.01 万元。

（2）成果简述

矿床类型为生物化学沉积型，共评价 Ph_2^2、Ph_2^1、Ph_1^3 三个工业矿层，主要工业矿层（Ph_2^2）长 2730 米，宽 4120 米，赋存标高 810～415 米，埋深 98.85～1084.40 米，矿层总体倾向北东—北北东，倾角 4°～12°，平均厚度 5.04 米，平均品位 23.95%。

估算全矿区 $Ph_2^2+Ph_2^1+Ph_1^3$ 矿层（122b+333）资源储量 1.45 亿吨，另有潜在的矿产资源（334）859 万吨，其中主要工业磷矿层（Ph_2^2）（122b+333）资源储量 1.03 亿吨；在 1.45 亿吨资源储量中，Ⅰ级品 2959 万吨，Ⅱ级品 1006 万吨，Ⅲ级品 1.05 亿吨，矿山开采技术条件为复杂类型（Ⅲ－4）。矿石工业类型属混合型，可选性能较好。

450. 湖北省宜昌挑水河矿区磷矿详查

（1）概况

矿区位于湖北省宜昌市夷陵区樟村坪镇董家河、殷家坪村。湖北省宜昌地质勘探大队开展了勘查，勘查矿种为磷矿，工作程度为详查，勘查资金 488.4 万元。

（2）成果简述

区内赋存 Ph^2、Ph_1^3 两个工业磷矿层，Ph^2 是本区主要工业磷矿层，矿层总体倾向北东，倾角 4°～7°。

矿区 $Ph^2+Ph_1^3$ 总资源储量（121b+122b+333+334）1.66 亿吨，其中：（121b）储量 494 万吨，（122b）储量 2179 万吨，（333）资源量 7928 万吨，（334）资源量 5978 万吨。在（121b+122b+333）资源储量中，Ⅰ级品资源储量 1479 万吨，Ⅱ级品资源储量 1599 万吨，Ⅲ级品资源储量 7523 万吨。

451. 湖北省宜昌树崆坪矿区后坪矿段磷矿普查

（1）概况

矿区位于湖北省兴山县水月寺镇、榛子镇树崆坪矿区北西部。中化地质矿山总局湖北地质勘查院开展了勘查，勘查矿种为磷矿，工作程度为普查，勘查资金 922 万元。

（2）成果简述

矿床类型为沉积型磷块岩，矿石的矿物成分比较简单，主要工业矿物为氟磷灰石和炭氟磷灰石，主要的脉石矿物有白云石、伊利石、水云母、钾长石、石英等。

估算后坪矿段（333）资源量 0.13 亿吨，平均品位 27.17%；（334）资源量 1.04 亿吨，平均品位 25.02%。矿床开采技术条件是以复合问题为主的开采技术条件中等的矿床。储量备案编号：鄂土资储备字〔2008〕54 号。

452.湖北省宜昌殷家沟矿区鱼林溪矿段磷矿普查

(1) 概况

矿区位于湖北省远安县荷花镇柳山沟村。中化地质矿山总局湖北地质勘查院开展了勘查,勘查矿种为磷矿,工作程度为普查,勘查资金 80 万元。

(2) 成果简述

矿床类型为沉积型磷块岩,矿石的矿物成分较简单,主要工业矿物为氟磷灰石和炭氟磷灰石,主要的脉石矿物有白云石、伊利石、水云母、钾长石、石英等。估算(333+334)资源量 0.99 亿吨,其中:(333)资源量 0.24 亿吨,平均品位 22.58%;(334)资源量 0.75 亿吨,平均品位 23.40%。

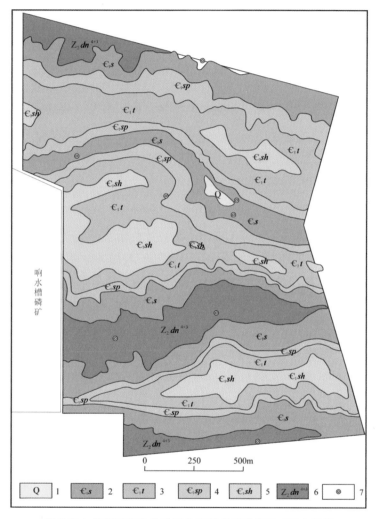

湖北省宜昌磷矿殷家沟矿区鱼林溪矿段地质及工程布置图

1—第四系;2—寒武系下统水井沱组;3—寒武系下统天河板组;4—寒武系下统石牌组;5—寒武系下统石龙洞组;6—震旦系上统灯影组第三、四段;7—钻井位置

453.湖北省宜昌仓屋垭矿区磷矿普查

(1) 概况

矿区位于宜昌市夷陵区樟村坪镇董家河村、羊角山村。湖北省宜昌地质勘探大队开展了勘查,勘查矿种为磷矿,工作程度为普查,勘查资金 2000 万元。

（2）成果简述

矿床类型为生物化学沉积型，勘查类型为 I－II 类。共发现 Ph_2 及 Ph_1^3 两个工业矿层，主要工业矿层（Ph_2）长 3500 米，宽 1400～2260 米，赋存标高 830～1070 米，埋深 60～660 米，平均厚度 3.16 米，平均品位 23.83%，矿石工业类型属碳酸盐型，可选性能较好，伴生有益组分为 I 和 F。

估算全矿区 $Ph_2+Ph_1^3$ 矿层（333+334）资源量 0.62 亿吨，其中：（333）资源量 0.44 亿吨，（334）资源量 0.18 亿吨。（333）资源量中 I 级品 828 万吨，II 级品 428 万吨，III 级品计 3095 万吨。

矿石选冶性能：Ph_2 及 Ph_1^3 矿层采用重介质选矿工艺流程方法，Ph_2 矿层采用单一反浮选工艺流程，获精矿 P_2O_5 品位 32.23%，MgO 含量 0.7%，回收率 90.63%；Ph_1^3 矿层采用一次粗选，一次精选和中矿再选的重介质旋留器选矿流程，获得 P_2O_5 33.26%、MgO 1.48%，$Al_2O_3+Fe_2O_3$ 2.18% 的磷精矿，回收率为 71.69%，开采技术条件以水文地质问题为主、开采技术条件为复杂的层状矿床（III -1）。

454. 湖北省宜昌黑良山矿区磷矿普查

（1）概况

普查区位于宜昌市夷陵区樟村坪镇和兴山县水月寺镇、榛子乡及保康县歇马镇、马良镇的交界处。在宜昌市西北 342° 直线距离 75 千米。

中化地质矿山总局湖北地质勘查院开展了勘查，勘查矿种为磷矿，工作程度为普查，勘查资金 3376.73 万元，完成钻探工作量 19202.65 米。

（2）成果简述

具工业意义的磷矿层赋存于震旦纪陡山沱组中上部，钻孔中有 Ph_1、Ph_2 二层矿，共 4 个矿体，矿体埋藏深度 667～1026 米。Ph_1^{-1} 矿体长 1850 米，宽 1600～2070 米，矿体平均厚 3.56 米，矿石平均品位 26.90%。矿石以泥质条带磷块岩和块状磷块岩为主，少量白云质条带磷块岩。Ph_2^{-1} 矿体长 1850 米，宽 1600～2070 米，矿体平均厚 3.06 米，矿石平均品位 25.25%。矿石以白云质条带磷块岩为主，块状磷块岩次之。

按边界品位 12%，工业品位 18%，可采厚度 1.5 米，夹石剔出厚度 1.5 米的工业指标估算，磷矿石（333+334）资源量 0.96 亿吨，其中：（333）资源量 0.6 亿吨，矿石品位 25.58%；（333）资源量中的 I 级品矿石 2032 万吨，矿石品位 32.80%。资源量经评审备案：国土资储备字〔2009〕313 号。

（3）成果取得的简要过程

在分析研究宜昌磷矿成矿富集规律的基础上，通过调查黑良山矿区附近的探矿情况，选取黑良山矿区作为宜昌市樟村坪磷矿接替资源的勘查地，经审批后开展普查工作。

455. 湖北省宜昌小阳坪矿段磷矿普查

（1）概况

普查区位于宜昌市夷陵区樟村坪镇栗林河村小阳坪一带，内有村级简易公路到樟村坪镇，距宜昌市约 110 千米。湖北省宜昌地质勘探大队开展了勘查，勘查矿种为磷矿，工作程度为普查，勘查资金 180 万元。

（2）成果简述

普查区共施工两个钻孔。ZK103 孔 Ph_2^2 厚 9.33 米，P_2O_5 平均品位 21.02%，其中：Ph_2^2-3 厚 7.39 米，P_2O_5 平均品位 19.47%；Ph_2^2-2 厚 1.14 米，P_2O_5 品位 33.31%；Ph_2^2-1 厚 0.79 米，P_2O_5 品位 17.84%；Ph_1^3 厚 1.69米，P_2O_5 品位 23.48%。ZK201 孔 Ph_2^2 厚 10.34 米，P_2O_5 平均品位 22.74%，其中：Ph_2^2-3 厚 4.08 米，P_2O_5

平均品位 21.60%；Ph_2^2-2 厚 1.49 米，P_2O_5 品位 32.09%；Ph_2^2-1 厚 4.77 米，P_2O_5 品位 20.79%；Ph_1^3 厚 1.58 米，P_2O_5 品位 30.27%。

初步查明以 Ph_2^2 磷矿层为主要工业矿层，平均厚度 7.30 米，P_2O_5 平均品位 20.55%；Ph_1^3 磷矿层为次要工业矿层，平均厚度 3.02 米，P_2O_5 平均品位 22.11%。

初步估算 Ph_2^2 矿层（333+334）资源量 5878 万吨；Ph_1^3 矿层（333+334）资源量 2562 万吨。全区合计（333+334）资源量 8440 万吨，其中（333）资源量 5261 万吨，（334）资源量 3179 万吨。目前普查工作尚未结束，以上估算的资源量未经评审认定。

（3）成果取得的简要过程

在深入分析邻区磷矿层分布特点及规律的基础上，通过 1∶5000 地形测量及地质草测，大致查明了区内地层分布特征，之后按 1200 米线距测制了 1∶2000 勘探线剖面，同时按 1200 米 × 1200 米网度在两勘探线上布置 ZK103、ZK201 钻孔施工。

ZK103 孔见 Ph_2^2 矿层于孔深 752.56 ～ 761.96 米，矿石类型主要为夹云岩条带含砂砾屑磷块岩，Ph_2^1 不发育；见 Ph_1^3 矿层于孔深 766.46 ～ 768.16 米，矿石类型主要为夹云岩条带含砂砾屑磷块岩。

ZK201 孔见 Ph_2^2 矿层于孔深 861.04 ～ 871.44 米，矿石类型主要为夹云岩条带含砂砾屑磷块岩，Ph_2^1 不发育，见 Ph_1^3 矿层于孔深 876.69 ～ 878.28 米，矿石类型主要为含砂砾屑磷块岩。

456. 四川省雷波县卡哈洛磷矿普查

（1）概况

2004 年至 2006 年，中化地质矿山总局地质研究院开展了勘查，勘查矿种为磷矿，工作程度为普查，勘查资金 289.5 万元。

（2）成果简述

评审认为，勘查区属大型规模的中品位磷块岩矿床，矿石（333）资源量 0.4 亿吨，矿石（334）资源量 0.25 亿吨。

（3）成果取得的简要过程

2004 年完成矿区 1∶10000 地质填图（简测）40 平方千米，大岩洞矿段槽探和两个平硐（DPD01、DPD02）施工；2006 年完成其他矿段槽探，完成大岩洞矿段 3 个平硐（PD03、PD04、PD05）施工，完成元宝山矿段 4 个钻孔施工。

457. 四川省峨边县锣鼓坪磷矿勘探

（1）概况

矿区位于四川省峨边县城南东 135° 方向，平距约 35 千米处，隶属峨边县平等乡管辖。四川省地矿局 207 地质队开展了勘查，勘查矿种为磷矿，工作程度为勘探，勘查资金 880 万元。

（2）成果简述

磷矿产于寒武系下统麦地坪组第一段中下部，呈单层状产出，已控制 2 个矿体；逆推断层 F_2 切割矿层，断层上、下盘的 I、II 号矿层呈叠瓦状分布。断层下盘的 I 号矿层厚 1.22 ～ 8.40 米，平均 2.69 米。矿床类型为沉积型磷块岩矿床，主要成分胶态磷灰石为主，P_2O_5 平均品位 21.61 ～ 21.53%，$Fe_2O_3+Al_2O_3$ 含量一般 0.60% 左右；区内共获（331+332+333）磷矿石资源量 0.49 亿吨；已评审备案。

选冶性能为易选矿石，矿山建成后，能促进当地的经济发展，具有较好的社会效益和经济效益。

458. 四川省雷波县小沟磷矿详查

（1）概况

雷波县小沟磷矿位于雷波县城南西25千米处，至雷波县城有40千米简易公路相通，面积21.01平方千米。2008年至2010年，四川省地质矿产资源勘查开发局二〇七地质队开展了勘查，勘查矿种为磷矿，工作程度为详查，勘查资金1753万元。

（2）成果简述

矿床类型属沉积型磷块岩矿床，磷矿赋存于寒武系下统麦地坪组第二段，呈层状展布于司机坪背斜南端两翼，呈一半岛环状，南北长约5.5千米，东西宽约3.10千米；有逆断层（F_1）破坏东翼矿层，还有F_3、F_4、F_5对西翼和南段矿层也有一定的破坏，断层对磷矿层的破坏程度总体比较小。

矿层为双层夹一矸结构，呈层状产出，产状和形态与麦地坪组第二段一致；矿层剔除夹矸后厚5.75～24.61米，平均12.85米，变化系数为30.61%，属厚度稳定的矿床；矿区P_2O_5含量16.01%～33.20%，平均20.33%，变化系数为15.14%，属有益组分分布均匀的矿床。

矿石矿物为氟磷灰石和微含碳的氟磷灰石；脉石矿物以玉髓、石英和白云石为主，少量方解石；区内矿石自然类型为块状砂屑凝胶磷块岩、条纹条带状粉晶砂屑凝胶磷块岩和孔状砂屑磷块岩三种；矿石工业类型为硅质与碳酸盐混合型磷块岩矿石，属选矿、加工级。

矿区内共获（332）磷矿石资源量2.94亿吨，（333）磷矿石资源量13384万吨，（334）磷矿石资源量248万吨，（332+333+334）磷矿石总资源量为4.3032亿吨，属超大型磷块岩矿床。

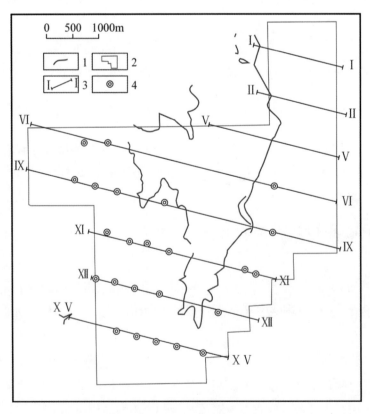

四川省雷波县小沟磷矿矿体分布图

1—矿层；2—矿区边界；3—勘探线位置及编号；4—钻孔位置

（3）成果取得的简要过程

2008年至2010年，安排了省级地质勘查基金项目，由四川省地质矿产资源勘查开发局二〇七地质队承担，2008年3月至2010年8月完成了野外地质工作，2010年10月提交了《四川省雷波县小沟磷矿详查地质报告》。

459. 四川省雷波县西谷溪磷矿详查

（1）概况

矿区位于凉山彝族自治州雷波县城南西210°方向，直线距离30千米处，属雷波县斯古溪乡和卡哈洛乡管辖，面积13.08平方千米。2008年至2010年，四川省化工地质勘查院开展了勘查，勘查矿种为磷矿，工作程度为详查，勘查资金507万元，完成钻探工作量2736.36米。

（2）成果简述

经本次勘查，估算（333）资源量1.06亿吨（未经评审）。

（3）成果取得的简要过程

本项目为2008年度新开项目，各项工作严格按年度计划安排组织实施。到目前，钻探、坑探工作按2010年任务顺利完成。

460. 贵州省开阳磷矿洋水矿区东翼深部普查

（1）概况

矿区位于贵州省开阳洋水一带，勘查面积55.91平方千米。2007年10月至2010年11月，贵州化工勘查院开展了勘查，勘查矿种为磷矿，工作程度为普查，勘查资金5630万元，完成钻探工作量46239.61米。

（2）成果简述

矿床类型属浅－滨海相沉积磷块岩矿床亚类浅－滨海相沉积磷块岩矿床。探获磷矿石（333+334）资源量7.82亿吨，其中：（333）资源量5亿吨，（334）资源量2.82亿吨，属超大型磷块岩矿床。

（3）成果取得的简要过程

发现过程：2006年11月开磷集团向国土资源部申请东翼探矿权，于2007年4月19日经国土资源部批准，取得了《贵州开阳磷矿洋水矿区东翼深部延伸勘查》许可证，勘查面积27.15平方千米。

2007年10月至2009年5月，贵州化探勘查院在上述27.15平方千米矿权范围内施工了14个钻孔。通过工作，初步估算磷矿石资源量4.1亿吨，其中（333）资源量16000万吨，（334）资源量25000万吨。证实了洋水背斜东翼深部为超大型磷块岩矿床。

2009年5月开磷集团向国土资源部申请东翼深部扩界。2009年6月国土资源部批准了扩界后的《贵州开阳磷矿洋水矿区东翼深部勘查》，新增面积28.76平方千米，勘查总面积达55.91平方千米。

461. 贵州省瓮安县玉华乡老虎洞磷矿详查

（1）概况

矿区位于贵州省瓮安县玉华乡老虎洞一带。2007年8月至2010年12月开展了勘查，勘查矿种为磷矿，工作程度为详查，勘查资金1612万元，完成钻探工作量29887.40米。

（2）成果简述

矿床类型为沉积型矿床。资源量为3.17亿吨，其中（332）资源量0.94亿吨、（333）资源量2.23亿吨。其中，2010年新增资源储量1.06亿吨。

462. 云南省昆明市西山区云龙寺矿区磷矿详查

（1）概况

云龙寺磷矿区位处滇池南西部，与昆明市 220° 方向平距 36.7 千米，隶属云南省昆明市西山区所辖。矿区北起上哨村，南至柳树箐，西起曹家沟，东至云龙大村，面积 23.38 平方千米。中化地质矿山总局云南地质勘查院开展了勘查，勘查矿种为磷矿，工作程度为详查，勘查资金 150.00 万元。

（2）成果简述

矿床类型为下寒武统沉积型层状磷块岩矿床，云龙寺磷矿区共获（332+333+334）资源量 I ＋ II ＋ III 品级矿石量 0.58 亿吨，P_2O_5 平均含量 22.08%。其中（332）矿石量 0.16 亿吨，P_2O_5 平均含量 22.97%；（333）矿石量 0.23 亿吨，P_2O_5 平均含量 21.09%；（334）矿石量 0.19 亿吨，P_2O_5 平均含量 22.55%。

矿区矿石工业用途径：风化带 I ＋ II 品级矿石生产酸法矿及黄磷矿，原生带 I ＋ II 品级矿石以生产酸法矿为主；风化带 III 品级矿石通过配矿，生产酸法矿及黄磷矿，原生带 III 品级矿石通过配矿提高 P_2O_5 含量，生产酸法矿。

第十七章 其他矿种

硫铁矿

463. 广西壮族自治区凤山县福家坡矿区硫铁矿详查

（1）概况

矿区位于广西凤山县西南部中亭乡先锋屯—平乐乡那兰屯一带。2007 年 3 月至 2010 年 11 月，广西壮族自治区区域地质调查研究院开展了勘查，勘查矿种为硫铁矿，工作程度为详查，勘查资金 2000 万元，完成钻探工作量 8685.77 米。

（2）成果简述

矿区位于滇黔桂三角成矿区带上，主要矿种为沉积型硫铁矿，伴生铁矿、氧化铝矿、钛矿、钪、镓等矿，盖层产煤。本次详查共圈出硫铁矿矿体 8 个。基本查明矿区硫铁矿矿床工业矿体总资源储量（122b+333+334）矿石量约 8393 万吨，硫（S）资源储量约 1366 万吨。其中：（122b）基础储量约 1245 万吨，硫（S）约 198.68 万吨；（333）矿石量约 5000 万吨，硫（S）约 817.43 万吨，资源储量未经最终评审，硫铁矿属较易磨易选的矿石，采用浮选工艺，硫铁矿回收率高达 91.87%。

矿床伴生有用组分的总资源量金属量：铁（Fe）约 1045 万吨；三氧化二铝（Al_2O_3）约 2834 万吨；二氧化钛（TiO_2）约 322 万吨；三氧化钪（Sc_2O_3）约 4133.3 吨（合钪金属量 2695.6 吨）；镓（Ga）约 3247.6 吨。区内煤矿赋存层位共有 5 层，矿石总资源量 265 万吨。其中工业煤（MJ/kg ≥ 12.5）矿石量约 99 万吨，低热值煤（MJ/kg8.4 ~ 12.5）矿石量约 166 万吨。工业类型为无烟煤。

（3）成果取得的简要过程

矿区自 1972 年始先后有广西第九地质队、广西第二地质队、广西第四地质队登记及勘查，勘查面积大小不一。本次详查由四个矿证组成一个勘查区，由广西凤山县五福矿业发展有限公司与地质队合作勘查。

464. 湖北省恩施红椿坝硫铁矿普查

（1）概况

矿区位于恩施市板桥镇红椿坝一带，行政区划隶属于湖北省恩施土家族苗族自治州恩施市。2007 年 1 月至 2009 年 12 月，湖北省地质调查院开展了勘查，勘查矿种为硫铁矿，工作程度为普查，勘查资金 244 万元。

（2）成果简述

本区硫铁矿属煤系沉积型，赋存于二叠系龙潭组二段，矿石为含黄铁矿炭质粉砂岩、含黄铁矿粉砂质粘土岩和含黄铁矿炭质页岩。

区内黄铁矿分布连续稳定，沿走向自矿区北部清水淌至中部红椿坝至南部马石坝长度约 12.02 千米，沿倾向自地表至矿体斜深 1600 米。矿体呈层状、似层状，产状与地层一致，平均倾向 280°，平均倾角 12°，单工程矿体厚度 0.71 ~ 3.84 米，一般厚 1.2 ~ 2.6 米，矿床矿体平均厚度 1.64 米，单工程矿体品位 14.13% ~ 29.36%，矿床矿石平均品位为 19.47%。

估算出硫铁矿（333+334）资源量 6206.66 万吨。

（3）成果取得的简要过程

2007 年开展的 1：5 万屯堡幅矿产调查首次发现该矿点，2008 年对矿点开展矿产检查，2009 年由省国土资源厅、省财政厅批准转为省基金项目，设立"湖北恩施红椿坝硫铁矿普查项目"，对该矿产地进行普查工作。通过勘查，地表有 13 个探槽控制，深部施工了 3 个钻孔验证。

硅灰石矿

465.辽宁省铁岭市调兵山硅灰石矿普查

（1）概况

辽宁省铁岭市调兵山硅灰石矿位于调兵山市西南 11 千米处，行政区划隶属调兵山市晓南镇泉眼沟村、高力沟村和法库县冯贝堡乡富拉堡子村。2008 年至 2010 年，辽宁省第九地质大队开展了勘查，勘查矿种为硅灰石，工作程度为普查，勘查资金 1098 万元。

（2）成果简述

区内成矿带断续延长 9 千米，带宽 14 ～ 67 米。2008 年至 2009 年阶段成果，提交（332+333）硅灰

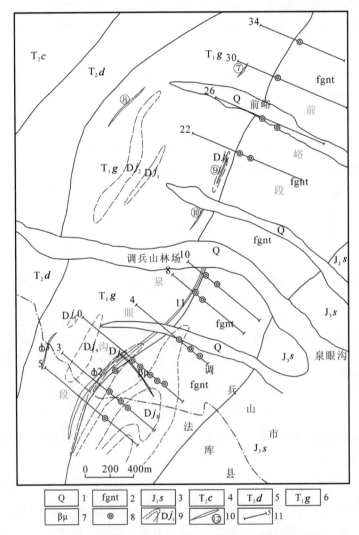

铁岭市调兵山硅灰石矿区泉眼沟—前峪矿段综合地质图

1—第四系；2—富拉堡子岩组；3—石景山单元；4—城子单元；5—段家沟单元；6—高力沟单元；7—辉绿岩；8—钻孔及编号；9—电法异常及编号；10—硅灰石矿化带及编号；11—勘探线及编号

石资源量（矿物量）713.83 万吨，2010 年度又可新增（332+333）资源量 100 万吨以上。

该矿床类型为层控接触（热）变质型，主要矿物成分为硅灰石，含少量石英和方解石及微量金属矿物。平均矿石品位 46.58%、SiO_2 48.85%、Fe_2O_3 0.28%、CO_2 2.24%，矿石品级均达到 II 级以上。原矿只需通过简单的手选就能达到出口质量要求。现矿床规模已达到特大型，且资源远景可观。

（3）成果取得的简要过程

早年已发现小型硅灰石矿点，由个体矿主进行小规模开采。2008 年初辽宁省第九地质大队又对普查工作区进行了认真的分析和研究，认为深部有着较好的找矿空间并申请了 2008 年度省本级地质勘查项目，对矿区实施了普查工作，当年钻探工程验证，新发现 6 层隐伏硅灰石矿体；2009 年该项目向省国土资源厅申请了续做，又新发现 8 层隐伏矿体，至此本区的找矿工作取得了突破性进展。

钠硝石矿

466. 新疆维吾尔自治区哈密市西戈壁钠硝石矿床详查

（1）概况

矿床位于哈密市 200° 方向约 150 千米处，矿区地势较为平坦，交通便利。矿床工业类型为含芒硝石盐质钠硝石矿床。矿区以第三系台地为主，地形平坦，局部为垄岗状地貌，在第三系水平红层中形成独特的风蚀地貌。

2008 年 4 月至 11 月，新疆地矿局第一地质大队开展了勘查，勘查矿种为钠硝石，工作程度为详查，勘查资金 320 万元。

（2）成果简述

矿区出露的地层主要有第三系中－渐新统桃树园组和第四系下－中更新统、上更新统。钠硝石矿呈面形产出，地表有 5 ～ 10 厘米厚的第四系覆盖，呈近水平状残存在残留侵蚀台地上，一般高出现代河床 20 ～ 50 米。矿床明显受地形地貌制约，低洼及斜坡带品位偏富，矿体中普遍发育龟状裂纹。矿层往往形成硬壳，质地坚硬且有韧性，抗风化剥蚀。矿体顶板围岩是一松散的砂砾石覆盖物，与矿层有明显的界限，由砂、粘土、砾石等成分混合而成，分选性差。底板围岩为含石盐的砂砾石层，与矿层呈渐变过渡关系。该层胶结物为盐类矿物以及亚砂土，碎屑成分为砂、粘土、砾石。本矿床成因类型属多源表生孔隙卤水蒸发沉积矿床。

求得（332+333+334）资源量 1677.46 万吨，其中工业矿体硝酸钠资源量 925.86 万吨，低品位矿体硝酸钠资源量 751.6 万吨；求得硝酸钠（332）资源量 362.52 万吨，其中工业矿体硝酸钠资源量 247.77 万吨，低品位矿体硝酸钠资源量 114.75 万吨。

（3）成果取得的简要过程

矿床是在 2007 年鄯善县库姆塔格钠硝石矿床勘查的基础上外围找矿中发现的，随着今后工作进一步的加深，矿床规模有望进一步扩大。

467. 新疆维吾尔自治区鄯善县库姆塔格钠硝石矿详查

（1）概况

区内为典型的大陆性气候，地势平坦，无常住人口，大部分地区可通行载重汽车，向北有简易公路与 312 国道、兰新铁路相连，交通尚属方便。新疆地矿局第一地质大队开展了勘查，勘查矿种为钠硝石，工作程度为详查，勘查资金 100 万元。

（2）成果简述

矿床沿山前斜坡带前缘分布，赋存在近地表的水平层状矿床，其主矿体为Ⅲ号矿体，位于矿床中部，由 42 个矿块组成，规模巨大，约占矿床的 80% 以上。矿床单工程品位 2.00%～21.00%，平均 5.15%，品位变化系数 59.86%，属有用组分分布不均匀的矿床。共查明硝酸钠（333+334）资源量 1.84 亿吨。

2007 年 2 月化工部长沙设计研究院完成了本区用钠硝石生产硝酸钠新工艺中间试验研究：中间试验所得到的硝酸钠产品符合 GB/T4553－2003 工业指标要求，矿石中硝酸钠的浸取率≥90.70%，尾矿 $NaNO_3$≤0.5%，矿石中硝酸钠的总收率≥75%。

叶蜡石矿

468. 内蒙古自治区蒙东地区玻纤用叶蜡石矿产资源调查评价

（1）概况

调查评价区以内蒙古东南部地区为主，涉及河北的围场地区，吉林的白城地区一带。重点工作区为①科尔沁右翼中旗的哈日诺尔；②扎鲁特旗科金；③克什克腾旗新井；④阿鲁科尔沁旗坤都等地区。

2006 年 6 月至 2007 年 12 月，中国建筑材料工业地质勘查中心北京总队开展了勘查，勘查矿种为叶蜡石，工作程度为调查评价，勘查资金 70 万元。

（2）成果简述

工作区共发现叶蜡石矿体 8 个，总资源量（334）4593 万吨。

蒙东地区叶蜡石矿床工业矿体多赋存于爆发相火山碎屑岩类岩石中，呈似层状或透镜状，部分呈脉状、网脉状或条带状产出。成因类型主要分为（次火山）热液交代型矿床和热液充填型矿床。

本区叶蜡石外观呈淡粉色、乳灰白、灰绿等颜色，细料蜡状光泽，有滑感，矿石以块状为主，也有层状和纤维状。矿物成分以叶蜡石为主，伴生矿物为石英、高岭石、明矾石、绢云母等。

469. 浙江省青田县茶园矿区叶蜡石矿普查

（1）概况

矿区位于浙江省青田县茶园一带。2006 年 9 月至 2008 年 12 月，浙江省第十一地质大队开展了勘查，勘查矿种为叶蜡石，工作程度为普查，勘查资金 103.74 万元。

（2）成果简述

矿床受上侏罗统西山头组第一岩性段第二亚段地层控制，属似层状火山热液交代蚀变型矿床。矿区共有矿体 3 个，其中Ⅰ－1 号为叶蜡石主矿体，呈似层状，长约 740 米，宽 6～26 米，视厚度 2～17.99 米，倾向延深大于 250 米。

探明叶蜡石矿石(333)资源量 465 万吨，属大型叶蜡石矿床，为浙东南地区发现的又一大型叶蜡石矿床。

芒硝矿

470. 江苏省淮安市淮阴区赵集矿区庆丰矿段庆丰块段无水芒硝、石盐矿勘探

（1）概况

矿区位于淮安市淮阴区 250° 方向约 30 千米的赵集镇境内，矿区南临洪泽湖，面积为 1.3775 平方千米。

2009 年 2 月至 2009 年 12 月，淮安市地质矿产资源勘查院开展了勘查，勘查矿种为无水芒硝和石盐矿，

工作程度为勘探，勘查资金 800 万元。

（2）成果简述

矿床类型为沉积石盐岩矿床。块段内工业矿层相对密集、厚度大、品位高，石盐工业矿层分布于上盐亚段和下盐亚段中、下部，无水芒硝矿层（盐硝共生）主要分布于下盐亚段中、上部；块段南北方向（近似倾向）矿层层位分布基本一致，东西向（近似走向）相变较大。下盐亚段无水芒硝矿层平均厚度 20.66 米，平均 Na_2SO_4 品位为 78.70%，石盐矿层平均厚度 59.47 米，平均 NaCl 品位为 79.90%。经取样进行溶解性能试验，区内无水芒硝、石盐矿侧溶角小、溶解及溶蚀速度大，溶解性能好，而卤水膨胀率低，有利于水溶开采。

探求无水芒硝资源量（333 及以上）矿石量 1502.51 万吨，Na_2SO_4 为 1269.35 万吨，矿床规模达大型；探求石盐资源储量（333 及以上）矿石量 457.61 万吨，NaCl 为 0.04 亿吨，矿床规模为小型。储量报告已通过了江苏省国土资源厅的评审。

（3）成果取得的简要过程

项目由淮安市地质矿产资源勘查院在施工采区生产井过程中，根据周围矿区下盐亚段矿层特点，建议业主加深钻探深度以探明矿区下盐亚段地质情况，结果在布设的一口井中发现 6.5 米无水芒硝矿层，在另一口井中发现 14.3 米无水芒硝矿层而确立。新施工的 2 口勘探井，总进尺 3958.90 米。

471. 江苏省淮安市赵集矿区成长矿段石盐、无水芒硝矿勘探

（1）概况

赵集矿区位于淮安市淮阴区赵集镇境内，距市区 30 千米，水陆交通方便。2006 年 2 月，中国石化集团江苏石油勘探局开展了勘查，勘查矿种为石盐、无水芒硝，工作程度为勘探，勘查资金 650 万元。

（2）成果简述

成长矿段位于苏北盆地洪泽凹陷的东部—赵集次凹中。阜宁组四段是主要的含盐系地层，石盐、无水芒硝矿主要赋存其中，可分为五个亚段：即盐下膏盐亚段、下盐亚段、中淡化亚段、上盐亚段和盐上膏盐亚段。本矿区上盐亚段主要矿石类型为石盐岩，NaCl 含量一般在 62.27%~93.14%，伴生 Na_2SO_4 含量下部较高，上部较低。下盐亚段主要矿石类型为石盐岩和无水芒硝岩，其中，无水芒硝岩主要集中在下盐亚段的上部。无水芒硝的 Na_2SO_4 含量一般在 78.74%~91.38%；石盐岩的 NaCl 含量一般在 71.24%~94.30%，伴生 Na_2SO_4 含量下部较高，上部较低。

根据"苏国土资储备字〔2008〕57 号"批准评审备案的勘探地质报告，探求无水芒硝资源量（333 及以上）Na_2SO_4 为 4209.58 万吨，矿床规模属大型；另探求石盐资源量（333 及以上）NaCl 为 4.06 亿吨，矿床规模属中型。

（3）成果取得的简要过程

自 2006 年以来，先后完成成长 1 井和成长 2 井的井位地质设计和现场施工，至 2007 年 4 月，完成样品的分析测试和报告编写。勘查工作大致可分为：收集资料、编写地质设计、野外施工、采样化验和地质勘探报告编写等五个工作阶段，于 2007 年 5 月向江苏省矿产资源评审中心提交了地质勘探报告送审稿。经过两年多的工作，取得了显著的地质成果。

472. 广西壮族自治区横县陶圩矿区陶圩矿段钙芒硝矿详查

（1）概况

陶圩钙芒硝矿区位于广西横县陶圩镇境内，属陶圩镇所辖。中化地质矿山总局广西地质勘查院开展

了勘查，勘查矿种为钙芒硝矿，工作程度为详查，勘查资金 70 万元。

（2）成果简述

矿区内矿床为内陆湖相蒸发盐类沉积钙芒硝固体，矿石有用矿物主要为钙芒硝，有用成分为 Na_2SO_4。矿体平均品位为 18.72%。提交矿石资源量（332+333）为 52677 万吨，其中矿石资源量（332）为 32855 万吨，矿石资源量（333）为 19822 万吨。折合 Na_2SO_4 资源量（332+333）为 9862 万吨，其中 Na_2SO_4 资源量（332）为 6209 万吨，Na_2SO_4 资源量（333）为 3653 万吨。共生石膏矿预测的矿石资源量（334）为 907 万吨。

芒硝矿中的 Na_2SO_4 为水可溶物，可用水溶法开采，矿石加工性能良好，技术成熟，矿床开采条件、水文地质、工程地质条件属简单及较稳固型。

该矿区钙芒硝矿资源量的查明，填补了广西 Na_2SO_4 资源的空白，本矿床的开发利用具有良好的经济效益。

钾盐矿

473. 新疆维吾尔自治区若羌县腾龙钾盐矿详查

（1）概况

详查区位于若羌县城东北方向直线距离约 340 千米，距哈密市南西约 410 千米处，行政区划属若羌县罗布泊镇管辖。2007 年，新疆地矿局第二水文工程地质大队开展了勘查，勘查矿种为芒硝和钾盐矿，工作程度为详查，完成钻探工作量 5298.38 米。

（2）成果简述

通过评审备案控制的经济基础储量（122b）：孔隙度资源储量：卤水 203631.86 万立方米，K_2SO_4 量 4921.54 万吨；给水度资源储量：卤水 103902.76 万立方米，K_2SO_4 量 2512.31 万吨。

探求（333）资源量：孔隙度资源量：卤水 49104.18 万立方米，K_2SO_4 量 1171.30 万吨，NaCl 量 10443.84 万吨，$MgSO_4$ 量 5468.42 万吨。给水度资源量：卤水 24644.79 万立方米，K_2SO_4 量 588.11 万吨，NaCl 量 5237.48 万吨，$MgSO_4$ 量 2749.30 万吨。

钾盐新增（122b）基础储量 KCl 为 2149 万吨，（333）资源量 KCl 为 503 万吨；液相石盐新增（332）资源量 NaCl 为 2.33 亿吨，（333）资源量 NaCl 为 0.52 亿吨；固相石盐新增（333）资源量 NaCl 为 0.076 亿吨；固相钙芒硝新增（333）资源量 Na_2SO_4 为 2671614 万吨。资源储量已评审备案。

（3）成果取得的简要过程

新疆地矿局第三地质大队在 2002 年对腾龙钾盐矿进行了普查。

石膏矿

474. 辽宁省辽阳市东京陵矿区石膏矿详查

（1）概况

2004 年至 2007 年开展了勘查，勘查矿种为石膏矿，工作程度为详查。

（2）成果简述

矿床赋存 3 个平行产出的膏层。属海相沉积硬石膏、石膏矿床。走向延长控制 2600 米，倾斜宽度 3000 米，总厚度 10.98 米。平均石膏含量 77.97%。矿石矿物主要为硬石膏，含量达 90% 以上。经评审认定年度新增（332+333）资源量 1.09 亿吨。已评审。

475. 安徽省定远盐矿外围石膏矿普查

（1）概况

勘查工作分为两个阶段，第一阶段：2005 年 10 月至 2007 年 9 月；第二阶段是 2007 年 10 月至 2008 年 12 月。省地勘局 312 队开展了普查，勘查矿种为石膏矿，勘查资金 1081.87 万元。

（2）成果简述

勘查区位于合肥坳陷（IV 级）的西部，郯庐断裂带西侧。矿床成因类型为海漫湖泊相蒸发沉积矿床，含盐沉积受断裂控制。矿石类型为泥质石膏和纤维石膏、石盐、（钙）芒硝。赋矿层位为第三系定远组中段，主要为深灰－灰黑色泥岩、含膏泥岩、膏质泥岩及灰色泥质石膏、含盐钙芒硝岩、石盐。勘查区内见石膏矿体 6 个，石盐矿体 1 个，（钙）芒硝矿体 1 个。矿体呈层状、似层状，其产状受盆地形态控制。

估算石膏矿（333+334）资源量 74611 万吨，$CaSO_4 \cdot 2H_2O$ 平均品位 63.31%，其中（333）资源量 50643 万吨，（333）资源量占总资源量 67.9%，石膏矿石 $CaSO_4 \cdot 2H_2O$ 平均品位 63.44%；估算石盐矿石（334）资源量 4060.72 万吨，平均品位 NaCl62.72%，化合物（NaCl）0.25 亿吨。估算钙芒硝矿石（334）资源量 17176.09 万吨，平均品位 Na_2SO_4 为 28.15%，其中 Na_2SO_4 矿物量 4835.21 万吨。

476. 山东省泰安市大汶口石膏矿薛家庄矿段勘探

勘查矿种为石膏矿，工作程度为勘探。矿区矿层埋藏相对较浅，主采矿层厚度大且稳定，矿石类型简单。共求得石膏矿资源量 5.5 亿吨，其中，（331）资源量 0.65 亿吨，（332）资源量 2.9 亿吨，（333）资源量 1.95 亿吨。

477. 河南省安阳县小南海—李家庄石膏矿预查

（1）概况

2009 年 7 月至 2010 年 7 月，河南省地质矿产资源勘查开发局第一地质调查队开展了勘查，工作程度为预查，勘查资金 226.44 万元。

（2）成果简述

预查区构造简单，含膏矿层主要赋存于马家沟组一段、三段中下部及四段中。通过钻孔验证，在一段、三段圈出两个工业矿体，厚 4.61 ~ 55.66 米，品位 55.30% ~ 76.90%，初估（334）资源量 8734 万吨。同时区内大面积出露马家沟组五段厚层灰岩，出露厚度 20 ~ 120 米，钻孔取样 CaO 品位均在 50% 以上，MgO 小于 3%，SiO_2 多小于 4%，为优质黑色冶金熔剂用和水泥用灰岩，初估资源量 5.76 亿吨。

478. 湖北省应城膏矿区潘集石膏矿普查

（1）概况

矿区湖北省应城市西部，与市区相距 9 千米。湖北省地质调查院开展了勘查，勘查矿种为石膏矿，工作程度为普查，勘查资金 563 万元。

（2）成果简述

矿床类型为成岩次生层控低温热液矿床。含矿层埋深 65.41 ~ 395.04 米，累计发现膏组 17 个，其中稳定膏组 4 个，较稳定膏组 6 个，其余为不稳定膏组。根据一般工业指标，工业膏组不稳定，最多地段可达 8 个。主要成分为（纤维）石膏，$CaSO_4 \cdot 2H_2O$ 品位 85% ~ 93%，线含矿率大于 14%，单层（纤维）石膏厚 2 ~ 12 厘米。查明资源储量：估算（333）矿石量大于 3000 万吨。矿石易于手选。

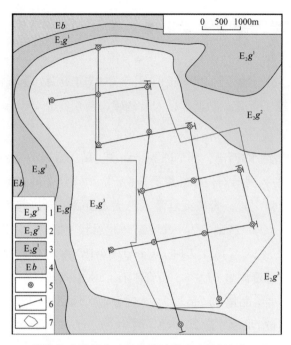

湖北省应城潘集矿区基岩地质（工程）分布图

1—岩盐段：灰－灰蓝色泥岩，夹浅砖红色粉砂岩，粉砂质泥岩，含较多硬石膏结核；2—下含钙芒硝段：灰－灰绿色砂质泥岩，与浅砖红色粉砂岩互层；3—下含硬石膏段：灰－灰绿色粉砂、砂质泥岩与浅砖红色泥质粉砂岩、砂岩互层，夹繁多硬石膏层、结核；4—白砂口组：浅砖红色泥质粉砂岩、粉砂岩、砂砾岩，顶部夹少量石膏；5—钻孔位置及编号；6—勘探线；7—矿权登记范围

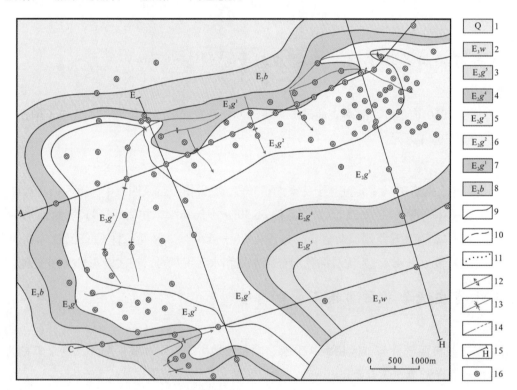

湖北省应城膏矿区基岩地质图

1—第四系：残坡积、冲积物；2—文峰塔组：灰－灰绿色泥岩、泥灰岩夹浅砖红色泥质粉砂岩；3—始新统上含硬石膏段：灰－灰蓝色泥岩与浅砖红色粉砂质泥岩互层，夹薄层硬石膏岩、硬石膏结核；4—始新统上含钙芒硝段：灰－灰绿色泥岩与浅砖红色粉砂质泥岩互层，夹薄层硬石膏、钙芒硝岩多层；5—始新统岩盐段：灰－灰蓝色泥岩，夹浅砖红色粉砂岩、粉砂质泥岩，含较多硬石膏结核，灰色泥岩夹繁多硬石膏、钙芒硝、岩盐层，其中以岩盐层为主，组成岩盐富集带；6—下含芒硝段：灰－灰绿色砂质泥岩、粉砂质泥岩，与浅砖红色粉砂岩互层，富含盐分及夹硬石膏、钙芒硝多层，本段以钙芒硝产出为特征。7—下含硬石膏段：灰－灰绿色粉砂、砂质泥岩与浅砖红色泥质粉砂岩、砂岩互层，夹繁多硬石膏层、结核，浅部被泥质石膏、纤维石膏替代。8—浅砖红色泥质粉砂岩、粉砂岩、砂砾岩，顶部夹少量石膏；9—实测地质界线；10—推测地质界线；11—理想地质界线；12—背斜构造；13—向斜构造；14—实测及推测断层；15—勘探线；16—钻孔位置

479. 湖南省临澧县赵家坪矿区石膏矿普查

（1）概况

区内有简易公路与 207 国道相连，长石铁路从矿区的西侧 8 千米处通过，交通较方便。该区为剥蚀构造丘陵与宽缓冲沟堆积地貌，植被不发育，以农业为主，劳动力富余，电力充足。矿区属亚热带季风性湿润气候，气候温和宜人。

矿区位于临澧县北西直线距离约 15 千米处，行政区划属临澧县佘市桥镇和修梅镇管辖。2005 年至 2009 年，湖南省地质矿产开发局四一三队开展了勘查，勘查矿种为石膏矿，工作程度为普查，勘查资金 141 万元。

（2）成果简述

矿床成因属古内陆湖泊相沉积矿床。基本查明石膏矿赋存于下第三系古新统沙市组上段（含膏岩段），含膏岩层由紫红色及杂色泥岩、粉砂质泥岩、云质泥岩、石膏岩组成。矿层呈层状、似层状产出，产状平缓。其中可采石膏层三层，膏层总厚 6.43 ~ 27.72 米，平均厚度 16.51 米，平均品位（$CaSO_4 \cdot 2H_2O + CaSO_4$）为 76.05%。

估算石膏资源量（332+333+334）12883.06 万吨，达超大型规模，其中（332）5155.89 万吨，（333）5761.68 万吨，（334）1965.49 万吨。

（3）成果取得的简要过程

通过实施 2005 年新开、2006 年续作的省级探矿权采矿权价款地质勘查项目获得，现已提交成果报告。

萤石矿

480. 浙江省遂昌坑西萤石矿普查

（1）概况

工作区域位于遂昌县。2004 年 7 月至 2008 年，浙江省第七地质大队开展了勘查，勘查矿种为萤石矿，工作程度为普查，勘查资金 208.64 万元，完成钻探工作量 4021.6 米。

（2）成果简述

矿区共分坑西、里天坪、范山三个矿段。坑西矿段萤石矿体，产状 300° ∠52° ~ 59°，地表长约 150 米，深部长度大于 300 米，平均厚度为 8.64 米，平均品位 41.75%。里天坪矿段萤石矿体呈脉状，长约 400 米，平均厚度约 2.56 米，平均品位约 46.11%。总体产状为 220° ∠75°。范山矿段见 4 个萤石矿体，其中Ⅲ矿体规模较大，其他 3 个为隐伏矿体，规模较小。Ⅲ矿体呈透镜状，总体产状 300° ∠50°，地表长约 150 米，控制倾向延深长 220 米。矿体平均厚度 3.62 米，平均品味 46.11%。矿区（333）资源量：矿石量 282.3 万吨，矿物量 118.4 万吨。矿床规模为大型。

481. 浙江省江山市甘坞口矿区萤石矿普查—详查

（1）概况

2006 年至 2007 年开展了勘查，勘查矿种为萤石矿，工作程度为普查—详查，勘查资金 398.5 万元，完成钻探工作量 4628 米。

（2）成果简述

矿床类型为中低温热液充填型，矿石类型以萤石石英型、萤石型和石英萤石型为主。

估算（332+333）萤石资源量（CaF₂）103.57 万吨，其中（332）萤石资源量（CaF₂）79.87 万吨。矿床规模达大型。

482. 浙江省诸暨市山岔岭矿区萤石矿普查

（1）概况

矿区位于浙江省诸暨市山岔岭。2007 年 2 月至 2008 年 10 月，浙江省有色金属地质勘查局开展了勘查，勘查矿种为萤石矿，工作程度为普查，勘查资金 110 万元，完成钻探工作量 1180 米。

（2）成果简述

通过普查工作，圈定两条矿化蚀变带，3 条矿体。其中 I－1 号矿体走向 55°～ 60°，平均倾角 78°，控制长 1020 米，垂深约 240 米，平均矿体厚度 2.01 米，矿石品位 23.64%～ 88.30%，平均 60.85%。I－2 矿体走向 55°～ 65°，平均倾角 78°，矿体控制长 600 米，矿体垂深 230 米。矿体厚度 0.78 ～ 3.91 米，平均 1.39 米，矿石品位 20.65%～ 85.86%，平均 57.34%。II 号矿体走向北东 55°，平均倾角 78°，矿体厚度 0.79 ～ 3.03 米，平均 1.75 米，矿石品位 30.45%～ 73.47%，平均 57.92%。

初步估算萤石（333+334）资源量：矿石量 273.85 万吨，CaF₂ 矿物量为 164.3 万吨。其中（333）资源量 37.3 万吨，CaF₂ 矿物量为 21.9 万吨；（334）资源量 236.5 万吨，CaF₂ 矿物量为 142.4 万吨。成果未经评审。

483. 浙江省淳安县威坪镇九里岗矿区萤石矿普查

（1）概况

矿区位于浙江淳安县威坪镇九里岗。2007 年至 2010 年开展了勘查，勘查矿种为萤石矿，工作程度为普查，钻探工作量 5201.59 米。

（2）成果简述

矿床类型为低温热液充填（交代）型，矿石类型以萤石－方解石型和石英－萤石型为主。矿床通过解剖萤石矿化硅化破碎带发现，由九里岗、银古坞、笔架山、横石等四个矿段组成，共圈定 7 个萤石矿体，其中 I、IV、V 号矿体为主矿体。

估算（333+334）萤石资源量（CaF₂）106 万吨，其中（333）萤石资源量（CaF₂）101.3 万吨，矿床规模达大型。

484. 江西省兴国县城岗萤石矿普查

（1）概况

矿区位于兴国县城 30°方向 22 千米处，城岗镇至鼎龙乡乡级水泥公路通过矿区。2006 年至 2008 年，江西省地勘局赣南地质调查大队开展了勘查，勘查矿种为萤石矿，工作程度为普查，勘查资金 170 万元。

（2）成果简述

本次普查区内有 9 条矿体，延长 100 ～ 1030 米，垂深 32 ～ 290 米，平均厚 1.50 ～ 4.50 米。矿床类型属中低温热液充填型矿床，主要成分萤石、石英，CaF₂ 平均品位 52%～ 62%。

探获的资源量：矿石量 265.4 万吨，CaF₂ 量 148.4 万吨，规模达大型，其中（333）资源量：矿石量为 111.6 万吨、CaF₂ 量 62.8 万吨。

（3）成果取得的简要过程

1969 年省地勘局 909 队在丁龙—杨村一带进行了航磁异常检查时发现矿点，1989 年，省地勘局赣南地质调查大队在城岗矿区部分地段进行了萤石矿普查工作，指出本区具有寻找大型萤石矿床的远景。2006 年 12 月被列为中央资补费项目。经过两年实施，于 2008 年 6 月进行了野外验收，2008 年 9 月提交报告。

石灰岩矿

485. 安徽省池州市乌石山水泥用石灰岩矿详查

（1）概况

矿区面积 6.6 平方千米，工作区交通便利。矿区属低山丘陵地貌。山体总体东西走向，区内地势总体特征为北中部高，南北部低。矿区北部有和平湖、蛟口湖，水泥石灰岩矿体位于当地排水基准面以上。工作区位于池州市南西方向 43 千米乌石山，南西距唐田乡政府所在地约 3 千米，行政区划属贵池区唐田乡所辖。

中国建筑材料工业地质勘查中心安徽总队开展了勘查，勘查矿种为石灰岩矿，工作程度为详查，勘查资金 430.66 万元，完成钻探工作量 4700 米。

（2）成果简述

本矿床矿石工业类型为水泥原料石灰岩矿。本区大地构造位置位于扬子准地台下扬子台坳沿江拱断褶带安庆凹断褶束西南部。区内基岩露头良好，构造清楚，岩浆岩不发育。本矿床主要矿石自然类型确定为泥晶灰岩、微晶灰岩，另外似瘤状灰岩、砾屑灰岩、蠕虫状泥晶灰岩为次要类型。

查明资源储量（332+333）水泥用石灰岩 9.73 亿吨，其中（332）2.41 亿吨，占 25%，为一优质特大型水泥用石灰岩矿床。

486. 安徽省铜陵县龙口岭、团山水泥用石灰岩矿详查

（1）概况

矿床位于铜陵市南东 170°方向 10 千米处。2008 年 7 月至 2010 年 10 月，安徽省地质矿产资源勘查局 321 地质队开展了勘查，勘查矿种为石灰岩，工作程度为详查，勘查资金 280 万元。

（2）成果简述

经资源量估算，龙口岭矿权内估算出（332+333）矿石资源量 2.65 亿吨，CaO 平均品位 52.69%，MgO 平均品位 0.59%。团山矿权内（332+333）矿石资源量 1.52 亿吨，CaO 平均品位 52.46%，MgO 平均品位 0.80%。规模均为大型。

487. 江西省弋阳县曹溪矿区优质灰岩普查

（1）概况

矿区位于弋阳县曹溪镇西北约 2 千米处，距弋阳县城约 40 千米，矿区附近有弋阳—乐平公路、弋阳—万年公路相通，交通方便。中国建筑材料工业地质勘查中心江西总队开展了勘查，勘查矿种为水泥用灰岩，工作程度为普查，勘查资金 170 万元。

（2）成果简述

矿床类型属浅海相碳酸盐沉积矿床。主要有益成分为 CaO，主要有害成分为 MgO，矿区矿石平均品位为 CaO 54.89%、MgO 0.54%。矿石经开采破碎可直接进入水泥生产流程。

查明矿石 I 级品资源量（333+334）45.96 亿吨，其中：（333）资源量 21.92 亿吨，（334）资源量

24.04 亿吨。本储量未经过评审。

矿区水文地质条件简单，工程地质条件中等，环境地质条件简单，矿区水工环条件为 323 型，适合露天开采。

488. 江西省南城县蒋源矿区 5-20 线水泥用灰岩矿详查及外围普查

（1）概况

矿区位于南城县南 19.7 千米处，属南城县上塘镇管辖，面积 2.78 平方千米。2009 年 6 月至 2009 年 12 月，江西省地质矿产资源勘查开发局九一二大队开展了勘查，勘查矿种为水泥用石灰岩矿，工作程度为普查，勘查资金 120 万元。

（2）成果简述

本区水泥灰岩矿层为石炭系上统船山组灰－灰白色厚层状泥晶灰岩，呈厚层状产出，走向北东东—南西西，倾向南南东，产状平均为 160°∠40°，本次控制矿体走向长 2468 米，宽 265～970 米，平均 613.50 米，矿体平均厚度 46.54 米。

矿区详查区及外围 +65 米标高以上估算水泥用灰岩资源量：（332）0.6 亿吨；（333）2.06 亿吨，合计（332+333）2.66 亿吨。

（3）成果取得的简要过程

本区矿产地质工作始于 1959 年抚州地区地质队对该区灰岩的评价工作，至 2009 年先后有建工部华东地质公司 501、504 队、江西省重工业局、江西省地矿局资源公司及中国建材江西总队等多家地勘单位在该地区进行了灰岩地质调查、普查及至详查地质工作，2009 年 6 月至 12 月，江西省地质矿产资源勘查开发局九一二大队受江西省地质勘查基金管理中心委托开展勘查工作，并在综合前人资料的基础上编写了报告。

489. 湖北省武穴市番箕山矿区石灰岩矿勘探

（1）概况

番箕山石灰岩矿地处长江北岸，武穴市西郊，距武穴市区 10～15 千米，西距长江 0.5 千米。中国建筑材料工业地质勘查中心湖北总队开展了勘查，勘查矿种为石灰岩矿，工作程度为勘探，勘查资金 216 万元。

（2）成果简述

矿体（层）由三叠纪下统大冶组第一段（T_1d^1）及第二段（T_1d^2）组成。矿体沿走向延伸大于 2800 米，沿倾向出露宽度 200～420 米。矿体平均品位为 CaO 50.81%，MgO 0.81%，SiO_2 4.54%，Al_2O_3 1.29%，Fe_2O_3 0.55%，K_2O+Na_2O 0.30%。

探矿权内估算的资源储量：（111b）储量 0.2822 亿吨，（122b）储量 0.8420 亿吨，（333）资源量 0.962 亿吨。探矿权外估算的资源储量：（122b）储量 0.0325 亿吨，（333）资源量 0.0394 亿吨。共提交石灰岩矿石资源储量 2.16 亿吨。2010 年 4 月进行了评审：鄂土资储备字〔2010〕51 号。

中国水泥发展中心物化检测所进行工艺性能试验，矿石易磨性属中等，易烧性较好，矿石质量符合水泥用灰岩要求。

（3）成果取得的简要过程

2007 年 3 月编写了普查设计，2008 年 12 月经省矿联评审通过，2009 年 2～3 月开展外业普查工作，2009 年 3 月编写详查－勘探设计，4～9 月开展详查－勘探外业工作，2009 年 12 月下旬提交勘探报告。2010 年 4 月通过了湖北省国土资源厅组织的评审。

490. 广东省阳春市马留桥勘查区水泥用石灰岩矿详查

（1）概况

勘查区位于阳春盆地北东方向，面积约 2.20 平方千米。2009 年 8 月至 10 月，中国建筑材料工业地质勘查中心广东总队开展了勘查，勘查矿种为水泥用石灰岩矿，工作程度为详查，勘查资金 170.6 万元。

（2）成果简述

矿床赋存在石炭系下统刘家塘组第二段（C_1lj^2）地层中，呈宽缓向斜产出。矿体平均组分：CaO 52.23%，MgO 1.01%，SiO_2 2.94%，Al_2O_3 0.57%，Fe_2O_3 0.26%。矿石有灰－深灰色灰岩、砂（泥）质灰岩两种类型。勘查区水文地质条件中等复杂，工程地质条件简单，环境地质条件简单，矿床开采技术条件勘查类型为 Ⅱ－1 类。

查明水泥用石灰岩矿（332+333）资源量为 4.08 亿吨，其中：（332）资源量 1.31 亿吨；（333）资源量 2.77 亿吨；（332）资源量占（332+333）的 32.18%；剥采比为 0.023 ：1。属于大型优质水泥用石灰岩矿床。提交资源量已于 2010 年 8 月通过广东省资源储量评审中心评审。

（3）成果取得的简要过程

中国建筑材料工业地质勘查中心广东总队于 2009 年 8 月至 2009 年 10 月对勘查区进行了详查工作：本次完成的主要实物工作量有：1：2000 地形、地质测量 2.81 平方千米，刻槽取样 5097 米，钻探进尺 1082.14 米，基本分析 986 件等。

491. 广东省新丰县旗石岗勘查区水泥用石灰岩矿详查

（1）概况

旗石岗水泥用灰岩勘查区面积 0.67 平方千米。2010 年 5 月至 2010 年 9 月，中国建筑材料工业地质勘查中心广东总队开展了勘查，勘查矿种为水泥用石灰岩矿，工作程度为详查，勘查资金 368 万元。

（2）成果简述

矿石类型几乎全为灰－深灰色灰岩。矿床赋存在下石炭统岩关阶孟公坳组（$Clym$）地层中，呈单斜层状产出。矿石平均化学成分含量：CaO 52.80%，MgO 1.31%，SiO_2 2.24%，Al_2O_3 0.50%，Fe_2O_3 0.21%，灼失量 42.30%，K_2O+Na_2O 0.148%，SO_3 0.08%，Cl 0.0049%，SiO_2 1.48%。

至 2010 年底查明水泥用石灰岩矿（332+333）资源量 2.54 亿吨，其中：（332）资源量 1.04 亿吨，（333）资源量 1.50 亿吨；（332）资源量占探获资源量的 41.03%，属于大型优质水泥用石灰岩矿床。剥采比为 0.006 ：1。资源量已于 2010 年 12 月通过广东省资源储量评审中心评审。

勘查区水文地质条件简单，工程地质条件简单，环境地质条件简单，矿床开采技术条件属于简单的 Ⅰ 类。

（3）成果取得的简要过程

中国建筑材料工业地质勘查中心广东总队于 2010 年 5 月至 2010 年 9 月对勘查区进行了详查工作：本次完成的主要实物工作量有：1：2000 地形、地质测量 2.16 平方千米，刻槽取样 3425 米，钻探进尺 2991.60 米，基本分析 1335 件等。

492. 广东省罗定市塘木石勘查区水泥用石灰岩矿详查

（1）概况

勘查区位于罗定市城区 138° 方向，属罗定市苹塘镇管辖，面积约 1.97 平方千米。2010 年 3 月至

2010 年 9 月，中国建筑材料工业地质勘查中心广东总队开展了勘查，勘查矿种为水泥用石灰岩矿，工作程度为详查，勘查资金 268 万元。

（2）成果简述

矿床类型属于大型优质水泥用石灰岩矿床。矿床赋存在石炭系下统刘家塘组第二段地层中，呈宽缓向斜产出。矿体平均组分为 CaO 52.24%，MgO 1.13%，SiO_2 3.43%，Al_2O_3 0.65%，Fe_2O_3 0.28%，L.O.I 41.71%，K_2O 0.225%，Na_2O 0.015%，SO_3 0.09%，Cl 0.005%，$fSiO_2$ 2.23%。矿石有灰 - 深灰色灰岩、砂（泥）质灰岩两种类型。

查明水泥用石灰岩矿（332+333）资源量 1.1 亿吨，其中：（332）资源量 0.65 亿吨，（333）资源量 0.46 亿吨；提交资源量已于 2010 年 12 月提交广东省资源储量评审中心评审。

勘查区水文地质条件简单，工程地质条件简单，环境地质条件简单，矿床开采技术条件勘查类型为 Ⅲ 类。

（3）成果取得的简要过程

中国建筑材料工业地质勘查中心广东总队于 2010 年 3 月至 2010 年 9 月对勘查区进行了详查工作：本次完成的主要实物工作量有：1∶2000 地形、地质测量 1.97 千米；刻槽取样 733 个，钻探进尺 2215.11 米，基本分析 1290 件等。

493. 广东省封开县白沙矿区水泥用石灰岩矿详查

（1）概况

勘查区位于广东省肇庆市封开县。2008 年 2 月至 10 月，中国建筑材料工业地质勘查中心广东总队开展了勘查，勘查矿种为水泥用石灰岩，工作程度为详查，勘查资金 560 万元，完成钻探工作量 4780 米。

（2）成果简述

矿区地层由灰岩、含粉砂质灰岩、白云质灰岩、白云岩等组成，矿区的矿石自然类型有中厚层状灰岩、白云质灰岩、含粉砂质灰岩三种，其中以中厚层状灰岩为主要矿石类型。总的来说是 CaO 高而 MgO 低，Ⅰ 级品约占 95%，矿体之上无覆盖层。水文、工程地质及开采技术条件较为简单。石灰岩矿床赋存在泥盆系上统地层中，底板为泥盆系中统东岗岭组上部的白云质灰岩及灰岩、白云岩等。矿床内由北山和南山 2 个矿体组成，编号为 KC1，与之相对应的地层编号为 D3。矿体全裸露地表，位于当地侵蚀基准面以上，无覆盖层。矿体长度 4130 米，宽度 175～1030 米，往下延深 20～380 米，厚度 20～228 米。查明水泥石灰岩矿石资源量 6.15 亿吨，全部为 Ⅰ 级品。（332）资源量 1.28 亿吨，（333）资源量为 4.87 亿吨。

494. 重庆市涪陵区大水井水泥/熔剂用石灰岩矿详查

（1）概况

矿区位于涪陵区南西 190° 方位，中心点距涪陵区直线距离 15 千米，隶属涪陵区荔枝街道办事处所辖。重庆地质矿产研究院开展了勘查，勘查矿种为石灰岩矿，工作程度为详查，勘查资金 410 万元。

（2）成果简述

经过本次地质勘查工作，各矿段共查明（331+332+333+334）资源量 23.27 亿吨（其中含 1.35 亿吨的熔剂灰岩）。CaO 平均品位均为 49.71%～53.78%，MgO 0.13%～2.05%，SiO_2 为 0.25%～2.09%。

495. 四川省大竹县粟山坪矿区水泥用石灰岩矿勘探

（1）概况

矿区位于大竹县城 65° 方向直线距离 19 千米处。矿区通公路，至大竹县城 30 千米。2009 年 7 月至 12 月，中国建筑材料工业地质勘查中心四川总队开展了勘查，勘查矿种为水泥用石灰岩矿，工作程度为勘探，勘查资金 195.14 万元。

（2）成果简述

矿床类型为沉积矿床。矿体赋存于飞仙关组三段 T_1f^3 地层中，呈褶曲形态层状产出，地表出露厚度，背斜南东翼 276.20 ～ 348.50 米，背斜北西翼 165.30 ～ 267.60 米，深部实控厚度，背斜轴部 130.24 ～ 146.39 米，背斜南东翼 147.68 ～ 252.78 米，背斜北西翼 112.55 米，出露宽度 570 ～ 625 米，出露标高 675 ～ 995 米。主要成分（%）：CaO 53.05%，MgO 0.69%，K_2O 0.19%，Na_2O 0.027%。

估算（331+332+333）资源量 1.66 亿吨，其中：（331）0.35 亿吨，（332）0.67 亿吨，已经过四川省矿产资源储量评审中心评审。

选治性能：勿需专门选矿，剔除夹石后即可利用。

（3）成果取得的简要过程

2009 年 1 月，通过对已有地质资料分析和实地踏勘发现该矿点；2009 年 7 月，探矿权人委托勘查单位对该矿开展了普查—勘探工作。

496. 宁夏回族自治区中宁县圆湾水泥灰岩矿矿区详查

（1）概况

矿区位于宁夏中宁县长山头镇南西 13 千米处，距中宁县城 38 千米，行政区划属中宁县长山头镇管辖。中国建筑材料工业地质勘查中心宁夏总队开展了勘查，勘查矿种为水泥用灰岩矿，工作程度为详查－普查，勘查资金 249 万元。

（2）成果简述

矿床类型为沉积型矿床。矿区出露地层为奥陶系、古近系和第四系。矿体赋存于下奥陶统马家沟组第一岩性段和第二岩性段，为中厚－巨厚层灰岩、中厚－厚层灰岩夹薄层灰岩。普查报告经宁夏矿产资源储量评审中心认定，已在宁夏国土资源厅备案。

共获（333+334）资源量 31.13 亿吨，其中：（333）资源量 2.92 亿吨，（334）资源量 28.21 亿吨。共获（332+333）资源量 1.27 亿吨，（332）资源量 0.28 吨，（333）资源量 0.99 亿吨。

粘土矿

497. 辽宁省阜蒙县下湾子紫砂陶土矿普查

（1）概况

工作区位于辽宁省阜新市的西北部，距阜新市直线距离约 17 千米，行政区划隶属阜蒙县红帽子乡管辖。2010 年 3 月至 2010 年 8 月，辽宁省第四地质大队开展了勘查，勘查矿种为紫砂陶土矿，工作程度为普查，勘查资金 63.3 万元。

（2）成果简述

区内查明的矿体为层状，厚薄变化较大，形态较规则，矿体长 226 ～ 600 米，平均厚度 7.16 ～ 28.73

米，推测延深 526 米，矿体赋存标高为 122～234 米，矿体埋深 0~80 米。矿床属于湖相火山碎屑沉积矿床。碎屑物主要为石英和长石碎屑，其次为云母、褐铁矿等，含量占矿物总量的 15%～20%；粘土矿物主要为高岭石、伊利石等，含量占矿物总量的 80% 左右。岩石胶结较致密，色泽较鲜艳，泥质成分较高，矿物一般粒径小于 0.05 毫米。矿体产状缓，埋藏浅，赋存标高较低，易于开采。区内共圈出红褐色－灰褐色含粉砂粘土岩型紫砂陶土矿体 4 条，共估算出控制内蕴经济资源量（332）382.18 万吨，推断内蕴经济资源量（333）459.27 万吨，资源总量 841.45 万吨。

（3）成果取得的简要过程

2006 年，辽宁省地勘局第四地质大队在该区的哈尔套街—库里土—巨宝土一带发现膨润土矿，并开展预查，施工少量探矿工程，采集部分样品做理化指标测试。同时，在区内的胳膊肘、下湾子南沟一带的侏罗系土城子组地层中发现紫砂陶土矿，为本次工作提供了一定的地质依据。

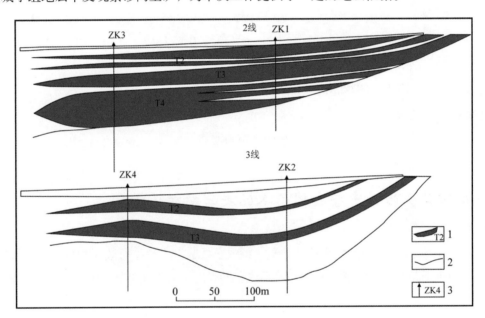

下湾子紫砂陶土矿区 2、3 号勘探线地质剖面图

1—矿体及编号；2—地层界线；3—钻孔及编号

498. 江西省弋阳县大源岭矿区南段瓷石矿详查

（1）概况

矿区位于弋阳县 196°方向直线距离 22 千米处，属弋阳县港口镇管辖，面积 2.39 平方千米。2009 年 6 月至 12 月，江西有色地质勘查一队开展了勘查，勘查矿种为瓷石矿，工作程度为详查，勘查资金 450 万元。

（2）成果简述

区内瓷石矿由花岗斑岩蚀变而成，详查工作发现 2 个矿体，上部为主要矿体，下部为次要矿体，本次勘查对象为上部主矿体。主矿体分布于 3～8 勘探线，矿体走向长 400～1000 米，倾向延伸 700～1600 米，矿体厚 51.39～148.75 米，平均厚 89.9 米。矿体形态呈厚板状，南部稍薄，北部变厚，总体厚度较稳定。矿体产状总体走向北北西，倾向北东东，倾角 3°～8°。矿体出露最高处在 4 线，标高 420 米，剖面上矿体底板最低标高为 136 米（ZK301 孔）。次要矿体分布于矿区南侧主矿体之下，工作程度低，未估算资源量。

估算瓷石矿（Ⅰ＋Ⅱ＋Ⅲ级品）（332）资源量 6544 万吨，（333）资源量 13533 万吨，合计（332+333）20077 吨。

（3）成果取得的简要过程

1987 年至 1988 年，原江西省地质矿产调查研究大队对本区所属来龙岗瓷石矿区进行过踏勘调查。近年来，景德镇市地质队多次到来龙岗地区对瓷石矿进行踏勘了解，采样开展过烧兆试验，证实本区瓷石可作日用瓷原料。2009 年 6 月至 12 月，江西省有色地质勘查一队对本区开展瓷石矿勘查地质工作，在普查工作基础上选择大源岭矿区南段 3 ～ 8 勘探线作为详查区。

499. 湖北省恩施市花石板高岭土矿详查

（1）概况

矿区位于湖北省恩施市屯堡乡马者村。湖北省第二地质大队开展了勘查，勘查矿种为高岭土矿，工作程度为详查，勘查资金 300 万元。

（2）成果简述

矿床类型为滨海湖泊砂岩泥岩相环境下沉积的高岭土矿矿床，主要矿物成分：矿石矿物组分有高岭石、三水铝石、一水软铝石、一水硬铝石；脉石矿物有绿泥石、叶腊石、金红石、黄铁矿、褐铁矿、石英及炭质物，微量矿物有电气石、锆石、磷灰石、锐钛矿等。矿石主要化学成分为 Al_2O_3，含量 32.29% ～ 42.13%，平均 36.71%，其他组分及其含量为 $SiO_2$30.80% ～ 50.80%，平均 43.44%；K_2O 0.11% ～ 0.36%，平均 0.21%；Na_2O 0.08% ～ 0.34%，平均 0.15%；CaO 0.14% ～ 0.27%，平均 0.20%，MgO 0.36% ～ 0.62%，平均 0.49%。矿石品位地表工程为 32.29% ～ 38.29%，平均 36.63%，深部工程为 32.29% ～ 42.13%，平均 36.89%。矿石中有害组分为 Fe_2O_3、TiO_2。

查明（332+333）资源量 992.14 万吨，其中：（332）资源量 301.53 万吨。储量备案编号：鄂土资储备字〔2008〕26 号。

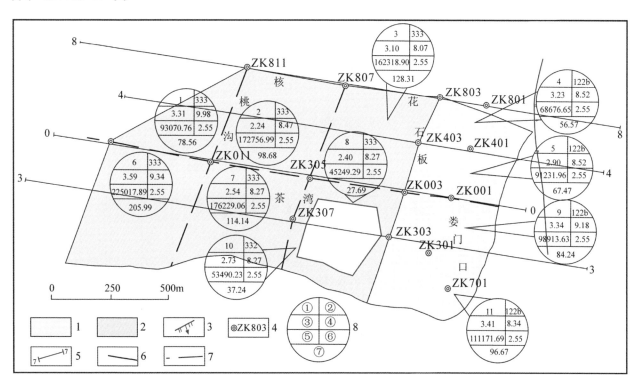

湖北省恩施市花石板矿区高岭土矿水平投影底板资源量储量估算图

1—332 储量；2—333 储量；3—断层及编号；4—钻孔及编号；5—勘探线及编号；6—储量计算边界；7—块段划分边界；8—①块段编号；②资源储量级别；③块段平均厚度（米）；④块段平均倾角（度）；⑤块段斜面积（平方米）；⑥平均体重（吨／立方米）；⑦资源储量（万吨）

500. 广东省茂名市金塘高岭土接替资源勘查

（1）概况

矿区位于广东省茂名市金塘一带。2006 年 2 月至 2007 年 12 月开展了勘查，勘查矿种为高岭土矿，工作程度为普查。

（2）成果简述

属沉积岩风化残积亚型矿床，矿体赋存于第三纪黄牛岭组风化砂砾岩中，共圈定矿体 3 个，矿石类型为砂质高岭土。原矿成分石英约 79%，长石约 4%，粘土矿物 15%（以高岭石为主，少量伊利石）。

初步估算资源量（333+334）矿石量 16663 万吨，粘土量 3833.93 万吨。其中，（333）矿石量 14540 万吨，粘土量 3339.55 万吨。

501. 广东省遂溪县中间岭高岭土矿普查

（1）概况

2007 年开展了勘查，勘查矿种为高岭土矿，工作程度为普查。

（2）成果简述

中间岭高岭土矿床矿种为高岭土、石英砂。高岭石呈片状、不规则片状、集合体堆聚状，晶体大小为 0.3～3.8μm，一般为 1.5μm。

经估算，高岭土矿石（333+334）资源量 66756 万吨，粘土量超过 9792 万吨，矿床已达到超大型规模。

502. 广西壮族自治区合浦县常乐镇那车垌矿区高岭土矿详查

（1）概况

2006 年 11 月至 2007 年 7 月开展了勘查，勘查矿种为高岭土矿，工作程度为详查。

（2）成果简述

矿体 1 个，呈似层状，矿体长度约 3801 米，宽度 500～2250 米，厚度 0.95～35.30 米，平均厚 8.70 米。属风化残余残积型砂质高岭土矿床。

高岭土矿石资源储量 3909.54 万吨，淘洗精矿量 1494.79 万吨，其中：（122b）基础储量 1443.32 万吨，淘洗精矿量 557.30 万吨；（333）资源量 2466.22 万吨，淘洗精矿量 937.49 万吨。伴生矿产石英砂（玻璃用），总矿物量 1963.29 万吨。属大型矿床规模。

503. 广西壮族自治区合浦县洪湾—塘亚高岭土矿详查

（1）概况

矿区位于广西合浦县洪湾—塘亚一带。2008 年 1 月至 12 月，广西壮族自治区第三地质队开展了勘查，勘查矿种为高岭土矿，工作程度为详查，勘查资金 244.12 万元，完成钻探工作量 4567 米。

（2）成果简述

已圈定高岭土矿体 3 个，矿体平面上呈被覆状、似层状盖于花岗岩之上；剖面上呈似层状、透镜状产出；单个矿体长 4780～4940 米，宽 340～1520 米，展布面积约 2.93～5.68 平方千米，厚 2.00～32.40 米，平均 9.57 米，属风化残余残积型砂质高岭土矿床。

矿床估算的高岭土矿石总量 8304.61 万吨（压覆的资源量为 692.2 万吨），其中：（122b）矿石储量为 5410.91 万吨，（333）矿石资源量为 2893.69 万吨。矿床资源储量达到大型规模。

504. 广西壮族自治区藤县木力—古祀矿区陶瓷配料用霏细（斑）岩矿普查

（1）概况

普查区位于广西梧州市藤县塘步镇及埌南镇一带，面积25.26平方千米。2009年8月至2010年3月，广西壮族自治区第三地质队开展了勘查，勘查矿种为陶瓷配料用霏细（斑）岩矿（瓷土矿），工作程度为普查，勘查资金218万元。

（2）成果简述

矿床属霏细（斑）岩风化残余型矿床，工作发现控制陶瓷配料用霏细（斑）岩矿体1个及6个霏细（斑）岩体，控制了①号矿体。①号矿体长约3.7千米，宽约2.3千米、延展面积7.06平方千米，剖面上呈层状、似层状，矿体厚度最厚58.9米，最薄2米，平均厚度27.82米，矿石矿物主要为长石及霏细物质，次要矿物为石英、高岭石。化学成分以SiO_2、Al_2O_3为主，含少许Fe_2O_3、TiO_2、Na_2O、K_2O。

推断（333）资源量：陶瓷配料用霏细（斑）岩矿32724万吨（保有资源量）；高铁霏细（斑）岩14558万吨。

505. 海南省东北文昌—屯昌地区高岭土矿普查

（1）概况

普查区划分龙楼镇兵坡村矿区、抱罗镇的湖塘村矿区、南和－福朝村矿区、三阳村矿区。勘查矿种为高岭土矿，工作程度为普查，共施工钻孔1047个，完成钻探工作量716.9米。

（2）成果简述

矿床的成因类型应属风化型的风化残积亚型。通过钻探揭露控制，共探获高岭土矿资源储量高岭土2151万吨，其中：资源量（332）385万吨，资源量（333）1766万吨。

2010年，又分别对四部分矿区矿体进行了估算，其中三阳村求获高岭土矿石资源储量（2M22+2S22）1388.74万吨，－325目淘洗精矿量489.16万吨；湖塘村求获高岭土矿石资源储量（2M22）145.65万吨，－325目淘洗精矿量50.94万吨；福朝村求获高岭土矿石资源储量（2M22+2S22）604.45万吨，－325目淘洗精矿量（2M22+2S22）214.4万吨；外围矿区求获高岭土矿石资源储量（2M22+2S22）1160.59万吨，－325目淘洗精矿量408.15万吨。

膨润土

506. 河北省邢台—永年地区膨润土资源调查评价

（1）概况

矿区位于河北省邢台—永年地区。2007年7月至2008年8月，河北省地勘局第十一地质大队开展了勘查，勘查矿种为膨润土矿，工作程度为调查评价，勘查资金92万元，完成钻探工作量1285米。

（2）成果简述

划分出3个成矿远景区，一个可供下一步开展地质普查工作的靶区，求得膨润土资源量26175万吨。

珍珠岩矿

507. 河北省围场县桃山—燕格柏一带珍珠岩矿地质普查

（1）概况

勘查区位于河北省围场满族蒙古族自治县城子—燕格柏一带，面积约13.34平方千米。2006年5月至 2008 年 10 月，承德市地质队开展了勘查，勘查矿种为珍珠岩矿，工作程度为普查，勘查资金 80 万元。

（2）成果简述

普查区内共有两个矿体，赋存于张家口组三段含矿岩性段中。

1 号矿体：赋存于张家口组三段中部含矿岩性段（J_3z^{3-2}），该矿体控制长度 1257 米以上，厚度 4 ~ 75 米，出露水平厚度 16 ~ 475.34 米，走向 55°，倾向 145°，倾角在 25° ~ 40° 之间。平均工业膨胀倍 16.16 倍。

2 号矿体：赋存于张家口组三段中部含矿岩性段（J_3z^{3-2}），根据地表出露情况及工程控制，地表呈似层状，呈北东向展布。长约 850 米左右，厚度 4 ~ 52.03 米，水平厚度 12 ~ 175.34 米，走向 55°，倾向 145°，倾角 30°。平均工业膨胀倍 14.27 倍。

1、2 号矿体共获（333+334）资源量 4944 万吨。

岩盐矿

508. 河北省邢台市宁晋岩盐田草厂勘查区岩盐资源详查

（1）概况

勘查区西距宁晋县城约 25 千米，西距京广铁路高邑站 50 千米，位于宁晋县东北部纪昌庄、草厂一带，行政区划属宁晋县所辖。2007 年 10 月至 2009 年 10 月，中国煤炭地质总局第二水文地质队开展了勘查，工作程度为详查，勘查资金 638.73 万元，完成钻探工作量 3757.23 米。

（2）成果简述

本区地处华北断拗临青台陷束鹿断凹之中部，下第三系沙河街组为含石盐矿层系，共划分 7 个石盐矿层，共沉积石盐自然单层 53 ~ 69 层，累计纯盐总厚 126.95 ~ 199.1 米，NaCl 含量 94.948%，矿石类型属于石膏质石盐矿石。

本次勘查共获石盐矿资源储量 16.16 亿吨，其中（122b）储量 3.34 亿吨，（333）资源量 12.82 亿吨。已评审备案。

本区仅为宁晋含盐盆地很小的一部分，其外围的宁晋含盐盆地面积约达 1033 平方千米，预计石盐矿资源量可达 1105 亿吨。

矿床规模属大型，矿床类型为沉积矿床，主要成分为 NaCl、各石盐矿层 NaCl 品位均高于 86%，选冶性能属易选。

（3）成果取得的简要过程

2008 年完成钻探 3757.23 米，测井 5794.00 米，水文地质测绘 50 平方千米，环境地质调查 50 平方千米。

509. 内蒙古自治区伊金霍洛旗—乌审旗矿区岩盐矿普查

（1）概况

普查区位于鄂尔多斯盆地北部膏盐泻湖相盆地与东胜凸起的接合凹陷部位，行政区划属伊金霍洛旗和乌审旗管辖。2005 年至 2009 年，内蒙古有色地质矿业有限公司开展了勘查，勘查矿种为岩盐矿，工作程度为普查，勘查资金 5948 万元。

（2）成果简述

岩盐矿主要赋存于奥陶系马家沟组第三岩性段，第三岩性段地层在区内广泛分布，属潮坪－泻湖相沉积。矿层整体走向以呈北西向为主，地层倾角一般在 2° ~ 3°。根据钻孔资料，矿层的对比连接好，达到工业品位（NaCl ≥ 50%）矿层 4 层，单工程矿层累计厚度 9.10 ～ 15.52 米，平均厚度为 13.47 米，矿层品位 55.97% ～ 71.11%，平均品位 65.10%。经论证适宜采用钻井水溶法采卤。

估算区内岩盐矿（333+334）资源量 NaCl 37.34 亿吨。

（3）成果取得的简要过程

该项目普查工作分两期进行，一期项目始于 2005 年 5 月，2006 年 8 月提交了《内蒙古自治区伊金霍洛旗盐一区岩盐矿普查报告》，2006 年 8 月 31 日在北京通过国土资源部矿产资源储量评审中心评审。二期项目 2007 年 3 月编写设计，在一期盐一区范围的基础上扩大南 I 区、南 II 区和北区。2009 年 8 月提交了《内蒙古自治区伊金霍洛旗—乌审旗矿区岩盐矿普查报告》。

510. 江苏省淮安市淮安盐矿区张兴块段石盐矿详查

（1）概况

勘查区位于淮安市楚州区建淮乡，勘查区块段面积为 5.01 平方千米。2006 年 6 月至 2009 年 8 月，江苏长江地质勘查院开展了勘查，勘查矿种为石盐矿，工作程度为详查，勘查资金 1700 万元，完成钻探工作量 12486.81 米。

（2）成果简述

矿床总体呈向南西方向倾斜的向斜形态，盐矿体倾角在块段内东部较大，约 10° ～ 20°，西部倾角较小，约 5° ～ 10°。探矿工程控制面积 4.44 平方千米，揭露盐群 24 个（第二岩性组合除外），都具备作为工业盐群的条件，各盐群形态简单，呈层状－似层状产出，空间展布：块段东西控制长约 2350 米，南北控制长约 1700 米。24 个盐群埋深 807.6 ～ 2336.7 米，厚度 733.4 ～ 1140.1 米，平均总厚 1001.74 米，厚度变化系数 16%，其中工业盐群平均累计厚度为 817.3 米，含矿率 81.6%，NaCl 平均含量 57.15%，为一大型、品位中等的沉积石盐岩矿床。含盐地层总体厚度由东南向西北方向逐渐增厚，厚度稳定，整个盐群盐层埋藏深度由东向西南逐渐加深。

全区共获（122b+332+333）总矿石量 75.55 亿吨（含矿权外 3.73 亿吨），折合 NaCl 量 43.83 亿吨（含矿权外 2.22 亿吨），Na_2SO_4 量 3.33 亿吨（含矿权外 1540 万吨），取得较好的地质找矿成果。储量报告已通过了江苏省国土资源厅的评审。

（3）成果取得的简要过程

该矿区是在淮安下关块段盐矿区南侧深部，通过二维地震和钻探等手段，取得了对盐矿床的初步控制。

511. 湖北省云应盐矿区二、三号井田详查

（1）概况

勘查区位于湖北省应城市东部，与市区相距 3 ～ 12 千米。湖北省鄂东北地质大队开展了勘查，勘查矿种为岩盐、芒硝矿，工作程度为详查，勘查资金 1160 万元。

（2）成果简述

矿床类型为盐湖沉积型。矿区盐矿埋深 292.34 ～ 678.29 米以下，本次详查以控制 40 盐群（K 四开采层）以上矿层为目的，40 盐群（K 四开采层）以上岩盐段总厚 432.77 ～ 553.78 米，盐群总厚 247.07 ～ 376.72 米，盐层总厚 161.81 ～ 307.86 米，矿床含盐群率为 62.63%，含矿率为 37.42% ～ 55.49%，根据工业指标可划分 53 个工业盐群、5 个非工业盐群，根据开采技术条件从上而下划分出 K 一（01 ～ 4 盐群）、K 二（10 ～ 15 盐群）、K 三（282 ～ 30 盐群）、K 四（39 ～ 40 盐群）等四个开采层。矿床选冶性能易于水溶开采。

本次通过评审岩盐矿石资源储量 62.46 亿吨，NaCl 资源储量 42.97 亿吨，伴生 Na₂SO₄ 资源储量 3.29 亿吨。其中，查明 NaCl（333）资源量 41.31 亿吨，NaCl（334）资源量 1.66 亿吨。储量备案编号为鄂土资储备字〔2007〕69 号。

512. 湖北省云应盐矿区程家巷井田详查

（1）概况

勘查区位于湖北省应城市东部，与市区相距 16 千米。湖北省鄂东北地质大队开展了勘查，勘查矿种为岩盐、芒硝矿，工作程度为详查，勘查资金 228 万元。

（2）成果简述

矿床类型为盐湖沉积型。以应城－郎君桥断裂为界，井田北部控制盐矿埋深 736.97～1059.98 米，控制盐群数 58 个，盐群厚 347.11～461.77 米，根据工业指标可划分 46 个工业盐群、12 个非工业盐群，根据开采技术条件从上而下划分出 9 个开采层；南部控制盐矿埋深 682.25～855.32 米，控制盐群数 73 个，盐群厚 344.32～629.20 米，根据工业指标可划分 39 个工业盐群、34 个非工业盐群，根据开采技术条件从上而下划分出 11 个开采层。矿床选冶性能易于水溶开采。查明（332+333）岩盐纯盐量 10.05 亿吨，伴生芒硝量 9396.25 万吨。（334）岩盐纯盐量 13.30 亿吨，伴生芒硝量 13955.09 万吨。井田可采岩盐矿石量 5.84 亿吨，纯盐量 3.87 亿吨，伴生芒硝量 4223.23 万吨。储量备案编号为鄂土资储备字〔2007〕67 号。

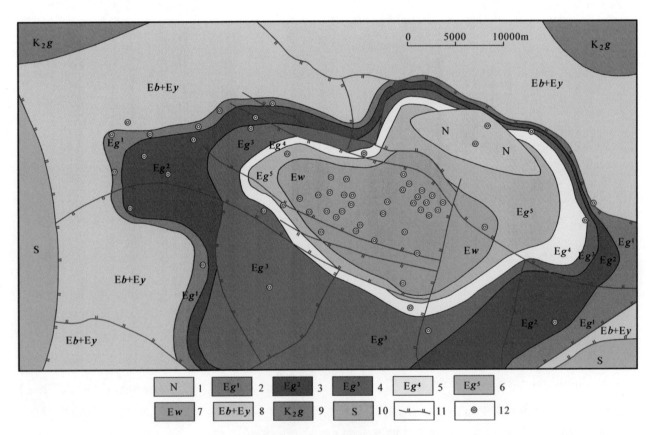

湖北省云应盐矿区基岩地质图

1—第四系；2—古近系膏盐组下硬石膏段；3—古近系膏盐组下钙芒硝段；4—古近系膏盐组岩盐段（石岩赋矿层位）；5—古近系膏盐组上钙芒硝段；6—古近系膏盐组上硬石膏段；7—古近系文峰塔组；8—古近系白砂口组与云台山组；9—上白垩系公安寨组；10—志留系；11—地震推测断层；12—钻孔位置

513. 湖北省云应盐矿区胡家冲井田详查

（1）概况

勘查区位于湖北省应城市东部，与市区相距 11 千米。湖北省鄂东北地质大队开展了勘查，勘查矿种为岩盐、芒硝矿，工作程度为详查，勘查资金 133 万元。

（2）成果简述

矿床类型为盐湖沉积型。本次详查以控制井田 40 盐群（K 四开采层）以上矿层为目的，40 盐群（K 四开采层）以上岩盐段总厚 347.11～412.94 米，盐群总厚 180.19～246.68 米，盐层总厚 187.91～115.01 米，矿床含盐群率为 57.10%，含矿率为 30.78%～46.30%，根据工业指标可划分 37 个工业盐群、20 个非工业盐群，根据开采技术条件从上而下划分出 4 个开采层。矿床选冶性能易于水溶开采。

查明（332+333）岩盐纯盐量 10.02 亿吨，伴生芒硝量 1.02 亿吨。（334）纯盐（NaCl）量 0.60 亿吨，伴生芒硝（Na_2SO_4）量 441.15 万吨。井田可采岩盐纯盐量 4.62 亿吨，伴生芒硝量 5275.05 万吨。储量备案编号为鄂土资储备字〔2007〕68 号。

514. 四川省南充城区及周边地区岩盐矿勘查

（1）概况

矿区位于南充城区及周边地区。2006 年至 2008 年，四川盐业地质钻井大队开展了勘查，勘查矿种为岩盐矿，工作程度为普查，勘查资金 1580 万元，完成钻探工作量 5600 米。

（2）成果简述

该区地下岩盐资源储量丰富，共三个含盐层位，分别为 T_2l^3 矿体，T_1j^4 矿石品位高且埋深较浅，T_1j^4、T_1j^5 段岩盐层较薄，埋深与 T_2l^3 比较深 250 米。

矿床规模大型，天然卤水（333 及以上）资源量 7.07 亿吨，（334）资源量 8.74 亿吨。

（3）成果取得的简要过程

四川省石油管理局在该区西充、阆中、营山等地施工油气井，获得丰富的油气资源，部分探井同时发现了 T_1j^4、T_1j^5、T_2l^3 三个含盐矿层。后原地矿部第二地质大队在开展四川盆地钾盐普查工作时，在该区布置施工了钾盐勘探井，证实了 T_1j^4、T_1j^5、T_2l^3 层段岩盐的存在。

515. 宁夏回族自治区固原市原州区硝口—上店子岩盐详查

（1）概况

勘查区位于宁夏回族自治区固原市原州区中河乡硝口—上店子村一带，面积 30.55 平方千米，行政区划属固原市原州区中河乡管辖。距固原市区约 25 千米。2009 年至 2010 年，宁夏矿产地质调查所开展了勘查，勘查矿种为岩盐矿，工作程度为详查，勘查资金 2220 万元。

（2）成果简述

乃家河组为主要含盐地层，受北西向区域性大断裂控制，含盐地层自南西向北东呈阶梯式下降，岩盐矿层也有自西向东增厚的趋势。详查区已控制区域内，矿层厚度大，品位高，最高达 98.56%，平均为 70.87%。并伴有可综合利用的芒硝、钾盐和镓等多种微量元素。

详查报告经宁夏矿产资源储量评审中心认定，已在宁夏国土资源厅备案。本次工作共获岩盐资源量 26.38 亿吨，其中（332）资源量为 4.49 亿吨，（333）资源量为 7.29 亿吨，（334）资源量为 14.60 亿吨。

芒硝资源量 2.91 亿吨。

钒矿

516. 河南省内乡县大桥—淅川县上集一带钒矿普查

（1）概况

勘查区位于河南省内乡县大桥—淅川县上集一带。2009 年 11 月至 2010 年 12 月，河南省地质矿产资源勘查开发局第一地质勘查院开展了勘查，勘查矿种为钒矿，工作程度为普查，勘查资金 422 万元。

（2）成果简述

初步估算（333）矿石量 2956.48 万吨、钒（V_2O_5）资源量 23.65 万吨，（334）矿石量 11048.36 万吨、钒（V_2O_5）资源量 77.18 万吨。未经过评审。

517. 湖南省桃源县王家坪矿区钒矿大型矿产地详查

（1）概况

王家坪矿区位于湖南省桃源县钟家铺乡。2005 年至 2010 年，湖南省地质矿产资源勘查开发局四〇三队开展了勘查，勘查矿种为钒矿，2010 年达详查工作程度，勘查资金 450 万元。

（2）成果简述

该矿床为沉积型钒矿床，主要有用组分为 V_2O_5，矿体赋存于寒武系牛蹄塘组下部，工业矿层主要为 Ⅱ、Ⅲ矿层，Ⅱ矿层平均厚度 11.39 米，V_2O_5 平均品位 0.764%，Ⅲ矿层平均厚度 3.34 米，V_2O_5 平均品位 0.759%。

初步估算区内 V_2O_5（332+333）资源量 274 万吨，其中（332）资源量 76.55 万吨。该项目详查工作于 2010 年 11 月通过省国土资源厅野外验收，2011 年 3 月提交了详查报告送审稿，成果报告正在评审中。

（3）成果取得的简要过程

通过实施 2005 年新开，2007 年、2009 年续作的省级探矿权采矿权价款地质勘查项目获得。现正在开展详查工作。

518. 湖南省古丈县岩头寨矿区钒矿大型矿产地详查

（1）概况

矿区位于古丈县城东直线距离 17 千米，矿区面积 31.42 平方千米。2009 年，湖南省有色地质勘查局二四五队开展了勘查，勘查矿种为钒矿，工作程度为详查，勘查资金 2001 万元，完成钻探工作量 16242 米。

（2）成果简述

本区属于生物地球化学沉积型钒矿床，主矿体 V_2O_5 平均品位 0.86%，共提交（332+333+332 低 +333 低）V_2O_5 资源量 335.91 万吨，为特大型规模矿床，其中（332+333）资源量 310.62 万吨 [（332）117.22 万吨，（333）193.4 万吨]。

试验用湿法酸浸提钒工艺，原矿 V_2O_5 浸出回收率 79.76%，该试验流程简单，工艺先进可行，符合环保要求。

519. 湖南省会同县鲁冲—铁溪矿区土洞井田石煤钒矿大型矿产地勘探

（1）概况

鲁冲—铁溪矿区土洞井田位于湖南省会同县境内，2008 年 1 月至 2009 年 10 月，湖南省地质矿产资源勘查开发局四〇七队开展了勘查，勘查矿种为石煤及伴生钒矿，工作程度为勘探，勘查资金650万元，石煤实炉试烧实验及提钒工艺实验投入约3000万元。

（2）成果简述

井田矿床类型属沉积型石煤矿床，含石煤地层为寒武系下统牛蹄塘组，厚度＞360米，岩性主要为炭质板岩，含石煤系数61%。井田内有10层以上石煤。Ⅰ石煤矿组平均厚106.66米，平均发热量1088 kCal/kg；Ⅱ石煤矿组平均厚63.64米，平均发热量1027 kCal/kg；Ⅲ石煤矿组平均厚40.15米，平均发热量1002 kCal/kg；井田石煤平均剥采比0.4立方米/吨。井田石煤为高灰分、特低挥发分、特低固定炭、中硫、高磷、低发热量、较高－高软化温度石煤。全井田石煤伴生钒平均品位 V_2O_5 0.41%。

井田内（331+332+333）石煤资源量98604万吨，其中工业石煤储量72630万吨；石煤中伴生（333）V_2O_5 资源量163万吨。井田石煤资源储量规模大、分布集中、剥采比小、适宜露采。

210MWCFB锅炉实炉试烧实验证明：大型CFB锅炉燃用石煤为主燃料在技术上可行；实验室规模提钒实验证明灰渣中的钒可选冶。资源开发将极大地促进地方经济的发展。

520. 贵州省岑巩县注溪矿区钒矿详查

（1）概况

勘查区位于贵州省岑巩县注溪。2009年5月至2010年4月开展了勘查，勘查矿种为钒矿，工作程度为详查，勘查资金1500万元，完成钻探工作量12716.77米。

（2）成果简述

本次工作获得矿区内各矿段钒矿层（体）V_2O_5（332+333）资源量238.22万吨。其中：（332）资源量65.78万吨，（333）资源量172.44万吨。

521. 陕西省商南县楼房沟矿区钒矿勘探

（1）概况

工作区位于商南县城西南直线距离50千米处，面积为5.68平方千米。2008年11月至2010年6月，山东省第四地质矿产资源勘查院开展了勘查，勘查矿种为钒矿，工作程度为勘探，勘查资金912万元。

（2）成果简述

矿区处于秦岭造山带武当山隆起（地块）西北缘，钒矿成矿地质条件较好，本次勘探工作圈定两个矿体，编号为Ⅰ、Ⅱ。Ⅰ号矿体为主矿体。主矿体地表控制长度2100米，矿体呈层状，层位稳定，总体走向110°，倾向北东，倾角35°～52°。钻孔控制矿体最大斜深700米，推断矿体最大斜深800米，最低标高630米。V_2O_5 平均品位1.08%。钒矿的形成主要与有热水参与的沉积作用有关。该钒矿石属于易浸钒矿石。

探求（331+332+333）V_2O_5 矿石量516745万吨，V_2O_5 资源量4764.67万吨，平均品位1.08%，已经陕西省国土资源厅评审通过并出具备案证明。

（3）成果取得的简要过程

陕西山金矿业有限公司于2008年12月取得该区的探矿权后，委托山东省第四地质矿产资源勘查院对该矿区进行了详查工作。本次勘查工作始于2008年11月，至2009年7月，为详查阶段，2009年8月至2010年6月为勘探阶段。于2010年7月评审通过。

钛 矿

522. 广东省化州市平定矿区钛铁矿砂矿补充勘查

（1）概况

矿区位于化州市 320° 方向直线距离 30 千米，面积约 74.4 平方千米。2008 年 4 月至 2008 年 12 月，广东省地质勘查局七〇四地质大队开展了勘查，勘查矿种为钛铁矿和锆英石矿，工作程度为普查，勘查资金 69 万元。

（2）成果简述

矿内共圈定矿体 2 个，编号 Ⅱ、Ⅲ 号矿体，均呈面型分布。Ⅱ 号矿体分布于区内的北西面，长约 5 千米，宽 500 ~ 2800 米，面积约 8 平方千米；Ⅲ 号矿体分布于矿区中部，长约 5.5 千米，宽约 3.2 ~ 4.5 千米，面积约 23 平方千米。矿石类型为风化残积含砂粘土砂矿、风化残积砂质粘土砂矿、坡积含砂粘土砂矿、冲堆积含砂粘土砂矿；自然类型有含砂粘土、砂质粘土。矿石质量：Ⅱ 号矿体单工程平均品位：钛铁矿 14.80 ~ 54.19 千克 / 立方米，锆英石 0 ~ 2.93 千克 / 立方米，磁铁矿 0.3 ~ 12.9 千克 / 立方米。Ⅲ 号矿体单工程平均品位钛铁矿 15.40 ~ 98.57 千克 / 立方米，锆英石 0 ~ 1.93 千克 / 立方米，磁铁矿 0.9 ~ 42.7 千克 / 立方米。

（332+333）资源量（矿物量）：钛铁矿 1342.92 万吨，锆英石 30.37 万吨，磁铁矿 284.29 万吨，其中新增资源量（矿物量）钛铁矿 1069.20 万吨，锆英石 24.27 万吨，磁铁矿 183.35 万吨。

（3）成果取得的简要过程

茂名市国土资源局经请示广东省国土资源厅同意，计划将化州市平定钛铁矿的采矿权挂牌出让，需对矿区保有矿产资源储量进行核实估算，为采矿权挂牌出让提供资源储量依据。因此，委托广东省地质勘查局七〇四地质大队进行矿区保有资源储量核实工作，在核实工作过程中，通过补充开展地质勘查工作，资源储量在原有基础上有大幅增加。

523. 四川省米易县新街钛矿普查

（1）概况

勘查区位于四川省米易县沙坝乡、观音乡。四川省地矿局 106 地质队开展了勘查，勘查矿种为钛矿，工作程度为普查，勘查资金 1001.53 万元。

（2）成果简述

康滇地轴中段安宁断裂带海西期层状基性－超基性岩体，划分 6 个岩相带 10 个含矿层。钛矿体主要产于上部岩相带中，矿区发现 11 个独立钛矿体，单矿体厚 10 ~ 58 米，长 500 ~ 1200 米。矿床类型为岩浆分异型。主要成分：钛磁铁矿、钛铁矿、钛铬铁矿、铬铁矿等。TiO_2 品位 6.23% ~ 12.94%。按 TiO_2 边界品位 ≥ 6.0%，TiO_2 工业品位 ≥ 8.0% 划分为独立钛矿体，初步估算矿区（333+334）TiO_2 资源量 1250 万吨，其中（333）级资源量为 829 万吨。

524. 四川省会东县干红沟金红石矿详查

（1）概况

勘查区位于四川省会东县。四川省地矿局 404 地质队开展了勘查，勘查矿种为金红石矿（钛矿），工作程度为详查，勘查资金 1021.55 万元。

（2）成果简述

矿床类型为火山沉积－变质型。矿体赋存于淌塘组下段中，全岩成矿，矿体底界为青龙山组灰岩，未见顶。详查区内矿体出露宽度 0.99 ~ 1.39 千米，长度 1.66 千米，控制厚度最大 558.68 米，矿体往深部均未封闭，并于矿区北、西、北东、南西方向延伸出详查区外。矿石主要成分为金红石、白钛矿、钛铁矿、钛赤铁矿－赤铁矿、锐钛矿。TiO_2 品位为 1.10% ~ 9.13%，平均 3.30%。采用"浮选—高梯度磁选—酸洗"联合工艺，获得金红石精矿品位为（TiO_2）87.65%，回收率 60.62% 的选别指标，试验表明矿石可选。查明 TiO_2（332+333+334）资源量 6645.8 万吨，其中（332+333）资源量 4943.9 万吨。

冶镁白云岩矿

525. 山西省灵丘县史庄乡西口头冶镁白云岩矿地质普查

（1）概况

矿区位于太行山北部，交通便利，史庄乡距灵丘县城约 12 千米，有省道相通，并有京原铁路经过灵丘县城。

山西省灵丘县史庄乡西口头冶镁白云岩矿位于灵丘县西北部西口头村以北，行政区划隶属灵丘县史庄乡。2007 年，中国建筑材料工业地质勘查中心山西总队开展了勘查，勘查矿种为冶镁白云岩矿，工作程度为普查，勘查资金 76 万元。

（2）成果简述

厚层状微晶－细晶冶镁白云岩矿赋存于长城系上统高于庄组第三段。矿体厚约 60 米，勘查最深 170 米，见矿深度 4 ~ 80 米，探求（333+334）类资源量 49136.21 万吨，其中（333）类资源量 5483.69 万吨。平均品位 MgO 21.32%，SiO_2 0.854%，K_2O+Na_2O 0.072%。矿体总剥采比为 0.25 ：1，适宜露天开采。

（3）成果取得的简要过程

该项目 2006 年找矿发现，为山西省国土资源厅 2007 年度实施的矿业权价款项目。2007 年 7 月 18 日开始野外施工，当年 10 月 30 日完成野外作业。本次普查根据矿体出露特征，以地表槽探工程对矿体进行了系统控制，经连续刻槽取样化验分析估算了资源量，是一个理想的大型冶镁白云岩矿。

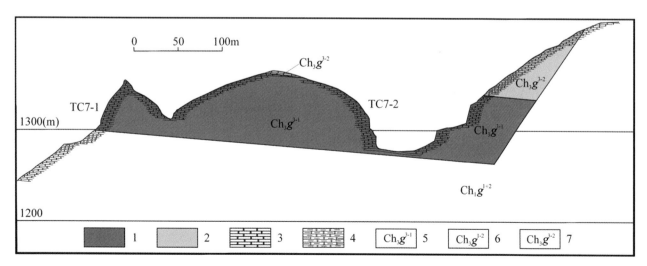

西口头冶镁白云岩矿 7 号勘探线资源量估算剖面图

1—Ⅰ极品；2—矿体顶底板；3—厚层白云岩；4—薄层白云岩；5—长城系上统高于庄组第三段下层；6—长城系上统高于庄组第一、二段；7—长城系上统高于庄组第三段上层

526. 山西省盂县西烟镇泉子—香草梁矿区冶镁白云岩矿普查

（1）概况

2006年开展了勘查，勘查矿种为冶镁白云岩矿，工作程度为普查。

（2）成果简述

矿体有两个，以峡长沟为界分为南北两个矿体，分别为Ⅰ号矿体和Ⅱ号矿体。矿体延长长度Ⅰ号为4千米，Ⅱ号为3千米。

估算（333+334）资源量冶镁用白云岩矿2.82亿吨，其中，（333）资源量1.68亿吨，占总资源量的59.64%。

527. 内蒙古自治区阿拉善左旗巴彦希别矿区冶镁白云岩矿勘探

（1）概况

勘查区面积11.47平方千米，离巴彦诺日公苏木约15千米，诺日公苏木道路、电力、通讯等基础设施基本完善。

2009年6月至2010年6月，中国建筑材料工业地质勘查中心宁夏总队开展了勘查，勘查矿种为冶镁白云岩，工作程度为勘探，勘查资金500余万元，完成1:2000地形图实测6.7平方千米，槽探及剥土工程2602立方米，钻探2871.36米，各类化验测试样品2878件。

（2）成果简述

巴彦希别冶镁白云岩矿区共获得冶镁用白云岩矿资源储量37621.77万吨，其中探明的（预可研）经济基础储量（121b）为1558.71万吨，控制的经济基础储量（122b）为4878.93万吨，推断的内蕴经济资源量（333）为31184.13万吨。矿床矿石总体积为1.34亿立方米，夹石总体积为0.51亿立方米。矿床剥采比为：0.38：1。矿床的矿石平均品位为：MgO 21.06%、CaO 30.49%、SiO_2 0.64%、Al_2O_3 0.33%、Fe_2O_3 0.38%、K_2O 0.068%、Na_2O 0.031%。

（3）成果取得的简要过程

阿拉善盟金石矿业有限公司为建设10万吨金属镁项目可行性研究和矿山开采设计提供地质依据，委托中国建筑材料工业地质勘查中心宁夏总队（以下简称宁夏建材总队）在原普查的基础上，通过对主矿体Ⅰ、Ⅱ号矿段进行加密勘探线控制，经野外施工及室内综合研究整理，最终编制提交了《内蒙古自治区阿拉善左旗巴彦希别矿区冶镁用白云岩矿勘探报告》。

528. 重庆市酉阳县黑水冶镁白云岩矿普查

（1）概况

勘查区位于酉阳县城以北，至酉阳县城15千米，至黑水镇7千米。319国道及在建中的湘渝高速公路经过普查区东侧，原319国道经过其西侧，距渝怀铁路酉阳站46千米，往北至黔江67千米，至重庆公路里程约为410千米，交通较方便。

勘查区勘查属重庆市酉阳县所辖。2006年4月至2008年12月，重庆市地质矿产资源勘查开发局205地质队开展了勘查，勘查矿种为冶镁白云岩矿，工作程度为普查，勘查资金117.4万元。

（2）成果简述

矿床南北长7.0千米，东西宽1.4～3.6千米，勘查面积20.16平方千米。矿层总厚170.15～216.31米，含夹石层 3 ~ 24 层，单层厚 0.47 ~ 66.28 米，矿层单层厚 0.45 ~ 121.33 米，累计总厚 46.69 ~ 147.23 米，主要由深灰色中－厚层状细－中晶白云岩和灰色中厚层状微晶白云岩组成。矿石中 MgO 含量 19.00% ~ 21.79%；矿体品位 20.03% ~ 20.72%，矿床平均品位 20.53%。

经估算新增白云岩（金属镁）矿石（333）资源量 5300 万吨，（334）资源量 7000 万吨。

（3）成果取得的简要过程

2006 年 7 月，普查设计通过专家审查，并开始勘查工作。2008 年 6 月全面完成野外地质工作，并通过市国土局检查验收，累计完成钻探 496.66 米，槽探 4015 立方米。

529. 重庆市万盛区青年矿区冶镁白云岩矿普查

（1）概况

矿区距万盛区 11 千米，隶属青年镇板辽村所辖，面积 9.4091 平方千米。普查区有公路连接万盛至重庆，公路里程约为 23 千米，交通方便。2007 年 8 月至 2009 年 3 月，重庆市地质矿产资源勘查开发局 205 地质队开展了勘查，勘查矿种为冶镁白云岩，工作程度为普查，勘查资金 103 万元。

（2）成果简述

矿床类型属沉积型矿床。勘查圈出冶镁白云岩体 2 个，上矿层（Ⅰ）位于寒武系上统后坝组第四段中下部，矿层厚度 10.28 ~ 40.90 米，平均厚 19.85 米，矿石平均品位为：MgO 21.34%，SiO_2 2.08%。下矿层（Ⅱ）位于寒武系上统后坝组第四段上部，矿层厚度 19.81 ~ 48.55 米，平均厚 31.36 米，矿层平均品位为：MgO 20.87%，SiO_2 2.25%。呈反坡向层状产出，形态简单，产状与顶、底板岩层产状一致。

查明冶镁白云岩矿石量（333+334）1.02 亿吨，其中：（333）资源量 0.57 万吨，（334）资源量 0.45 亿吨。勘查成果已经市国土房管局组织专家评审认定。

（3）成果取得的简要过程

2007 年通过地表填图，大致了解了矿区内的地层、构造、矿体特征。根据矿体的分布特征，地表按 800 米线距布置探槽系统采样，深部布置 2 个钻孔进行控制，累计完成钻探进尺 355.38 米，槽探 5119 立方米，并根据化学分析结果对矿体进行了圈定和连接。

附 录

矿区矿产资源储量规模划分标准

（国土资源部 2000 年 4 月 24 日公布实施）

序号	矿种	计算单位	大型	中型	小型
1	煤田	原煤亿吨	>50	10 ~ 50	<10
	矿区		>5	2 ~ 5	<2
	井田		>1	0.5 ~ 1	<0.5
2	油页岩	矿石亿吨	>20	2 ~ 20	<2
3	石油	原油万吨	>10000	1000 ~ 10000	<1000
4	天然气	气量亿米³	>300	50 ~ 300	<50
5	地浸砂岩型铀	金属吨	>10000	3000 ~ 10000	<3000
	其他类型铀	金属吨	>3000	1000 ~ 3000	<1000
6	地热	电（热）能兆瓦	≥ 50	10 ~ 50	<10
7	贫铁	矿石亿吨	≥ 1	0.1 ~ 1	<0.1
	富铁	矿石亿吨	≥ 0.5	0.05 ~ 0.5	<0.05
8	锰	矿石万吨	≥ 2000	200 ~ 2000	<200
9	铬铁矿	矿石万吨	≥ 500	100 ~ 500	<100
10	钒	V_2O_5 万吨	≥ 100	10 ~ 100	<10
11	金红石原生矿	TiO_2 万吨	≥ 500	50 ~ 500	<50
	金红石砂矿	矿物万吨	≥ 10	2 ~ 10	<2
	钛铁原生矿	TiO_2 万吨	≥ 500	50 ~ 500	<50
	钛铁矿砂矿	矿物万吨	≥ 100	20 ~ 100	<20
12	铜	金属万吨	≥ 50	10 ~ 50	<10
13	铅	金属万吨	≥ 50	10 ~ 50	<10
14	锌	金属万吨	≥ 50	10 ~ 50	<10
15	铝土矿	矿石万吨	≥ 2000	500 ~ 2000	<500
16	镍	金属万吨	≥ 10	2 ~ 10	<2
17	钴	金属万吨	≥ 2	0.2 ~ 2	<0.2
18	钨	WO_3 万吨	≥ 5	1 ~ 5	<1
19	锡	金属万吨	≥ 4	0.5 ~ 4	<0.5
20	铋	金属万吨	≥ 5	1 ~ 5	<1
21	钼	金属万吨	≥ 10	1 ~ 10	<1
22	汞	金属吨	≥ 2000	500 ~ 2000	<500
23	锑	金属万吨	≥ 10	1 ~ 10	<1
24	镁	矿石万吨	>5000	1000 ~ 5000	<1000
25	铂族	金属吨	≥ 10	2 ~ 10	<2
26	岩金	金属吨	≥ 20	5 ~ 20	<5
	砂金	金属吨	≥ 8	2 ~ 8	<2
27	银	金属吨	≥ 1000	200 ~ 1000	<200
28	钽原生矿	Ta_2O_5 吨	≥ 1000	500 ~ 1000	<500
	钽砂矿	矿物吨	≥ 500	100 ~ 500	<100
29	铌原生矿	Nb_2O_5 万吨	≥ 10	1 ~ 10	<1
	铌砂矿	矿物吨	≥ 2000	500 ~ 2000	<500
30	矿物锂矿	Li_2O 万吨	≥ 10	1 ~ 10	<1
	盐湖锂矿	LiCl 万吨	≥ 50	10 ~ 50	<10
31	铍	BeO 吨	≥ 10000	2000 ~ 10000	<2000

序号	矿种	计算单位	大型	中型	小型
32	锆（锆英石）	矿物万吨	≥20	5～20	<5
33	铷	Rb_2O 吨	≥2000	500～2000	<500
34	铯	Cs_2O 吨	≥2000	500～2000	<500
35	锶（天青石）	$SrSO_4$ 万吨	≥20	5～20	<5
36	稀土砂矿	独居石吨	≥10000	1000～10000	<1000
		磷钇矿吨	≥5000	500～5000	<500
	稀土原生矿	TR_2O_3 万吨	≥50	5～50	<5
	稀土风化壳矿床	铈族氧化物万吨	≥10	1～10	<1
		钇族氧化物万吨	≥5	0.5～5	<0.5
37	镉	Cd 吨	≥3000	500～3000	<500
38	镓	Ga 吨	≥2000	400～2000	<400
39	锗	Ge 吨	≥200	50～200	<50
40	钪	Sc 吨	≥10	2～10	<2
41	铟	In 吨	≥500	100～500	<100
42	铊	Tl 吨	≥500	100～500	<100
43	铪	Hf 吨	≥500	100～500	<100
44	铼	Re 吨	≥50	5～50	<5
45	硒	Se 吨	≥500	100～500	<100
46	碲	Te 吨	≥500	100～500	<100
47	金刚石原生矿	矿物（万克拉）	≥100	20～100	<20
	金刚石砂矿	矿物（万克拉）	≥50	10～50	<10
48	石墨（晶质）	矿物（万吨）	≥100	20～100	<20
	石墨（隐晶质）	矿石（万吨）	≥1000	100～1000	<100
49	磷矿	矿石万吨	≥5000	500～5000	<500
50	自然硫	S 万吨	≥500	100～500	<100
51	硫铁矿	矿石万吨	≥3000	200～3000	<200
52	钾盐固态	KCl 万吨	≥1000	100～1000	<100
	钾盐液态	KCl 万吨	≥5000	500～5000	<500
53	内生硼矿	B_2O 万吨	≥50	10～50	<10
54	压电水晶	单晶吨	≥2	0.2～2	<0.2
	熔炼水晶	矿物吨	≥100	10～100	<10
	光学水晶	矿物吨	≥0.5	0.05～0.5	<0.05
	工艺水晶	矿物吨	≥0.5	0.05～0.5	<0.05
55	刚玉	矿物万吨	≥1	0.1～1	<0.1
56	蓝晶石	矿物万吨	≥200	50～200	<50
57	硅灰石	矿物万吨	≥100	20～100	<20
58	钠硝石	$NaNO_3$ 万吨	≥500	100～500	<100
59	滑石	矿石万吨	≥500	100～500	<100
60	石棉超基性岩型	矿物万吨	≥500	50～500	<50
	石棉镁质碳酸盐型	矿物万吨	≥50	10～50	<10
61	蓝石棉	矿物吨	≥1000	100～1000	<100
62	云母	工业原料云母吨	≥1000	200～1000	<200
63	钾长石	矿物万吨	≥100	10～100	<10
64	石榴子石	矿物万吨	≥500	50～500	<50
65	叶蜡石	矿石万吨	≥200	50～200	<50

序号	矿种	计算单位	大型	中型	小型
66	蛭石	矿石万吨	≥ 100	20 ～ 100	<20
67	沸石	矿石万吨	≥ 5000	500 ～ 5000	<500
68	明矾石	矿物万吨	≥ 1000	200 ～ 1000	<200
69	芒硝	Na_2SO_4 万吨	≥ 1000	100 ～ 1000	<100
	钙芒硝	Na_2SO_4 万吨	≥ 10000	1000 ～ 10000	<1000
70	石膏	矿石万吨	≥ 3000	1000 ～ 3000	<1000
71	重晶石	矿石万吨	≥ 1000	200 ～ 1000	<200
72	毒重石	矿石万吨	≥ 1000	200 ～ 1000	<200
73	天然碱	$Na_2CO_3+NaHCO_3$ 万吨	≥ 1000	200 ～ 1000	<200
	冰洲石	矿物吨	≥ 1	0.1 ～ 1	<0.1
74	菱镁矿	矿石亿吨	≥ 0.5	0.1 ～ 0.5	<0.1
75	普通萤石	CaF_2 万吨	≥ 100	20 ～ 100	<20
	光学萤石	矿物吨	≥ 1	0.1 ～ 1	<0.1
76	电石用灰岩 制碱用灰岩 化肥用灰岩 熔剂用灰岩	矿石亿吨	≥ 0.5	0.1 ～ 0.5	<0.1
77	玻璃用灰岩 制灰用灰岩	矿石亿吨	≥ 0.1	0.02 ～ 0.1	<0.02
	水泥用灰岩	矿石亿吨	≥ 0.8	0.15 ～ 0.8	<0.15
78	泥灰岩	矿石吨	≥ 0.5	0.1 ～ 0.5	<0.1
79	含钾岩石	矿石亿吨	≥ 1	0.2 ～ 1	<0.2
80	白云岩	矿石亿吨	≥ 0.5	0.1 ～ 05	<0.1
81	硅质原料（冶金用、水泥配料用、水泥标准砂）	矿石万吨	≥ 2000	200 ～ 2000	<200
	玻璃用	矿石万吨	≥ 1000	200 ～ 1000	<200
	铸型用	矿石万吨	≥ 1000	100 ～ 10 ( ) 0	<100
	砖瓦用	矿石万 m^3	≥ 2000	500 ～ 2000	<500
	建筑用	矿石万 m^3	≥ 5000	1000 ～ 5000	<1000
	化肥用	矿石万吨	≥ 10000	2000 ～ 10000	<2000
	陶瓷用	矿石万吨	≥ 100	20 ～ 100	<20
82	天然油石	矿石万吨	≥ 100	10 ～ 100	<10
83	硅藻土	矿石万吨	≥ 1000	200 ～ 1000	<200
84	页岩（砖瓦用）	矿石万 m^3	≥ 2000	200 ～ 2000	<200
	页岩（水泥配料用）	矿石万吨	≥ 5000	500 ～ 5000	<500
85	高岭土（包括陶瓷土）	矿石万吨	≥ 500	100 ～ 500	<100
86	耐火粘土	矿石万吨	≥ 1000	200 ～ 1000	<200
87	凹凸棒石	矿石万吨	≥ 500	100 ～ 500	<100
88	海泡石粘土(包括伊利石粘土、累托石粘土)	矿石万吨	≥ 500	100 ～ 500	<100
89	膨润土	矿石万吨	≥ 5000	500 ～ 5000	<500
90	铁矾土	矿石万吨	≥ 1000	200 ～ 1000	<200
91	铸型用粘土	矿石万吨	≥ 1000	200 ～ 1000	<200
	砖瓦用粘土	矿石万吨	≥ 2000	500 ～ 2000	<500
	水泥配料用粘土 水泥配料用红土 水泥配料用黄土 水泥配料用泥岩	矿石万吨	≥ 2000	500 ～ 2000	<500

序号	矿种	计算单位	大型	中型	小型
91	保温材料用粘土	矿石万吨	≥200	50～200	<50
92	橄榄岩（化肥用）	矿石亿吨	≥1	0.1～1	<0.1
93	蛇纹岩（化肥用）	矿石亿吨	≥1	0.1～1	<0.1
	蛇纹岩（熔剂用）	矿石亿吨	≥0.5	0.1～0.5	<0.1
94	玄武岩（铸石用）	矿石万吨	≥1000	200～1000	<200
95	辉绿岩（铸石用）	矿石万吨	≥1000	200～1000	<200
	辉绿岩（水泥用）	矿石万吨	≥2000	200～2000	<200
96	水泥混合材（安山玢岩）（闪长玢岩）	矿石万吨	≥2000	200～2000	<200
97	建筑用石材	矿石万 m^3	≥5000	1000～5000	<1000
98	饰面用石材	矿石万 m^3	≥1000	200～1000	<200
99	珍珠岩（包括黑曜岩、松脂岩）	矿石万吨	≥2000	500～2000	<500
100	浮石	矿石万吨	≥300	50～300	<50
101	粗面岩（水泥用、铸石用）	矿石万吨	≥1000	200～1000	<200
102	凝灰岩（玻璃用）	矿石万吨	≥1000	200～1000	<200
	凝灰岩（水泥用）	矿石万吨	≥2000	200～2000	<200
103	大理岩（水泥用）	矿石万吨	≥2000	200～2000	<200
	大理岩（玻璃用）	矿石万吨	≥5000	1000～5000	<1000
104	板岩（水泥配料用）	矿石万吨	≥2000	200～2000	<200
105	泥炭	矿石万吨	≥1000	100～1000	<100
106	矿盐（包括地下卤水）	NaCl 亿吨	≥10	1～10	<1
107	镁盐	MFl_2MgSO_4 万吨	≥5000	1000～5000	<1000
108	碘	碘吨	≥5000	500～5000	<500
109	溴	溴吨	≥50000	5000～50000	<5000
110	砷	砷万吨	≥5	0.5～5	<0.5
111	地下水	允许开采量 m^3／日	≥100000	10000～100000	<10000
112	矿泉水	允许开采量 m^3／日	≥5000	500～5000	<500
113	二氧化碳气	气量亿 m^3	≥300	50～300	<50

说明：

1．确定矿产资源储量规模依据的单元：

（1）石油：油田；天然气、二氧化碳气：气田；

（2）地热：地热田；

（3）固体矿产（煤除外）：矿床；

（4）地下水、矿泉水：水源地。

2．确定矿产资源储量规模依据的矿产资源储量：

（1）石油、天然气、二氧化碳气：地质储量；

（2）地热：电（热）能；

（3）固体矿产：基础储量＋资源量（仅限331、332、333）（相当于《固体矿产地质勘探规范总则》GB13908—92）中的 A＋B＋C＋D 级（表内）储量；

（4）地下水、矿泉水：允许开采量。

3．存在共生矿产的矿区，矿产资源测量规模以矿产资源储量规模最大的矿种确定。

4．中型及小型规模不含其上限数字。